“十二五”职业教育国家规划教材

经全国职业教育教材审定委员会审定

21 世纪职业教育规划教材·装备制造系列

电 工 基 础

（第二版）

主　编　张君薇　孙　清

副主编　林　喆　吴　琳　张明月

参　编　于莹莹　霍　燚

主　审　魏海波

北京大学出版社

PEKING UNIVERSITY PRESS

内 容 简 介

本书是"十二五"职业教育国家规划教材，内容紧扣高职教育"注重实践，强调应用"的指导思想，按照项目化教学组织方式进行编写，将知识链接、技能训练等模块融入任务驱动中，做到理论与实践有机结合. 全书分为 9 个项目，分别介绍了汽车信号灯电路的分析及设计，电路的分析方法及测试，照明电路的安装及测试，三相交流电路的制作及测试，变压器电路的检测及调试，延时照明电路的设计、安装及调试，非正弦周期电流电路分析，Multisim 10 电路仿真软件的使用，安全用电等内容.

本书内容深浅适度，通俗易懂，配有大量的例题，每道例题都配有详细说明和解题步骤，具有较强的实用性，可作为高职自动化类、机电类、电子信息类等专业的教材，也可供专升本学生、其他专业师生、工程技术人员参考.

图书在版编目（CIP）数据

电工基础 / 张君薇，孙清主编. —2 版. —北京：北京大学出版社，2016.1
（全国职业教育规划教材·装备制造系列）
ISBN 978-7-301-26289-4

Ⅰ.①电…　Ⅱ.①张…②孙…　Ⅲ.①电工学—高等职业教育—教材　Ⅳ.①TM1

中国版本图书馆 CIP 数据核字（2015）第 213232 号

书　　　　名	电工基础 （第二版）
著作责任者	张君薇　孙　清　主编
策 划 编 辑	温丹丹
责 任 编 辑	温丹丹
标 准 书 号	ISBN 978-7-301-26289-4
出 版 发 行	北京大学出版社
地　　　　址	北京市海淀区成府路 205 号　100871
网　　　　址	http://www.pup.cn　　新浪微博：@北京大学出版社
电 子 信 箱	zyjy@pup.cn
电　　　　话	邮购部 62752015　发行部 62750672　编辑 62765126
印 刷 者	北京虎彩文化传播有限公司
经 销 者	新华书店

787 毫米 ×1092 毫米　16 开本　16 印张　399 千字
2012 年 9 月第 1 版
2016 年 1 月第 2 版　2022 年 9 月第 3 次印刷

定　　　　价	35.00 元

前　　言

"电工基础"是高等职业院校制造类专业的基础课程，也是专业主干课程. 本书力争完成以下任务：使学生掌握制造类专业必备的电工通用技术基础知识、基本方法和基本技能，具有分析和处理生产与生活中一般电工问题的基本能力，具备继续学习后续电类专业技能课程的基本学习能力，为获得相应的职业资格证书打下基础.

本书具有以下鲜明特点：

1. 以高等职业教育培养目标和要求为指导思想，以实用为主，遵循学生认知规律，紧密结合职业资格证书中的电工技能要求.

2. 充分体现项目教学、任务引领、理实一体的课程思想. 以项目来组织内容，下设若干任务，任务又由知识链接、知识拓展、技能训练、学生工作页等若干模块组成. 在项目的选取和典型任务的确定上充分考虑到了技能的通用性、针对性、实用性及职业资格证书的相关考核要求. 所选取的工作任务能使学生的知识、技能、素养全面发展，使学生形成自主性、研究性学习的能力.

3. 本书力图通过大量例题的形式对电路的基本概念、基本理论和基本分析方法进行透彻分析，达到以"例"说"理"的目的. 例题中尽量渗透了实际工程中基本理论和基本技能，理论联系实际，语言力求简练通畅，便于学生的掌握和自主学习，从而构建自己的"知识与技能".

4. 理论与实践相结合，把电工电路设计、制作、测试与调试等能力作为基本目标，倡导通过仿真实验、实验与技能训练进行研究性学习，提倡评价方式的多元化，通过素养、技能、知识、创新与思想方法、团队合作等几个方面培养学生的创新能力、自主研究性的学习方法及集体主义精神等.

5. 本书在编写中突出了新技术、新知识、新工艺和新标准的学习与应用.

本书由张君薇和孙清担任主编，魏海波担任主审. 具体分工如下：张君薇负责项目1、3、9的编写，孙清负责项目2、4的编写. 林喆、张明月、吴琳担任副主编，并分别负责项目5、6、7的编写，于莹莹负责项目8的编写，霍燚负责项目中所有综合技能实训的编写. 为了本书更加适合职业教育特点，在本书的编写过程中，沈阳三丰电气有限公司的高工李东久、沈阳特变电工集团的高工金向和对本书的内容、案例进行了技术指导，使得本书更贴近生产实际和生活实践.

在本书的编写过程中，我们参考和查阅了众多文献资料，汲取了许多养分，在此向参考文献的作者致以诚挚的谢意.

由于编者学术水平和教学经验有限，书中错误和不恰当之处在所难免，恳切希望使用本书的读者对本书的内容进行技术指导，以便本书更具实践性.

编 者

2015 年 12 月

本教材配有教学课件或其他相关教学资源，如有老师需要，可扫描右边的二维码关注北京大学出版社微信公众号"未名创新大学堂"（zyjy-pku）索取。

- 课件申请
- 样书申请
- 教学服务
- 编读往来

目　　录

项目 **1** 汽车信号灯电路的分析及设计

项目教学目标

职业知识目标
- 理解电路的基本物理量的意义、单位、符号及方向问题.
- 了解电阻、电感、电容元器件的特性及识别方法.
- 掌握电能及功率的测量方法.
- 了解电路不同工作状态的特性.
- 掌握电阻串联、并联电路的特点.

职业技能目标
- 学会检测和识别电阻、电容、电感和直流电源等元器件及设备.
- 能够用万用表测量电路中的电流、电压等基本物理量.
- 能够对简单的直流电路分析并装接.

职业道德与情感目标
- 培养学生良好的职业道德.
- 培养学生的自主性、研究性学习方法与思想.
- 培养严谨、认真的学习态度.
- 初步培养学生的团队合作精神, 形成产品意识、质量意识、安全意识.

任务一　感知、认知直流电路

知识链接一　电路的组成和作用

(一) 电路的组成

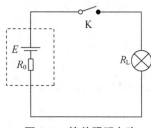

图1-1　简单照明电路

　　电路是由若干电气设备或元器件按一定方式用导线连接而成的电流通路,它通常由电源、负载及中间环节三部分组成,如图1-1所示的电路为简单照明电路.

　　(1) 电源. 将其他形式的能量转换为电能的装置,如发电机、干电池、蓄电池等.

　　(2) 负载. 取用电能的装置,通常也称为用电器,如白炽灯、电炉、电视机、电动机等.

　　(3) 中间环节. 传输、控制电能的装置,如连接导线、变压器、开关、保护电器等.

(二) 电路的作用

1) 实现电能的传输和转换

以电力系统为例来说明如何实现电能的传输和转换,如图1-2所示.

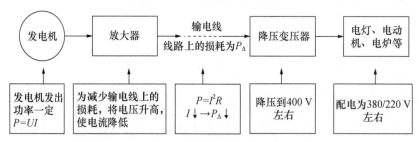

图1-2　电力系统

2) 实现信号的传递和处理

以扬声器为例来说明如何实现信号的传递和处理,如图1-3所示.

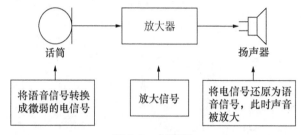

图1-3　扬声器

知识链接二　电路的基本物理量

(一) 电流

1) 客观存在

电流是一种物理现象，即电荷有规则的定向移动. 电流的实际方向规定为正电荷移动的方向.

2) 电流的大小

电流的大小用电流强度（简称电流）来表示. 电流强度在数值上等于单位时间内通过导线某一截面的电荷量，用符号 i 表示，即

$$i = \frac{\mathrm{d}q}{\mathrm{d}t} \tag{1-1}$$

式中，q（Q）为电荷量，单位为库［仑］（C，$1\,\mathrm{C}=1\,\mathrm{s}\cdot\mathrm{A}$）；$t$ 为时间，单位为 s（秒）.

大小和方向都不随时间变化的电流称为恒定电流，简称直流电流，用大写字母 I 表示，即

$$I = \frac{q}{t} \tag{1-2}$$

在国际单位制中，电流的基本单位是安［培］，简称安（A，$1\,\mathrm{A}=1\,\mathrm{C/s}$），$1\,\mathrm{A}=10^{3}\,\mathrm{mA}=10^{6}\,\mu\mathrm{A}$.

3) 电流的实际方向和参考方向（正方向）

在分析、计算复杂电路时，很难预先判断出电流的实际方向，为了分析、计算的需要，常常先任意假定某一方向为电流的实际方向，这个方向就称为参考方向（也称为正方向），如图 1-4 所示，得到结论如下.

（1）如果在参考方向下算出某条支路的电流大于零，则电流的实际方向与参考方向相同；反之，电流的实际方向与参考方向相反.

（2）如果电流的参考方向与实际方向相同，则在参考方向下算出的电流一定大于零；反之，电流一定小于零.

（3）无特殊说明，本书图中的电流方向均为参考方向.

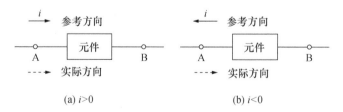

图 1-4　电流的参考方向与实际方向的关系

(二) 电压

电荷在电路中运动，必定受到力的作用，也就是说力对电荷做了功，这个功叫做电压.

1）电压的大小

当电流流过某一段电路时，电路中的电阻对电流起阻碍作用，产生电压.

电压的单位为伏［特］，简称伏（V，$1\text{ V} = 1\text{ A} \cdot \Omega = 1\text{ W/A}$），常用的单位为千伏（kV）、毫伏（mV）、微伏（μV）.

电路中 A 点到 B 点的电压等于 A 点电位与 B 点电位的差，因此电压又称为电位差.

2）电压的实际方向和参考方向

同电流一样，电压也有实际方向和参考方向，电压的实际方向是由高电位指向低电位，电压的参考方向与实际方向之间的关系，如图1-5所示，得到的结论如下.

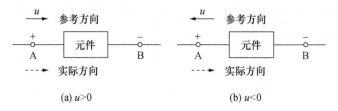

(a) $u>0$ (b) $u<0$

图1-5　电压的参考方向与实际方向的关系

（1）如果在参考方向下算出某元件的电压大于零，则电压的实际方向与参考方向相同；反之，电压的实际方向与参考方向相反.

（2）如果电压的参考方向与实际方向相同，则在参考方向下算出的电压一定大于零；反之，电压一定小于零.

（3）无特殊说明，本书图中的电压方向均为参考方向.

（4）电压的参考方向的表示方法有3种. 可以用箭头表示；也可以用"＋""－"表示，如图1-6所示；还可以用 U_{AB} 表示，它表示由 A 指向 B 的电压.

3）关于电流与电压之间的参考方向（关联方向）问题

进行电路分析时，对于一个元件，既要对流过元件的电流选取参考方向，又要对元件两端的电压选取参考方向，两者是相互独立的，可以任意选取. 也就是说，它们的参考方向可以一致，也可以不一致.

如果电流的参考方向与电压的参考方向一致，则称为关联参考方向，如图1-6（a）所示；如果电流的参考方向与电压的参考方向不一致，则称为非关联参考方向，如图1-6（b）所示.

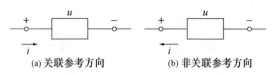

(a) 关联参考方向   (b) 非关联参考方向

图1-6　电压和电流的关联方向

（三）电位

1）零电位点

选定电路中任意一点为参考点，其他各点相对于该参考点的电压降，称为各点相对于参考点的电位.

选定的参考点电位为零，故又称为零电位点．电路中的零电位点往往按照以下方法进行选择．

（1）在工程中通常选大地作为参考电位点．

（2）在电子线路中，常选公共端或机壳作为参考电位点．

（3）电路分析中通常选择电源的两极之一，最常见的是选择负极．

2）电位与电压的关系

在电路中任选一点 O 为参考点，则该电路某点 A 到参考点的电压就叫做 A 点的电位，用 V_A 表示．

$$V_A = U_{AO} \tag{1-3}$$

电路中除参考点外的其他各点的电位可能是正值，也可能是负值，如果某点电位比参考点高，则该点电位就是正值；反之，为负值．

电路中各点的电位值是相对的，与参考点的选择有关；但电路中任意两点之间的电压（电位差）是唯一的，与参考点、路径的选择无关．

$$U_{AB} = V_A - V_B \tag{1-4}$$

电位分析方法的优点如下．

（1）相对于电压，电位的表示简洁方便．

（2）测量方便，工程中用万用表电压挡即可测定某点电位．

电位实质上就是电压，其单位也是伏［特］（V）．

在电路中不指明参考点而谈某点的电位是没有意义的．在一个电路系统中只能选一个参考点，至于选哪点为参考点，要根据分析问题的方便而定．在电子电路中常选一条特定的公共线作为参考点，这条公共线常是很多元件的汇集处且与机壳相连接，因此，在电子电路中参考点用接机壳符号"⊥"表示．

【例 1-1】 图 1-7 所示为部分电路，已知 $V_a = 50\,\text{V}$，$V_b = 30\,\text{V}$，$V_c = -40\,\text{V}$．求 U_{ba}、U_{ac}．

解：

$$U_{ba} = V_b - V_a = 30\,\text{V} - 50\,\text{V} = -20\,\text{V}$$

$$U_{ac} = V_a - V_c = 50\,\text{V} - (-40\,\text{V}) = 90\,\text{V}$$

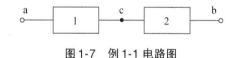

图 1-7 例 1-1 电路图

（四）电动势

1）电动势的性质

电动势是电源内部特有的物理量，用 E 或 U_S 表示，如图 1-8 所示．

2）电动势的方向

电动势的实际方向：低电位指向高电位，也就是电源的负极指向电源的正极．电动势的实际方向与电压的实际方向正好相反．电动势的单位同电压．

3）电压与电动势的关系

由于电压与电动势的实际方向相反，因此，当它们的参考方向相反时，电动势与电压相等；反之，互为相反数，如图 1-9 所示．

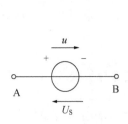

图1-8 电动势

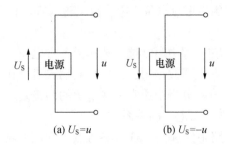

(a) $U_S = u$　　　　(b) $U_S = -u$

图1-9 电源的电动势与电压的关系

电动势与电压是两个不同的概念，但是，它们都可以用来表示电源正、负极之间的电位差，由于电动势不便测量，故在电路中很少用到电动势的概念.

【例1-2】 在如图1-10所示的电路中，方框表示电源或电阻，各元件的电压和电流的参考方向如图1-10（a）所示. 现通过测量可知：$I_1 = 1$ A，$I_2 = 2$ A，$I_3 = -1$ A，$U_1 = 4$ V，$U_2 = -4$ V，$U_3 = 7$ V，$U_4 = -3$ V. 试标出各电流和电压的实际方向.

解：电流和电压为正值者，其实际方向和参考方向一致；电流和电压为负值者，其实际方向和参考方向相反. 按照上述原则，得到各电流和电压的实际方向如图1-10（b）所示.

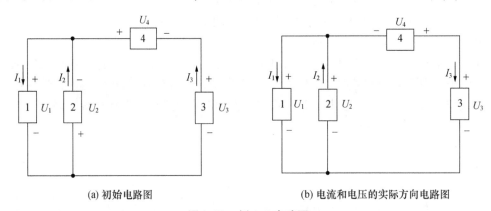

(a) 初始电路图　　　　　　　　(b) 电流和电压的实际方向电路图

图1-10 例1-2电路图

（五）电功率

电路在工作状况下伴随有电能与其他形式能量的相互交换；另外，电气设备、电路部件本身都有功率的限制，在使用时要注意其电流值或电压值是否超过额定值，过载会使设备或部件损坏，或是不能正常工作，所以计算电路的功率和能量是非常必要的.

1）电功率的定义

单位时间内电场力所做的功称为电功率，简称功. 它是描述传送电能速率的一个物理量，以符号 p（P）表示，电路的功率等于该段电路的电压与电流的乘积，其单位为瓦［特］，简称瓦（W，1 W = 1 var（乏）= 1 V·A = 1 J/s）即：

$$p = ui \qquad (1\text{-}5)$$

直流时：

$$P = UI \qquad (1\text{-}6)$$

2）判断电路中的元件是电源还是负载的方法

电路中既有电源又有负载，根据能量守恒原理，电源要发出功率，负载要吸收功率，两者应该相等,整个电路的功率是平衡的.

电路中的电阻元件是消耗能量的元件,是负载;当电路有多个电源时,有的电源也可能作为负载,吸收功率.

(1) 方法 1. 根据电源和负载的特性判断(用实际方向判断). 如图 1-11 所示的手电筒的电路,可以看出电源的电流和电压的实际方向相反,负载的电流和电压的实际方向相同. 可以根据元件电流和电压的实际方向是否相同,判断电源和负载.

(2) 方法 2. 通过计算元件的功率判断(用参考方向判断).

当元件的电压和电流处于关联参考方向时:

$$P = UI \begin{cases} >0 & \text{吸收功率} & \text{是负载} \\ <0 & \text{发出功率} & \text{是电源} \end{cases}$$

当元件的电压和电流处于非关联参考方向时:

$$P = -UI \begin{cases} >0 & \text{吸收功率} & \text{是负载} \\ <0 & \text{发出功率} & \text{是电源} \end{cases}$$

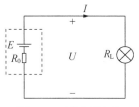

图 1-11 手电筒电路

【例 1-3】 在图 1-12 中,用方框代替某一电路元件,其电压、电流如图中所示,求图中各元件吸收的功率,并说明该元件实际上是电源还是负载?

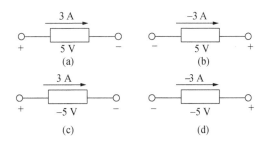

图 1-12 例 1-3 电路图

解:(1) 图 1-12(a)中电压、电流的参考方向处于关联方向

$$P = UI = 5\,\text{V} \times 3\,\text{A} = 15\,\text{W} > 0$$

元件实际上是吸收功率,是负载.

(2) 图 1-12(b)中电压、电流的参考方向处于非关联方向

$$P = -UI = -5\,\text{V} \times (-3\,\text{A}) = 15\,\text{W} > 0$$

元件实际上是吸收功率,是负载.

(3) 图 1-12(c)中电压、电流的参考方向处于关联方向

$$P = UI = (-5\,\text{V}) \times 3\,\text{A} = -15\,\text{W} < 0$$

元件实际上是发出功率,是电源.

(4) 图 1-12(d)中电压、电流的参考方向处于非关联方向

$$P = -UI = -(-5\,\text{V}) \times (-3\,\text{A}) = -15\,\text{W} < 0$$

元件实际上是发出功率,是电源.

【例 1-4】 在图 1-13 所示的电路中,方框表示电源或电阻,各元件的电压和电流的参考方向如图 1-13(a)所示. 通过测量得知:$I_1 = 2A$,$I_2 = 1A$,$I_3 = 1A$,$U_1 = 4V$,$U_2 = -4V$,$U_3 = 7V$,$U_4 = -3V$.

(1) 试标出各电流和电压的实际方向.

（2）试求每个元件的功率，并判断其是电源还是负载.

解：（1）各电流和电压的实际方向.

当电流或电压为正值，其实际方向与参考方向一致；当电流或电压为负值，其实际方向和参考方向相反. 按照上述原则，各电流和电压的实际方向（用虚线表示）如图 1-13（b）所示.

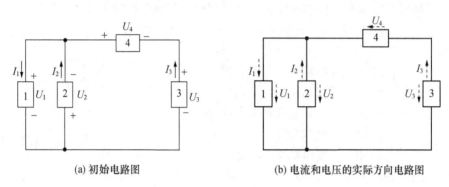

(a) 初始电路图　　　　　　　　　(b) 电流和电压的实际方向电路图

图 1-13　例 1-4 电路图

（2）计算各元件的功率.

元件 1——电压和电流参考方向一致，处于关联方向

$$P_1 = U_1 I_1 = 4\,\text{V} \times 2\,\text{A} = 8\,\text{W} > 0$$

该元件吸收功率，为负载.

元件 2——电压和电流参考方向一致，处于关联方向

$$P_2 = U_2 I_2 = -4\,\text{V} \times 1\,\text{A} = -4\,\text{W} < 0$$

该元件发出功率，为电源.

元件 3——电压和电流的参考方向不一致，处于非关联方向

$$P_3 = -U_3 I_3 = -7\,\text{V} \times 1\,\text{A} = -7\,\text{W} < 0$$

该元件发出功率，为电源.

元件 4——电压和电流的参考方向不一致，处于非关联方向

$$P_4 = -U_4 I_3 = -(-3\,\text{V}) \times 1\,\text{A} = 3\,\text{W} > 0$$

该元件吸收功率，为负载.

 知识链接三　常用的电器元件

（一）电阻元件

1）电阻的种类

电阻的种类如图 1-14 所示，电阻的符号如图 1-15 所示.

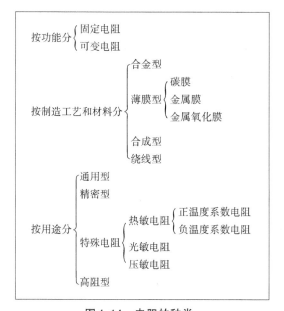

图 1-14　电阻的种类

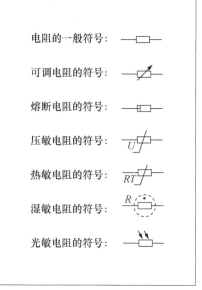

图 1-15　电阻的符号

2）电阻元件的伏安特性

如果伏安特性曲线是一条过原点的直线，如图 1-16（b）所示，这样的电阻元件称为线性电阻元件，线性电阻元件在电路图中用图 1-16（a）所示的图形符号表示．如果电阻的伏安特性是一条过原点的曲线，这样的电阻元件称为非线性电阻，如图 1-16（c）所示．

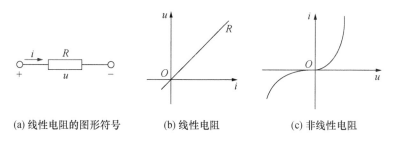

（a）线性电阻的图形符号　　（b）线性电阻　　（c）非线性电阻

图 1-16　电阻元件的伏安特性

今后本书中所有的电阻元件，除非特别指明，都指的是线性电阻元件．

电阻元件的倒数称为电导，单位为"西［门子］"（S，1 S = 1 A/V）用字母 G 表示，即

$$G = \frac{1}{R} \tag{1-7}$$

电导的物理意义是表示元件对电流的促进作用．

3）欧姆定律

欧姆定律是电路分析中的重要定律之一，它说明流过线性电阻的电流与该电阻两端电压成正比的关系，反映了电阻元件的特性．

当电压与电流为关联参考方向，欧姆定律可用式（1-8）表示为

$$u = iR \tag{1-8}$$

9

直流电路： $$U = IR \qquad (1\text{-}9)$$

当选定电压与电流为非关联方向时，则欧姆定律可用式（1-10）表示为

$$u = -iR \qquad (1\text{-}10)$$

直流电路： $$U = -IR \qquad (1\text{-}11)$$

无论电压、电流为关联参考方向还是非关联参考方向，电阻元件功率为

$$P = I_{\mathrm{R}}^2 R = \frac{U_{\mathrm{R}}^2}{R} \qquad (1\text{-}12)$$

式（1-12）表明，电阻元件吸收的功率恒为正值，而与电压、电流的参考方向无关. 因此，电阻元件又称为耗能元件.

【例1-5】 如图1-17所示，应用欧姆定律求各电压或电流.

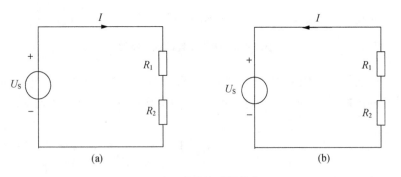

图 1-17 例 1-5 电路图

解：（1）在图1-17（a）中，由于电压与电流处于非关联方向，因此
$$U = -IR = -1\,\mathrm{A} \times 15\,\Omega = -15\,\mathrm{V}$$

（2）在图1-17（b）中，由于电压与电流处于关联方向，因此
$$I = \frac{U}{R} = \frac{-5\,\mathrm{V}}{5\,\Omega} = -1\,\mathrm{A}$$

（3）在图1-17（c）中，由于电压与电流处于关联方向，因此
$$U = IR = -1\,\mathrm{A} \times 10\,\Omega = -10\,\mathrm{V}$$

（4）在图1-17（d）中，由于电压与电流处于非关联方向，因此：
$$U = -IR = -\ (-1\,\mathrm{A})\ \times 8\,\Omega = 8\,\mathrm{V}$$

4）全电路欧姆定律

图 1-18 全电路欧姆定律

当电路中有多个电阻串联时，总电压与电流处于关联方向，如图1-18（a）所示，它们之间的关系为

$$U = I\ (R_1 + R_2) \qquad (1\text{-}13)$$

当电路中有多个电阻串联时，总电压与电流处于非关联方向，如图1-18（b）所示，它们之间的关系为

$$U = -I\ (R_1 + R_2) \tag{1-14}$$

【例1-6】 如图1-19所示，应用欧姆定律求各电流与各电压.

解：

根据全电路欧姆定律，总电压与电流处于关联方向.

则

$$I = \frac{U}{R_1 + R_2} = \frac{12\ \mathrm{V}}{(100 + 200)\ \Omega} = 40\ \mathrm{mA}$$

$$U_1 = IR_1 = 0.04\ \mathrm{A} \times 100\ \Omega = 4\ \mathrm{V}$$

$$U_2 = -IR_2 = -0.04\ \mathrm{A} \times 200\ \Omega = -8\ \mathrm{V}$$

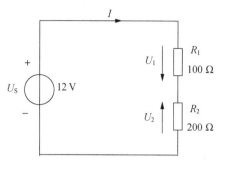

图1-19　例1-6题电路图

（二）电感元件

1）电感器的种类

根据元件的结构来分类：按有无磁心，可分为空心电感和磁心电感两类；按绕组的绕制方式，可分为单层线圈、多层线圈以及蜂房式线圈三类；按电感量是否可调，可分为固定电感与可调电感两类.

2）电感元件与电感量

磁链与电流的比值称为线圈的自感系数或电感量，简称电感，用符号 L 表示. 即

$$L = \frac{\psi}{i} \tag{1-15}$$

电感元件的特性曲线如图1-20所示.

电感单位为亨［利］（H，1 H = 1 Wb/A = 1 V·s/A），且 1 mH = 10^{-3} H，1 μH = 10^{-6} H.

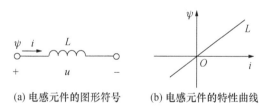

(a) 电感元件的图形符号　　(b) 电感元件的特性曲线

图1-20　电感元件的特性曲线

3）理想电感元件的电压和电流的关系

当电流发生变化时，线圈内磁场发生变化，从而在线圈内部产生感应电动势 e_L，e_L 总是阻碍电流的变化.

$$e_L = -L\frac{\mathrm{d}i}{\mathrm{d}t}$$

理想电感元件是指不计线圈直流电阻的线性电感元件. 关联参考方向下，理想电感元件的伏安特性为

$$u_L = -e_L = L\frac{\mathrm{d}i}{\mathrm{d}t} \tag{1-16}$$

通过式（1-16）所知，电感中，变化的电流会产生变化的磁通，变化的磁通会产生感应电动势，电感两端也就有了电压. 所以，电感的电压与关联方向下的电流随时间的变化

率成正比. 当电感中通往直流电流时, 由于电流不随时间变化, 因此电感两端的电压为零, 电感相当于短路.

【例 1-7】 电感 $L = 10\text{mH}$, 其电流的波形图如图 1-21（a）所示. 试计算当 $t \geqslant 0$ 时的电压 $u(t)$, 并绘出波形图.

解:

由图得到 i 的表达式如下:

$$i = \begin{cases} 2t & (0 \leqslant t \leqslant 1) \\ 2 & (1 \leqslant t \leqslant 2) \\ -t+4 & (2 \leqslant t \leqslant 4) \end{cases}$$

式中, i 的单位为 mA; t 的单位为 μs.

当 $0 \leqslant t \leqslant 1$ 时, $i = 2t$, 则

$$u = L\frac{di}{dt} = 10 \times 10^{-3}\frac{\text{V} \cdot \text{s}}{\text{A}} \times \frac{2 \times 10^{-3}\text{A}}{1 \times 10^{-6}\text{s}} = 20\text{ V}$$

当 $1 \leqslant t \leqslant 2$ 时, $i = 2$, 则

$$u = L\frac{di}{dt} = 10 \times 10^{-3}\frac{\text{V} \cdot \text{s}}{\text{A}} \times 0\frac{\text{A}}{\text{s}} = 0\text{ V}$$

当 $2 \leqslant t \leqslant 4$ 时, $i = -t+4$, 则

$$u = L\frac{di}{dt} = 10 \times 10^{-3}\frac{\text{V} \cdot \text{s}}{\text{A}} \times \frac{(-1 \times 10^{-3}\text{A})}{1 \times 10^{-6}\text{s}} = -10\text{ V}$$

$u(t)$ 的波形图如图 1-21（b）所示.

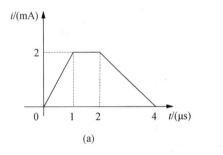
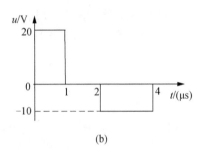

图 1-21 例 1-7 电感电流和电压波形图

4）电感元件的储能

$$w_{\text{L}}(t) = \frac{1}{2}Li^2(t) \tag{1-17}$$

5）电感元件的连接

实际的电感器, 常采用一个理想电感元件与电阻的串联模型进行等效.

（1）电感元件的串联, 电路如图 1-22（a）所示.

在串联电感电路中, 总电感等于各串联电感相加.

$$L = L_1 + L_2 \tag{1-18}$$

（2）电感元件的并联, 电路如图 1-22（b）所示.

在并联电感电路中, 总电感的倒数等于各并联电感的倒数和.

$$\frac{1}{L} = \frac{1}{L_1} + \frac{1}{L_2} \tag{1-19}$$

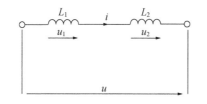 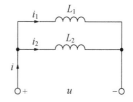

(a) 电感串联电路　　　　　　　(b) 电感并联电路

图 1-22　实际电感的连接

（三）电容元件

1）电容器的种类

电容器按其电容量是否可以调节，可分为固定电容器和可变电容器，可变电容器还包括半可变电容器（又称为微调电容器）.

2）电容元件与电容量

电荷量与电压的比值称为电容器的电容量，简称电容，用符号 C 表示，其单位为法［拉］（F，1 F = 1 C/V），即

$$C = \frac{q}{u} \tag{1-20}$$

3）理想电容元件的电压和电流的关系

在关联参考方向下，电容元件的伏安特性表达式为

$$i_{\mathrm{C}} = C\frac{\mathrm{d}u}{\mathrm{d}t} \tag{1-21}$$

通过式（1-21）可知，电容中，变化的电压会产生电流，电容的电流与关联方向下的电压随时间的变化率成正比. 当电容两端加直流电压时，由于电压不随时间变化，因此，流过电容的电流为零，电容相当于断路.

【例 1-8】 电感 $C = 10\,\mu\mathrm{F}$，其电压的波形图如图 1-23（a）所示. 试计算当 $t \geqslant 0$ 时的电流 $i(t)$，并绘出波形图.

解：

由图得到 u 的表达式如下：

$$u = \begin{cases} t & (0 \leqslant t \leqslant 2) \\ 2 & (2 \leqslant t \leqslant 3) \\ -2t + 8 & (3 \leqslant t \leqslant 4) \end{cases}$$

式中，u 的单位为 V；t 的单位为 ms.

当 $0 \leqslant t \leqslant 2$ 时，$u = t$，则

$$i = C\frac{\mathrm{d}u}{\mathrm{d}t} = 10 \times 10^{-6}\,\frac{\mathrm{C}}{\mathrm{V}} \times \frac{1\,\mathrm{V}}{1 \times 10^{-3}\,\mathrm{s}} = 10\,\mathrm{mA}$$

当 $2 \leqslant t \leqslant 3$ 时，$u = 2$，则

$$i = C\frac{\mathrm{d}u}{\mathrm{d}t} = 10 \times 10^{-6}\,\frac{\mathrm{C}}{\mathrm{V}} \times 0\,\frac{\mathrm{V}}{\mathrm{s}} = 0\,\mathrm{mA}$$

当 $3 \leqslant t \leqslant 4$ 时，$u = -2t + 8$，则

$$i = C\frac{\mathrm{d}u}{\mathrm{d}t} = 10 \times 10^{-6}\frac{C}{V} \times \frac{(-2\,V)}{1 \times 10^{-3}\,s} = -20\,\mathrm{mA}$$

$i(t)$ 的波形图如图 1-23（b）所示.

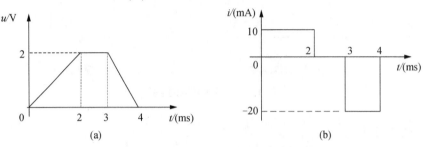

图 1-23　例 1-8 电容电流和电压波形图

4）电容元件的储能

$$w(t) = \frac{1}{2}Cu^2(t) \tag{1-22}$$

5）电容元件的连接

（1）电容元件的串联. 串联电容电路如图 1-24（a）所示，总电容的倒数等于各串联电容的倒数和，即

$$\frac{1}{C} = \frac{1}{C_1} + \frac{1}{C_2} \tag{1-23}$$

（2）电容元件的并联. 并联电容电路如图 1-24（b）所示，总电容等于各并联电容的和，即

$$C = C_1 + C_2 \tag{1-24}$$

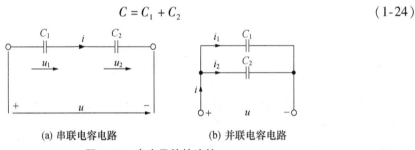

(a) 串联电容电路　　　　(b) 并联电容电路

图 1-24　电容元件的连接

 知识链接四　电路的工作状态

在实际用电过程中，根据不同的需要和不同的负载情况，电路可能处在开路（断路）、短路、有载工作的不同状态.

需要注意的是，有些电路状态不是正常的工作状态，而是事故状态，是应该尽量避免和消除的. 因此，了解并掌握电路不同状态的特点和性质是非常重要的，是正确及安全用电的前提和保障.

（一）开路（断路）

电路如图 1-25（a）所示，打开开关，此时电源与外电路之间没有接通，电路处于断开状态. 电路的开路状态可能是电源未闭合，这是正常开路；如果是线路上某个地方接触不良、导线已断或者熔断器熔断所造成的，这些情况就属于事故开路了.

电路开路的特征如下：

（1）电路中的电流：$I = 0$.

（2）电源输出电压：$U_0 = U_S$.

（3）负载电压：$U = 0$.

（4）电源发出功率：$P_E = 0$.

（5）负载吸收功率：$P = 0$.

（二）短路

电路如图 1-25（b）所示，电源两端导线由于某种事故而直接搭接在一起，称为电源短路. 此时，电源输出的电流没有经过负载，直接通过导线流回电源. 此时，电源中流过极大的短路电流 I_S，电源产生的电能全部被电源内部所消耗.

电路短路的特征如下：

（1）电路中的电流：$I = I_S = \dfrac{U_S}{R_0}$.

（2）电源输出电压：$U_0 = 0$.

（3）负载电压：$U = 0$.

（4）电源发出功率由电源内阻消耗：$P_E = I_S^2 \times R_0$.

（5）负载吸收功率：$P = 0$.

应该注意的是：电源短路是危险的，是一种严重的事故，应该尽量避免和消除. 一种最简单的措施就是在电源开关后面安装熔断器. 一旦发生短路事故，大电流立即会将熔断器烧断，迅速切断事故电路，电气设备从而得到保护.

（三）有载工作

电路如图 1-25（c）所示，当合上开关 S 时，电流流过负载电阻，电路处于负载工作状态.

处于负载工作状态时电路的特征如下：

（1）电源输出电压：$U_0 = U_S - IR_0 = U$.

（2）负载电压：$U = IR$.

（3）负载吸收功率：$P = UI$.

（4）电源发出功率：$P_E = U_S \times I = P + I^2 R_0$.

对于实际的电气设备，为了让其取得最好的技术及经济效能，制造厂家对其性能、使用条件等都用一些技术数据加以规定，这些规定的技术数据称为电气设备的额定值，如额定电压、额定电流、额定功率等. 电气设备不一定非得在额定值下工作，可以在其数据的一定范围内工作，但电气设备越接近额定值工作，设备运行状态就越可靠、越安全、越经济，设备使用的寿命也就越长. 如果电气设备按照额定值运行，则称电路处于额定工作状态，又称为满载运行，它是负载状态的一个特例. 若实际功率超过额定功率，则称为过载；当实际功率在额定功率的 50% 以下时，一般称为轻载；实际功率为额定功率的 80% 以上，一般称为重载.

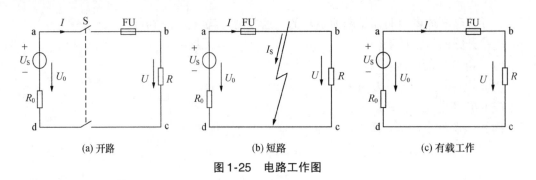

图 1-25　电路工作图

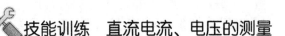

技能训练　直流电流、电压的测量

（一）训练内容

（1）测量电路中的相关电压、电流.

（2）计算相关的电功率.

（二）训练要求

（1）根据给定电路正确布线，使电路正常运行.

（2）通过对电路中直流电流和电压的测量，能正确使用测试仪表.

（3）正确测试电压和电流等相关数据并进行数据分析.

（4）撰写安装与测试报告.

（三）测试设备

（1）电工电路综合实训台 1 套.

（2）直流稳压电源 1 台.

（3）直流电压表、电流表各 1 只.

（4）万用表 1 块.

（四）测试电路

测试电路如图 1-26 所示.

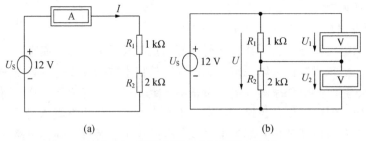

图 1-26　直流电流、电压测试电路图

（五）测试内容

万用表的相关知识请参考附录 A.

1）直流电流的测量

对图 1-26（a）所示的支路的电流进行测量，在测量中，要将电流表串联到支路中，并将所测数据填入表 1-1 中.

2）直流电压的测量

对图 1-26（b）所示的各元件的电压进行测量，在测量中，要将电压表并联到被测元件两端，并将所测数据填入表 1-1 中.

3）功率的计算

通过图 1-26 所示的电路连接，测出流过电阻的电流以及 R_1 和 R_2 两端电压，根据电阻 R_1 和 R_2 与所消耗的电功率 P，计算电源功率 P_E. 验证电阻上消耗的电功率等于电源供给的电功率.

表 1-1　测试结果

I/mA	U/V	U_1/V	U_2/V	P_E/W	P_1/W	P_2/W

 想一想　练一练

1. 上网查阅，了解各种电阻器、电位器、电感器、电容器的外形、型号、价格与主要参数.

2. 额定值为 5 W、100 Ω 的碳膜电阻. 在使用时，电流、电压不得超过多大值？

3. 电路如图 1-27 所示. 电源内阻忽略不计，$U_S = 220\ \text{V}$. 求：

（1）开关 S 闭合前后，各灯泡的电流、电压及电源电流、电压. 说明 I_1 是如何变化的.

（2）求各灯泡在额定状态下工作时的阻值，并说明哪个灯泡电阻大.

（3）如果把两个灯泡串联起来，电灯能否正常工作？

（4）当 60 W 的灯泡短路和断路时，将 S 闭合，分别会发生什么样的现象？

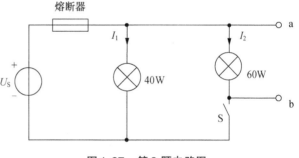

图 1-27　第 3 题电路图

任务二　电阻电路的分析

知识链接一　串联电阻电路

（一）串联电路及其等效电路

两个或两个以上电阻依次相连接，中间无分支的连接方式称为电阻的串联.

图 1-28 所示为 R_1，R_2，$\cdots$，R_n 相串联的电路，图 1-28（b）所示为图 1-28（a）的等效电路.

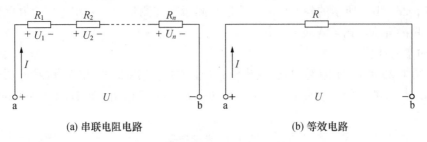

(a) 串联电阻电路   (b) 等效电路

图 1-28   串联电阻电路及其等效电路

（二）串联电路的性质

串联电路中流过每个电阻的电流都相等，即

$$I = I_1 = I_2 = I_3 = \cdots = I_n \tag{1-25}$$

串联电路两端的总电压等于各电阻两端的电压之和，即

$$U = U_1 + U_2 + U_3 + \cdots + U_n \tag{1-26}$$

串联电路的等效电阻（即总电阻）等于各串联电阻之和，即

$$R = R_1 + R_2 + R_3 + \cdots + R_n \tag{1-27}$$

总电阻大于任一串联电阻.

串联电路的总功率等于各串联电阻功率之和，即

$$P = P_1 + P_2 + P_3 + \cdots + P_n = (R_1 + R_2 + R_3 + \cdots + R_n)I^2 \tag{1-28}$$

（三）串联电路的分压作用

在串联电路中，电压的分配与电阻成正比，即电阻值越大的电阻所分配到的电压越大，反之电压越小. 各电阻上消耗的功率与其电阻阻值成正比.

当只有两个电阻串联时，U_1 和 U_2 分别为

$$U_1 = \frac{R_1}{R_1 + R_2}U \qquad U_2 = \frac{R_2}{R_1 + R_2}U \tag{1-29}$$

电阻串联的应用很广泛，在实际工作中常见的应用有：用几种电阻串联来获得阻值较大的电阻；当负载的额定电压低于电源电压时，可用串联的办法来满足负载接入电源的需要；在电工电子测量中应用串联电阻的方法来扩大电压的量程.

【例 1-9】 有一量程 $U_g = 100\,\text{mV}$，内阻 $R_g = 1\,\text{k}\Omega$ 的电压表. 按图 1-29 所示的方法通过串联电阻将其改装成量程为 $U_1 = 5\,\text{V}$ 和 $U_2 = 50\,\text{V}$ 的电压表电路，求分压电阻 R_1 和 R_2 各为多大？

解：当用 U_1 量程时，U_2 端钮断开，此时 R_2 相当于没有接入，分压电阻只有 R_1；而当用 U_2 量程时，U_1 端钮断开，分压电阻应为 $R_1 + R_2$.

根据串联电阻分压关系，可得

$$\frac{U_1}{U_g} = \frac{R_g + R_1}{R_g}$$

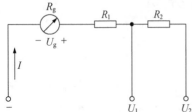

图 1-29   例 1-9 电路图

则
$$R_1 = \left(\frac{U_1}{U_g} - 1\right)R_g = \left(\frac{5\,\text{V}}{100 \times 10^{-3}\,\text{V}} - 1\right) \times 1 \times 10^3\,\Omega = 49\,\text{k}\Omega$$

同理，可得
$$\frac{U_2}{U_g} = \frac{R_g + (R_1 + R_2)}{R_g}$$

$$R_1 + R_2 = \left(\frac{U_2}{U_g} - 1\right)R_g = \left(\frac{50\,\text{V}}{100 \times 10^{-3}\,\text{V}} - 1\right) \times 1 \times 10^3\,\Omega = 499\,\text{k}\Omega$$

所以
$$R_2 = 499\,\text{k}\Omega - R_1 = 450\,\text{k}\Omega$$

 ## 知识链接二　并联电阻电路

（一）并联电路及其等效电路

两个或两个以上电阻首尾两端分别连接于两个节点之间，每个电阻两端的电压都相同，这种连接方式称为电阻的并联.

图1-30所示为 R_1，R_2，$\cdots$，R_n 相并联的电路，图1-30（b）为图1-30（a）的等效电路.

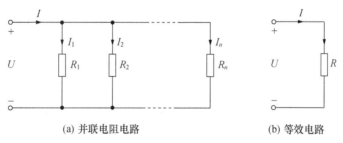

(a) 并联电阻电路　　　　　　(b) 等效电路

图1-30　并联电阻电路及其等效电路

（二）并联电路的性质

并联电路中各电阻两端的电压相等，且等于电路两端的电压，即
$$U = U_1 = U_2 = U_3 = \cdots = U_n \tag{1-30}$$
并联电路中的总电流等于各并联电阻中的电流之和，即
$$I = I_1 + I_2 + I_3 + \cdots + I_n \tag{1-31}$$
并联电路的等效电阻（即总电阻）的倒数等于各并联电阻的倒数之和，所以总电阻小于任一并联电阻.
$$\frac{1}{R} = \frac{1}{R_1} + \frac{1}{R_2} + \frac{1}{R_3} + \cdots + \frac{1}{R_n} \tag{1-32}$$
并联电路消耗的功率的总和等于各并联电阻消耗功率之和，即
$$P = P_1 + P_2 + P_3 + \cdots + P_n = \frac{U^2}{R_1} + \frac{U^2}{R_2} + \frac{U^2}{R_3} + \cdots + \frac{U^2}{R_n} \tag{1-33}$$
若电阻值大，则消耗的功率小.

（三）并联电路的分流作用

在并联电路中，电流的分配与电阻成反比，即阻值越大的电阻所分配到的电流越小，反之电流越大.

注意 使用分流公式时，应注意各电流的参考方向.

当两个电阻并联时，总电阻为

$$R = R_1 /\!/ R_2 = \frac{R_1 R_2}{R_1 + R_2} \tag{1-34}$$

I_1 和 I_2 分别为

$$I_1 = \frac{R_2}{R_1 + R_2}I \qquad I_2 = \frac{R_1}{R_1 + R_2}I \tag{1-35}$$

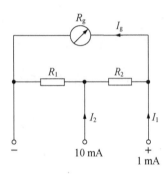

图 1-31 例 1-10 电路图

电阻并联的应用也非常广泛，在实际工作中常见的主要应用有：用并联电阻来获得某一较小电阻；在电工电子测量中，广泛应用并联电阻的方法来扩大电流表的量程.

【例 1-10】 有一量程 $I_g = 500\ \mu A$，内阻 $R_g = 1\ k\Omega$ 的电流表，图 1-31 是通过并联电阻将其改装成量程 $I_1 = 1\ mA$ 和 $I_2 = 10\ mA$ 的电流表电路，求分流电阻 R_1、R_2 各为多大？

解： 先求出量程 I_1 的分流电阻，此时 I_2 端钮断开，分流电阻为 $R_1 + R_2$，根据并联电阻分流关系，有

$$I_g = \frac{R_1 + R_2}{R_g + R_1 + R_2}I_1$$

所以

$$R_1 + R_2 = \frac{I_g R_g}{I_1 - I_g} = \frac{500 \times 10^{-6}\ A \times 1 \times 10^3\ \Omega}{(1\ 000 - 500)\ \times 10^{-6}\ A} = 1\ 000\ \Omega$$

当量程 $I_2 = 10\ mA$ 时，分流电阻为 R_1，而 R_2 与 R_g 相串联，根据并联电阻分流关系，有

$$I_g = \frac{R_1}{R_g + R_1 + R_2}I_2$$

$$R_1 = \frac{I_g}{I_2}(R_g + R_1 + R_2) = \frac{500 \times 10^{-6}\ A}{10 \times 10^{-3}\ A} \times (1\ 000 + 1\ 000)\Omega = 100\ \Omega$$

故

$$R_2 = (1\ 000 - 100)\Omega = 900\ \Omega$$

 知识链接三　电阻混联电路

电阻混联是指电阻串联和并联混合的连接网络. 对于电阻混联电路，电阻相串联的部分具有电阻串联的特点，电阻相并联的部分具有电阻并联电路的特点. 分析混联电路的关键问题是如何判别串、并联，这是初学者感到较难掌握的地方.

可从下面两点进行混联电路的串、并联关系判别.

（1）直接观察法. 若两个电阻是首尾相连或流经两个电阻的电流是同一个电流，那就是串联；若两个电阻是首和首、尾和尾相连或两个电阻上承受的是同一个电压，那就是并联.

（2）假想电流法. 对于一个复杂无源电阻网络，要求 a、b 两端间等效电阻，可以假想一个从 a 流到 b 的电流. 首先，找 a、b 之间的节点，两个节点之间有几条路，这几条路就

是并联；每两个节点组成一段，段与段之间是串联；其次，对原电路做变形；最后，画出等效电路. 但必须注意两点：一是不能遗漏任何一条支路；二是对电路进行变形时可以不改变连接点而移动电路位置，短路线可以任意压缩与伸长，多点接地也可以用短路线相连.

【例 1-11】 求图 1-32（a）所示电路 a、b 两端的等效电阻 R_{ab}.

解： 将短路线压缩，c、d、e 三个点合为一个 c 点，此电路比较复杂，可以采用假想电流法. 首先，从 a 点流到 b 点，途经 c 点和 f 点，即流向为 a→c→f→b；其次，将能看出串、并联关系的电阻用其等效电阻代替；最后，得到如图 1-32（b）所示的等效电路，即可求得 R_{ab}.

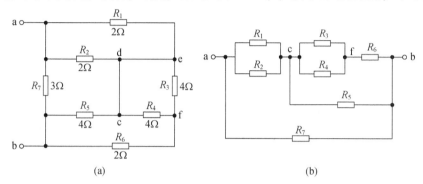

图 1-32 例 1-11 电路图

由图 1-32（b）可得

$$R_{ab} = \{(R_1 /\!/ R_2) + [(R_3 /\!/ R_4) + R_6] /\!/ R_5\} /\!/ R_7 = 1.5\,\Omega$$

【例 1-12】 求图 1-33（a）所示电路 a、b 两端的等效电阻 R_{ab}，已知 $R_1 = R_2 = R_3 = 3.2$.

解： 假想一个电流从 a 流到 b，在此电路中，c 和 e 是一点，d 和 b 是一点，重新画出的电路如图 1-33（b）所示.

由图 1-33（b）可得

$$R_{ab} = R_1 + (R_2 /\!/ R_3 /\!/ R_4) = 4\,\Omega$$

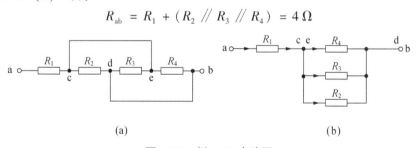

图 1-33 例 1-12 电路图

知识拓展 电阻三角形和 Y 形连接的等效变换

当三个电阻元件首尾相接，形成一个封闭的三角形时，三个连接点接到外部电路的三个节点，称为电阻元件的三角形连接，用符号"△"表示，如图 1-34（a）所示. 当三个电阻元件首端相连，尾端接到外部电路的三个节点时，称为电阻元件的星形连接，用符号"Y"表示，如图 1-34（b）所示.

三角形和 Y 形电路都是通过三个端钮与外部相连，它们之间的等效变换则应满足外部特性不变的原则，即必须使当两种电路的任意对应端加相同的电压时，流经任一对应端的电流也相同，也就是必须使任意两个对应端钮间的电阻相等. 具体来讲，就是当第三个端钮断开时，两种电路中每一对相对应的端钮间的总电阻应当相等.

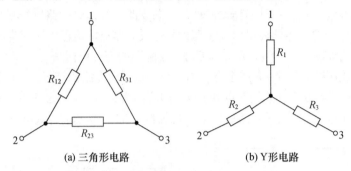

(a) 三角形电路   (b) Y 形电路

图 1-34   电阻的三角形连接和 Y 形连接

（一）三角形电路变换为等效 Y 形电路

公式如下

$$\begin{cases} R_1 = \dfrac{R_{12}R_{31}}{R_{12}+R_{23}+R_{31}} \\[2mm] R_2 = \dfrac{R_{12}R_{23}}{R_{12}+R_{23}+R_{31}} \\[2mm] R_3 = \dfrac{R_{23}R_{31}}{R_{12}+R_{23}+R_{31}} \end{cases} \tag{1-36}$$

式（1-36）可概括为

$$R_{\mathrm{Y}} = \frac{三角形中相邻电阻之积}{三角形中各电阻之和}$$

当三角形电路的 3 个电阻相等时，即

$$R_{12} = R_{23} = R_{31} = R_{\triangle}$$

则
$$R_1 = R_2 = R_3 = \frac{1}{3}R_{\triangle}$$

（二）Y 形电路变换成等效三角形电路

公式如下

$$\begin{cases} R_{12} = \dfrac{R_1 R_2 + R_2 R_3 + R_3 R_1}{R_3} \\[2mm] R_{23} = \dfrac{R_1 R_2 + R_2 R_3 + R_3 R_1}{R_1} \\[2mm] R_{31} = \dfrac{R_1 R_2 + R_2 R_3 + R_3 R_1}{R_2} \end{cases} \tag{1-37}$$

式（1-37）可概括为

$$R_{\triangle} = \frac{星形中两两电阻乘积之和}{与之不相连的电阻}$$

当 Y 形电路的 3 个电阻相等时，即

$$R_1 = R_2 = R_3 = R_{\mathrm{Y}}$$

则
$$R_{12} = R_{23} = R_{31} = 3R_{\mathrm{Y}}$$

应当指出，上述等效变换公式仅适用于无源三端电路.

【例 1-13】 求图 1-35（a）所示电桥电路，$R_1 = 4\,\Omega$，$R_2 = 2\,\Omega$，$R_3 = 8\,\Omega$，$R_4 = 4\,\Omega$，$R_5 = 4\,\Omega$，求 a、b 两端的等效电阻 R_{ab}.

解： 此电路既含有三角形又含有 Y 形电路，下面给出一种等效变换方案.

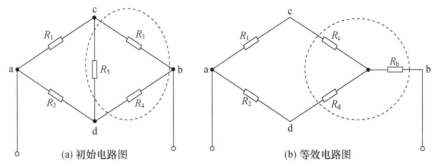

图 1-35　例 1-13 电路图

如图 1-35（b）所示，根据式（1-36），可得

$$R_c = \frac{R_3 R_5}{R_3 + R_4 + R_5} = \frac{8\,\Omega \times 4\,\Omega}{(8+4+4)\,\Omega} = 2\,\Omega$$

$$R_d = \frac{R_4 R_5}{R_3 + R_4 + R_5} = \frac{4\,\Omega \times 4\,\Omega}{(8+4+4)\,\Omega} = 1\,\Omega$$

$$R_b = \frac{R_3 R_4}{R_3 + R_4 + R_5} = \frac{8\,\Omega \times 4\,\Omega}{(8+4+4)\,\Omega} = 2\,\Omega$$

再用串、并联的方法求出等效电阻 R_{ab}

$$R_{ab} = R_b + \frac{(R_1 + R_c)\,(R_2 + R_d)}{R_1 + R_c + R_2 + R_d} = 2\,\Omega + \frac{(4+2)\,\Omega \times\,(2+1)\,\Omega}{(4+2+2+1)\,\Omega} = 4\,\Omega$$

【例 1-14】 计算图 1-36（a）所示电路 a、b 两端之间的等效电阻.

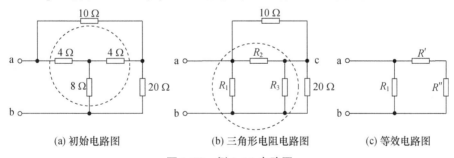

图 1-36　例 1-14 电路图

解： 将 Y 形电阻电路等效变换为三角形电阻电路，如图 1-36（b）所示. 由 Y-△ 等效变换公式得

$$R_1 = \frac{4 \times 8 + 4 \times 8 + 4 \times 4}{4} = 20\,(\Omega)$$

$$R_2 = \frac{4 \times 8 + 4 \times 8 + 4 \times 4}{8} = 10\,(\Omega)$$

$$R_3 = \frac{4 \times 8 + 4 \times 8 + 4 \times 4}{4} = 20\,(\Omega)$$

$$R' = R_2 /\!/ 10 = 5\,\Omega$$

$$R'' = R_3 /\!/ 20 = 10\,\Omega$$

故得：
$$R_{ab} = R_1 /\!/ (R' + R'') = \frac{60}{7}\,\Omega$$

 想一想　练一练

1. 三只电阻 R_1、R_2、R_3，它们的阻值之比为 $R_1 : R_2 : R_3 = 1 : 2 : 3$，分别算出三只电阻串联和并联接到电源上的电流之比、电压之比、功率之比.

2. 电路如图 1-37 所示，分别求 R_{ab}、R_{bc}.

3. 电路如图 1-38 所示，求等效电阻 R_{ab}.

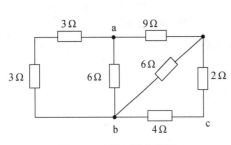

图 1-37　第 2 题电路图

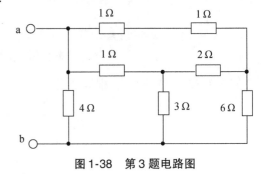

图 1-38　第 3 题电路图

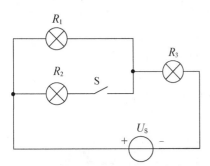

图 1-39　第 5 题电路图

4. 某学校有 10 个教室，每个教室有 20 只额定功率 40 W、额定电压 220 V 的日光灯，平均每天用电 10 小时. 问该学校 12 月份用于照明消耗多少度电.

5. 电路如图 1-39 所示，已知 $R_1 = R_2 = R_3 = R$，不论 S 出于何种状态灯泡都能正常工作.

求：（1）S 断开，R_1、R_2 消耗的功率.

（2）S 接通，R_1、R_2 消耗的功率.

6. 某发电机的内阻为 $R_0 = 0.5\,\Omega$. 要使距离发电机 2 km 处的工厂获得 220 V 的电压、45.4 A 的电流，采用横截面积 $S = 50\,\text{mm}^2$ 的铜导线（铜的电阻率 $\rho = 0.0168\,\text{mm}^2 \cdot \Omega/\text{m}$），试求发电机的电动势.

任务三　基尔霍夫定律

（一）复杂电路

当电路中有多个电源作用时，无法直接用电阻的串联、并联的知识来分析求解电路，这样的电路为复杂电路. 图 1-40 所示电路为复杂电路.

（二）相关电路术语

（1）支路．电路中流过同一电流的一个分支称为一条支路．图 1-41 中有 3 条支路，即 bad、bcd、bd.

（2）节点．三条或三条以上支路的连接点称为节点．图 1-41 中就有 2 个节点，即 b 和 d.

（3）回路．由若干支路组成的闭合路径，其中每个节点只经过一次，这条闭合路径称为回路．图 1-41 中就有 3 个回路，即 abcda、abda、bcdb.

（4）网孔．网孔是回路的一种．将电路画在同一个平面上，在回路内部不另含有支路的回路称为网孔．图 1-41 中就有两个网孔，即 abda、bcdb.

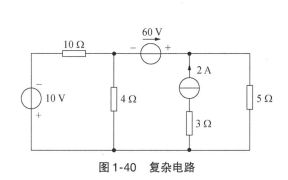

图 1-40　复杂电路

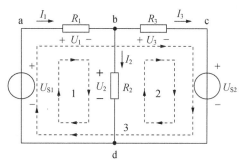

图 1-41　复杂电路举例

 ## 知识链接　基尔霍夫定律

前面已经介绍欧姆定律，欧姆定律阐述的是线性电阻元件两端电压和电流的约束关系，这是由电阻元件本身的性质决定的，与电路其他元件无关．而电路作为一些元件互联的整体，电路结构和元件连接方式都会有所不同．基尔霍夫定律阐述的是若干个元件组成电路后，电路中各元件的电流的约束关系和各元件电压之间的约束关系．

（一）基尔霍夫电流定律（KCL）

基尔霍夫电流定律又称为节点电流定律，它研究的是电路中任一节点处各支路电流之间的关系．

由于电荷既不会产生也不会消失，且在节点处也不可能产生电荷的积累，必然有同一时间内流进节点的电荷量等于流出的电荷量，即在任一时刻，流入某节点的电流之和等于流出该节点的电流之和．这一规律称为基尔霍夫电流定律，简称 KCL．根据基尔霍夫电流定律列出的方程称为节点电流方程，简写为 KCL 方程．

$$\sum I_{\text{入}} = \sum I_{\text{出}} \quad \text{或} \quad \sum i_{\text{入}} = \sum i_{\text{出}} \tag{1-38}$$

对于图 1-41 中的 b 节点，有 $I_1 = I_2 + I_3$.

基尔霍夫电流定律也可描述为"任一节点的电流代数和为零"，即

$$\sum I = 0 \tag{1-39}$$

注意　既然是代数和，就有正有负．就需要对电流参考方向的正、负进行规定．若规定流入节点前的电流取正号、流出节点后的电流取负号（也可以做相反的规定），对于图 1-41 中的 b 节点，也可以有

$$I_1 - I_2 - I_3 = 0$$

【例1-15】 在如图1-42所示的电路中，已知 $I_1 = 5\,A$，$I_2 = -2\,A$，$I_3 = 1\,A$，试求 I_4 的大小.

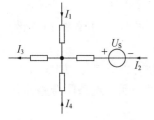

图1-42 例1-15电路图

解： 根据基尔霍夫电流定律，对于图1-42中的节点

因为

$$I_1 + I_2 + I_4 - I_3 = 0$$

所以

$$I_4 = I_3 - I_1 - I_2$$

代入数据，得

$$I_4 = 1\,A - 5\,A - (-2\,A) = -2\,A$$

这说明 I_4 的大小为 $-2\,A$，实际方向与图中所标方向相反.

推广定律：基尔霍夫电流定律不仅适用于节点，把它加以推广，还可用于包围几个节点的闭合面，称为广义节点.

基尔霍夫电流定律也可推广到包含几个节点的一个封闭区域.

例如，如图1-43所示的电路中，已知 $I_1 = 2\,A$，$I_2 = 3\,A$，电阻 R_1、R_2、R_3 的大小未知，同样可由 KCL 方程来计算 I_3 的大小. 可以把封闭面看成一个广义节点，求得

$$I_3 = I_1 + I_2 = 2\,A + 3\,A = 5\,A$$

同样，对晶体管来讲（如图1-44所示），由于管内的电流很复杂，因此可将晶体管看成一个广义节点，可得

$$I_B + I_C = I_E$$

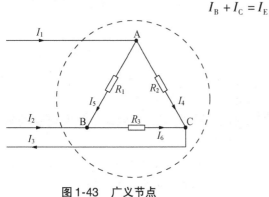

图1-43 广义节点

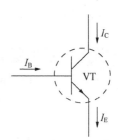

图1-44 晶体管可以看成一个广义节点

【例1-16】 如图1-45所示电路为某电路的一部分，已知 $I_1 = -2\,A$，$I_2 = 3\,A$，$I_3 = -1\,A$，$I_4 = 5\,A$，求 I_5.

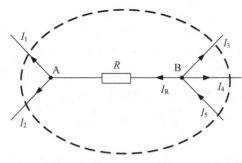

图1-45 例1-16电路图

解： 本题有两种解法.

解法一： 先求 I_R，根据 KCL.

A节点上：

$$I_1 + I_2 = I_R$$

即

$$I_R = (-2\,A) + 3\,A = 1\,A$$

B 节点上：
$$I_3 + I_4 + I_R = SI_5$$

即
$$I_5 = (-1\,\text{A}) + 5\,\text{A} + 1\,\text{A} = 5\,\text{A}$$

解法二：根据推广定律，将假想一个闭合面看做一个大节点，如图 1-45 中虚线所示. 根据 KCL，可得

$$I_5 = I_1 + I_2 + I_3 + I_4 = (-2\,\text{A}) + 3\,\text{A} + (-1\,\text{A}) + 5\,\text{A} = 5\,\text{A}$$

（二）基尔霍夫电压定律（KVL）

基尔霍夫电压定律反映了电路中任一回路内各段电压之间的约束关系，其基本内容是：任意时刻，任意回路的各段（或各元件）电压的代数和恒为零. 这一规律称为基尔霍夫电压定律，简称 KVL，即

$$\sum u = 0 \quad \text{或} \quad \sum U = 0 \tag{1-40}$$

式（1-40）称为回路的电压方程，简写为 KVL 方程.

在列写 KVL 方程时，首先应设定一个绕行方向，可以自定顺时针方向或逆时针方向. 凡电压的参考方向与绕行方向一致的，则该电压取"+"号；否则，取"-"号.

对于电路中的电阻，将其电流和电压方向设成关联方向，这样电阻的电流方向与绕行方向一致的，该电压取"+"号；反之，取"-"号.

对于电动势，其电压方向与绕行方向相同的，取"+"号；反之，取"-"号.

如图 1-41 所示，列 KVL 方程.

对于回路 1：
$$U_1 + U_2 - U_{S1} = 0$$

即
$$I_1 R_1 + I_2 R_2 - U_{S1} = 0$$

对于回路 2：
$$U_3 + U_{S2} - U_2 = 0$$

即
$$I_3 R_3 + U_{S2} - I_2 R_2 = 0$$

对于回路 3：
$$U_1 + U_3 + U_{S2} - U_{S1} = 0$$

即
$$I_1 R_1 + I_3 R_3 + U_{S2} - U_{S1} = 0$$

基尔霍夫电压定律实际上是电路中两点间的电压大小与路径无关这一性质的体现，其本质是能量守恒原理.

【例 1-17】 在如图 1-46 所示的电路中，求 I_1、I_2、I_3、I_4 和 U_{S2}.

解：

（1）根据 KCL，对于节点 a，有
$$-I_1 - 6\,\text{A} + 10\,\text{A} = 0$$

即
$$I_1 = 10\,\text{A} - 6\,\text{A} = 4\,\text{A}$$

对于节点 b，有
$$I_1 + 2\,\text{A} + I_2 = 0$$

即
$$I_2 = -I_1 - 2\,\text{A} = -4\,\text{A} - 2\,\text{A} = -6\,\text{A}$$

对于节点 c，有
$$-I_2 - 4\,\text{A} + I_3 = 0$$

即
$$I_3 = I_2 + 4\,\text{A} = -6\,\text{A} + 4\,\text{A} = -2\,\text{A}$$

对于节点 d，有

$$-I_3 - 10\,\text{A} + I_4 = 0$$

即 $\qquad I_4 = I_3 + 10\,\text{A} = -2\,\text{A} + 10\,\text{A} = 8\,\text{A}$

（2）根据 KVL，可得

$$-U_{S1} - I_2 R_1 - U_{S2} + 10\,\text{A} \times R_2 = 0$$

即 $\qquad U_{S2} = 10\,\text{A} \times R_2 - U_{S1} - I_2 R_1 = 10\,\text{A} \times 2\,\Omega - 12\,\text{V} - (-6\,\text{A}) \times 1\,\Omega = 14\,\text{V}$

推广定律：基尔霍夫电压定律不仅适用于实际回路，加以推广，可适用于开口电路，称为假想回路.

注意　列写回路电压方程时，必须将开路处的电压列入方程.

例如，在图 1-47 中，可以假想有 acba 回路，绕行方向不变. 根据 KVL，则有

$$U_S - U_1 - U_{ab} = 0$$

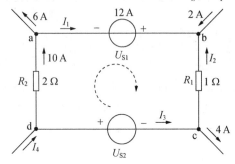

图 1-46　例 1-17 电路图

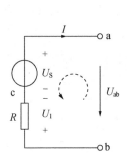

图 1-47　假想回路

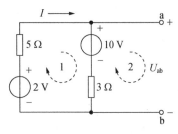

图 1-48　例 1-18 电路图

【例 1-18】　在如图 1-48 所示的电路中，求开路电压 U_{ab} 的值.

解：设闭合回路 1 的电流方向和绕行方向如图 1-48 所示，根据 KVL，有

$$5\,\Omega \times I + 10\,\text{V} + 3\,\Omega \times I - 2\,\text{V} = 0$$

$$I = -1\,\text{A}$$

对于开口电路 2，设绕行方向如图 1-48 所示，根据 KVL，有

$$U_{ab} - 3\,\Omega \times I - 10\,\text{V} = 0$$

将 $I = -1\,\text{A}$ 代入，得

$$U_{ab} = 10\,\text{V} + 3\,\Omega \times (-1\,\text{A}) = 7\,\text{V}$$

 知识拓展　电路中电位的计算与测量

前面已经了解了电位的概念，在分析电子电路时，通常要应用电位. 那么，电路中某点的电位究竟是多少伏特，将在下面中进行讨论.

（一）电位的意义

（1）电路中电位的计算及测量. 大家知道，计算电位时，必须选定电路中的某一点作为参考点，它的电位称为参考电位，通常设参考电位为零. 而其他各点的电位都与参考电

位进行比较, 比它高的为正, 比它低的为负. 正数值越大, 则电位越高; 负数值越大, 则电位越低.

（2）求解原则. 电路中某一点的电位等于该点到参考点之间的电压.

这个原则告诉人们, 求电位的问题实际上可归结到求电压的问题上, 只是求该点到参考点上的电压.

（3）电位的特点. 电路中各点的电位随参考点的不同而变化, 但任意两点的电位差（电压）是不变的.

电位的特点告诉人们, 电位是相对的量, 而电压是绝对的量. 可以根据电位的这个特点来求各点的电位及电压.

如图 1-49 所示, 如果把 b 点接地, 则 V_a 就等于 U_{ab}, 此题解法与例 1-18 的解法一样.

【例 1-19】 如图 1-50 所示, 分别求以电路中 c 点、b 点为参考点时的 V_a、V_b、U_{ab}.

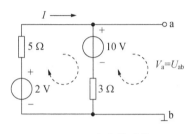

图 1-49 电位的计算

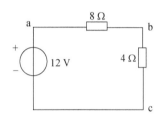

图 1-50 例 1-19 电路图

解: 以 c 点为参考点时, 根据求解原则, 可知

$$V_a = U_{ac} = 12 \, \text{V}$$

$$V_b = U_{bc} = \frac{4}{8+4} \times 12 \, \text{V} = 4 \, \text{V}$$

$$U_{ab} = V_a - V_b = 12 \, \text{V} - 4 \, \text{V} = 8 \, \text{V}$$

当以 b 点为参考点时, 根据求解原则, 可知

$$V_a = U_{ab} = \frac{8}{8+4} \times 12 \, \text{V} = 8 \, \text{V}$$

$$V_b = 0 \, \text{V}$$

$$U_{ab} = V_a - V_b = (8-0) \, \text{V} = 8 \, \text{V}$$

$$V_c = -4 \, \text{V}$$

上例说明, 也可以借助电位的特点计算电位和电压.

（二）电位标注法

为了简化电路的绘制, 常常采用电位标注法, 如图 1-51（a）所示, 电路中的 a 点和 b 点用电位表示, 绘出的电路如图 1-51（b）所示.

电位标注法表示电路的原则是: 首先, 确定电路中的参考电位节点（零点电位点）; 其次, 用标示出电源端极性及电位数值的方法代替电源; 最后, 省去原来电路中的接地线, 而用接地符号来表示.

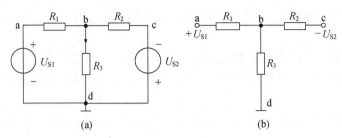

图 1-51　电位标注法

在电子电路中，电位标注法是很常见的.

【例 1-20】　电路如图 1-52 所示，分别求出开关 S 在断开和闭合时电路中的 a 点电位.

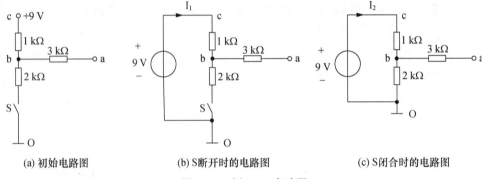

(a) 初始电路图　　　　(b) S 断开时的电路图　　　　(c) S 闭合时的电路图

图 1-52　例 1-20 电路图

解：根据电位标注法，首先把电路还原成完整电路，如图 1-52 （b）、（c） 所示.
当开关 S 断开时，如图 1-52 （b） 所示. 因为电路中没形成回路，$I_1 = 0$，此时

$$V_a = V_b = V_c = 9 \text{ V}$$

当开关 S 闭合时，如图 1-52 （c） 所示，电路形成回路，此时

$$I_2 = \frac{9 \text{ V}}{(1 + 2)\text{k}\Omega} = 3 \text{ mA}$$

因此　　　$V_a = V_b = U_{bO} = 2 \text{ k}\Omega \times 3 \text{ mA} = 6 \text{ V}$

 技能训练　复杂电路中的电流、电压及电位的测量

（一）训练内容

（1）测量电路中的相关电压、电流.

（2）测量电路中的电位.

（二）训练要求

（1）根据给定电路正确布线，使电路正常运行.

（2）通过对电路中直流电流和电压的测量，能正确使用测试仪表.

（3）通过对电路中各支路电流的测量，验证基尔霍夫电流定律.

（4）通过对电路中各元件电压的测量，验证基尔霍夫电压定律.

（5）通过对电路各点电位的测量，理解电位与电压的关系.

（三）测试设备

（1）电工电路综合实训台 1 套.

（2）直流稳压电源 1 台.

（3）直流电压表、电流表各 1 只.

（4）万用表 1 块.

（四）测试电路

测试电路如图 1-53 与图 1-54 所示:

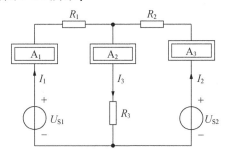

图 1-53　验证基尔霍夫电流定律

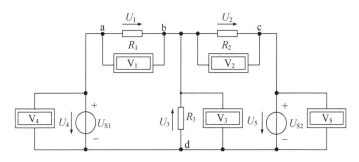

图 1-54　验证基尔霍夫电压定律

（五）测试内容

1）各支路电流的测量

对图 1-53 所示支路的电流进行测量，在测量中，要将电流表串联到支路中，并将所测数据填入表 1-2 中.

表 1-2　验证基尔霍夫电流定律的测试数据表（第四次参数自己确定）

序　　号	U_{S1}/V	U_{S2}/V	$R_1/k\Omega$	$R_2/k\Omega$	$R_3/k\Omega$	I_1/mA	I_2/mA	I_3/mA
1								
2								
3								
4								

由实验结果可知：三条支路的电流关系是 _____ .

结论： _____ .

2）各元件电压的测量

对图 1-54 所示各元件的电压进行测量，在测量中，要将电压表并联到被测元件两端，并将所测数据填入表 1-3 中.

表 1-3 验证基尔霍夫电压定律的测试数据表（第四次参数自己确定）

序　号	U_{S1}/V	U_{S2}/V	$R_1/k\Omega$	$R_2/k\Omega$	$R_3/k\Omega$	U_1/V	U_2/V	U_3/V	U_4/V	U_5/V
1										
2										
3										
4										

由实验结果可知：$U_1 + U_3 + U_4 = U_2 + U_3 + U_5 =$ _____ .

$U_1 + U_2 + U_5 + U_4 =$ _____ .

结论： _____ .

3）电路中电位的测量

在如图 1-54 所示的电路中，先将 d 点接地，对电路中各点的电位进行测量，然后接地点换为 b 点，重测电路中各点电位，并将所测数据填入表 1-4 中.

表 1-4 电路中各点电位的测试数据表

接地点	U_{S1}/V	U_{S2}/V	$R_1/k\Omega$	$R_2/k\Omega$	$R_3/k\Omega$	V_a/V	V_b/V	V_c/V	V_d/V
d									
b									

由实验结果得出结论：① _____ .

② _____ .

 想一想　练一练

1. 上网查找相关资料，了解基尔霍夫的人物介绍以及他对自然科学的贡献.

2. 电路如图 1-55 所示. 求 S 闭合、断开时电流 I、I_1、I_2 及 U_{ab}.

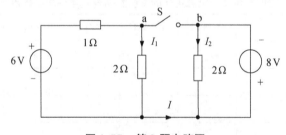

图 1-55 第 2 题电路图

3. 电路如图 1-56 所示，求：

(1) 当 d 点接地时，I、V_a、V_b、U_{ab}；

(2) 当 c 点接地时，I、V_a、V_b、U_{ab}.

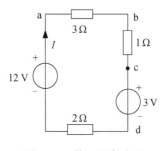

图 1-56　第 3 题电路图

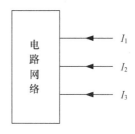

图 1-57　第 4 题电路图

4. 某电路三条支路的电流如图 1-57 所示. 问这三个电流有无可能都是正值.

5. 电路如图 1-58 所示，求电路中的 U_{ab}.

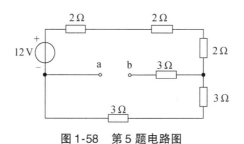

图 1-58　第 5 题电路图

综合技能训练　汽车信号灯电路的装接与测试

(一) 电路的组成

汽车信号系统的电路图如图 1-59 所示.

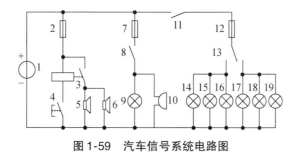

图 1-59　汽车信号系统电路图

(二) 电路中各元件的作用

蓄电池（标号 1）：直流电源，将化学能转化为电能.

熔断器（标号 2、7、12）：短路保护，防止电流过大对电路所造成的损坏.

继电器（标号 3）：利用线圈得电和断电来控制其触点接通和断开.

按钮（标号 4）：按下则电路接通，松开则电路断开，此元件没有自锁功能.

开关（标号 8、11、13）：打至闭合状态，则电路接通；打至断开状态，则电路断开.

喇叭（标号 5、6）：将电能转换为声音的设备.

蜂鸣器（标号 10）：将电能转换为声音的设备，当汽车倒车时，发出声音.

灯泡（标号 14～19）：将电能转换为光能的设备，当汽车需要转向时，相应方向的指示灯发亮.

（三）电路的工作过程

（1）启动汽车电源.

（2）当按下喇叭按钮时，继电器线圈得电，其触点开关动作闭合，接通喇叭电路，喇叭发出声响，由于按钮没有自锁功能，因此手按喇叭按钮多长时间，喇叭就响多长时间.

（3）汽车需倒车时，按倒车灯开关，接通倒车灯和倒车蜂鸣器电路，倒车灯发亮；同时，蜂鸣器发出声音. 当倒车结束时，将倒车灯开关关闭.

（4）汽车需转向时，应先将转向灯总开关关闭，当转向灯切换开关打至左挡时，左路转向信号灯电路接通，左转信号灯的指示灯发光；当转向结束时，应将转向灯切换开关打至空挡. 当转向灯切换开关打至右挡时，右路转向信号灯电路接通，右转信号灯的指示灯发光，转向灯切换开关打至空挡.

（四）电路的制作与测试

1）工具、器材准备

（1）实训工作台 1 套.

（2）汽车灯泡（12 V/2 W 和 12 V/5 W）若干.

（3）开关、按钮若干.

（4）喇叭、蜂鸣器各 1 个.

（5）继电器（12 V/8 W）1 个.

2）电路的搭接

按电路图制作电路，按布线规范要求进行布线，要求每个灯泡能正常发光.

3）电路的测试

（1）测量电路中各灯泡上的电流、电压并计算出每个灯泡上的实际功率，填入表 1-5～表 1-7 中.

（2）测量总电压及电流，并计算总功率，填入表 1-8 中.

表 1-5   各灯泡电流的测试数据

灯 14	灯 15	灯 16	灯 17	灯 18	灯 19

表 1-6　各灯泡电压的测试数据

灯 14	灯 15	灯 16	灯 17	灯 18	灯 19

表 1-7　各灯泡功率的计算结果

灯 14	灯 15	灯 16	灯 17	灯 18	灯 19

表 1-8　总电压、电流测试数据及总功率计算结果

灯 14	灯 15	灯 16	灯 17	灯 18	灯 19

学生工作页

1.1　上网查阅，了解各种电阻、电感、电容的外形、型号、主要参数及价格.

1.2　想一想，如何扩大电压表及电流表的量程.

1.3　上网查阅，了解焊接工序的操作步骤与注意事项.

1.4　简述万用表的注意事项，并去图书馆或上网查阅数字万用表的使用方法.

1.5　如图 1-60 所示，试确定每个分图中两端元件的未知量，并说明是电源还是负载.

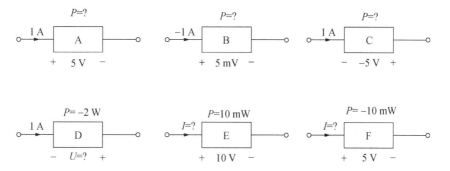

图 1-60　题 1.5 电路图

1.6　电路如图 1-61 所示，试回答：（1）对 A 部分电路，电压、电流参考方向是否关联？对 B 部分电路呢？（2）分别写出 A、B 两部分电路各自吸收功率 $P_{吸}$ 与发出功率 $P_{发}$ 的表达式.

1.7　电压、电流的参考方向如图 1-62 所示，写出各元件的 u 和 i 的约束方程.

1.8　一只额定值为"110 V，25 W"的灯泡，若要接到 220 V 的电源上，需串联多大的电阻？该电阻的功率应选多大？灯泡的实际功率为多大？

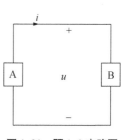

图 1-61　题 1.6 电路图

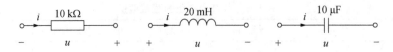

图 1-62　题 1.7 电路图

1.9　求图 1-63 的等效电容 C_{ab}.

1.10　计算图 1-64 所示电路中的 u 和 i.

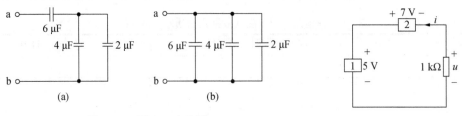

图 1-63　题 1.9 电路图

图 1-64　题 1.10 电路图

1.11　已知电感 $L = 0.2$ H，通过电流 $i = 20\sqrt{2}\sin100t$ A，电压、电流参考方向一致，求电压 u.

1.12　计算图 1-65 所示电路中的 U 或 I.

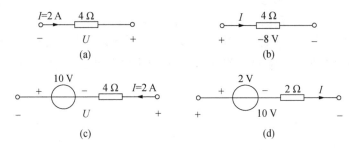

图 1-65　题 1.12 电路图

1.13　电路如图 1-66 所示，求电压 U 及电流源吸收的功率.

1.14　求如图 1-67 所示电路中的电压 u 和电流 i.

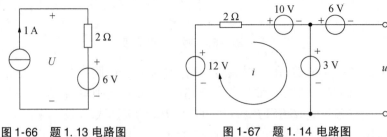

图 1-66　题 1.13 电路图

图 1-67　题 1.14 电路图

1.15　求如图 1-68（a）所示电路中的电压源的电流 I 和功率 P，求电路图 1-68（b）中的电流源的电压 U 和功率 P.

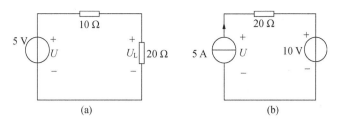

图1-68　题1.15 电路图

1.16　求如图1-69所示的电流表电路的分流电阻 R_1、R_2、R_3. 已知，表头内阻 $R_g = 1\,k\Omega$，满刻度电流 $I_g = 100\,\mu A$，构成能测量 1 mA、10 mA、100 mA 电流表.

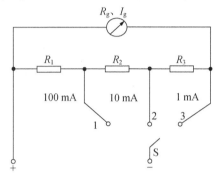

图1-69　题1.16 电路图

1.17　在如图1-70所示的电路图中，分别求当开关S打开和闭合时，a、b两点间的等效电阻.

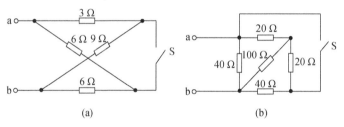

图1-70　题1.17 电路图

1.18　如图1-71所示的电路为一个衰减器电路，已知电阻中流过的电流 $I = 10\,mA$，试计算 R_1、R_2 及 R_3 的值.

1.19　求如图1-72所示电路中的 R_{ab}.

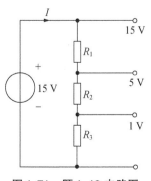

图1-71　题1.18 电路图

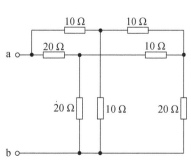

图1-72　题1.19 电路图

37

1.20 计算如图 1-73 所示的各电路的未知电流.

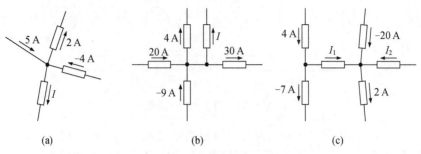

(a)   (b)   (c)

图 1-73 题 1.20 电路图

1.21 电路如图 1-74 所示，求 a 点电位.

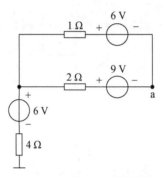

图 1-74 题 1.21 电路图

项目 2 电路的分析方法及测试

项目教学目标

职业知识目标

- 掌握电路分析的一般方法.
- 理解电源的等效变换的内容与应用.
- 理解并掌握叠加定理、戴维南定理.
- 能够根据不同电路结构和求解对象，选择不同的分析方法.

职业技能目标

- 熟练运用 EWB 软件对电路进行仿真实验.
- 学会分析各种直流电路.

职业道德与情感目标

- 培养良好的职业道德、安全生产意识、质量意识和效益意识.
- 具有实事求是、严肃认真的科学态度与工作作风.
- 初步培养学生的团队合作精神.

任务一　电路的一般分析方法与仿真测试

知识链接一　支路电流法

支路电流法是以电路中各支路电流为求和量，利用基尔霍夫电流定律对节点列电流方程和基尔霍夫电压定律对回路列电压方程，解方程组求解出各支路电流.

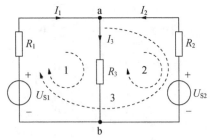

图 2-1　支路电流法

如图 2-1 所示的电路中有 3 条支路、2 个节点、3 个回路.

下面对每个节点列电流方程.

节点 a：　　　$I_1 + I_2 - I_3 = 0$

节点 b：　　$-I_1 - I_2 + I_3 = 0$

上面的两个方程实际是一个方程，把这个方程称为独立方程.

结论　对具有每个节点的电路，只有且一定有 $n-1$ 个独立节点，也只能且一定能列出 $n-1$ 个独立的 KCL 方程；或者说电路的独立节点数比节点数少 1.

下面对每个节点列电压方程.

回路 1：　　　　　　　$I_1 R_1 + I_3 R_3 - U_{S1} = 0$

回路 2：　　　　　　$-I_2 R_2 - I_3 R_3 + U_{S2} = 0$

回路 3：　　　　　　$I_1 R_1 - I_2 R_2 + U_{S2} - U_{S1} = 0$

从上面 3 个方程中也不难发现只有两个独立方程.

结论　对具有 b 条支路、n 个节点的电路，只能列出 $b - (n-1)$ 个独立的电压方程，而 $b - (n-1)$ 正好等于电路的网孔数.

所列独立的电流方程和电压方程的个数为 $(n-1) + [b - (n-1)] = b$，与未知数的个数相等. 这样就可以解出 b 条支路电流.

因此，对于图 2-1 电路，电路的所有独立方程如下：

$$\begin{cases} I_1 + I_2 - I_3 = 0 \\ I_1 R_1 + I_3 R_3 - U_{S1} = 0 \\ -I_2 R_2 - I_3 R_3 + U_{S2} = 0 \end{cases}$$

支路电流法的解题步骤如下：

（1）确定支路数，假定电路图中各支路电流的参考方向.

（2）选择 $n-1$ 个独立节点，应用 KCL 列出各独立 $n-1$ 节点电流方程.

（3）选网孔为独立回路，并设定其绕行方向，应用 KVL 列出 $b - (n-1)$ 个独立回路电压方程.

（4）联立求解上述方程组，求解出各支路电流.

支路电流法有一定的局限性，它适合较少支路的电路. 如果方程的个数很多的话，则必须借助计算机软件上机运行.

知识链接二 节点电压法

节点电压法是以电路中的独立节点的电位为未知量，利用基尔霍夫的电流定律，对各独立节点列电流方程，解方程组，求出各独立节点的电位.

（一）几个术语

（1）独立节点. 假设电路中有 n 个节点，任选其中一个为参考点，把其余 $n-1$ 个节点称为独立节点.

（2）自导. 电路中与某个独立节点相连的支路上的电导（电阻的倒数）之和，自导一定为正值.

（3）互导. 电路中某个独立节点与另一个独立节点相连的电导（电阻的倒数）的负数互导一定为负值.

（4）某节点上的电流源的代数和. 与该节点相连的电流源有正有负，流入该节点的电流源为正；反之，为负.

若有电压源与电阻串联的支路，其电流源用此电压源的电动势乘以电导代替. 若电压源的高电位与该节点相连，则此项为正；反之，为负.

（二）节点电压法的一般解题步骤

（1）选取参考节点，标出各独立节点序号，将独立节点电压作为未知量，其参考方向由独立节点指向参考节点.

（2）建立节点电压方程组，其方程个数与独立节点个数相等. 一般可先算出各节点的自导、各节点间的互导及流入各节点的电流源的代数和，然后再按规范方程形式写出方程组.

当对某一个独立节点列节点电压方程时，按下列原则计算：

$$左式 = \sum 本节点电压 \times 自导 + \sum (相邻节点的电压 \times 本节点与该相邻节点的互导)$$

$$右式 = \sum \frac{与本节点相连的支路的电动势}{该支路的电阻} + \sum 与本节点相连的电流源的电流$$

若电动势方向指向该独立节点，则取"＋"；反之，取"－". 若电流源的电流方向指向节点，则取"＋"；反之，取"－".

（3）求解方程组，即可得出各节点的电位值.

（4）设定各支路电流的参考方向，根据欧姆定律和各节点电位值即可求出各支路电流. 对含有理想电流源、理想电压源与受控源电路的处理方法及技巧将在例题中具体体现.

【例 2-1】 在如图 2-2 所示的电路中列出各独立节点的电压方程，再求出各支路电流.

解：图 2-2 中有 4 个节点，把 O 点接地，则节点 1、2、3 为电路的独立节点. 它们的节点电位分别是 U_1、U_2、U_3.

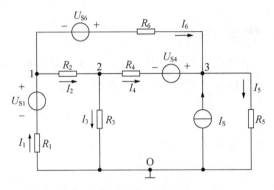

图 2-2　例 2-1 电路图

下面分别对各独立节点列节点电压方程：

节点 1　$\left(\dfrac{1}{R_1}+\dfrac{1}{R_2}+\dfrac{1}{R_6}\right)U_1 - \dfrac{1}{R_2}U_2 - \dfrac{1}{R_6}U_3 = \dfrac{1}{R_1}U_{S1} - \dfrac{1}{R_6}U_{S6}$

节点 2　$-\dfrac{1}{R_2}U_1 + \left(\dfrac{1}{R_2}+\dfrac{1}{R_3}+\dfrac{1}{R_4}\right)U_2 - \dfrac{1}{R_4}U_3 = -\dfrac{1}{R_4}U_{S4}$

节点 3　$-\dfrac{1}{R_6}U_1 - \dfrac{1}{R_4}U_2 + \left(\dfrac{1}{R_4}+\dfrac{1}{R_5}+\dfrac{1}{R_6}\right)U_3 = \dfrac{1}{R_4}U_{S4} + \dfrac{1}{R_6}U_{S6} + I_S$

对以上三个方程求解，可求出各独立节点电位 U_1、U_2、U_3.

下面求出各支路电流.

$$I_1 = \frac{U_{S1} - U_1}{R_1} \qquad I_2 = \frac{U_1 - U_2}{R_2} \qquad I_3 = \frac{U_2}{R_3}$$

$$I_4 = \frac{U_2 - U_3 + U_{S4}}{R_4} \qquad I_5 = \frac{U_3}{R_5} \qquad I_6 = \frac{U_1 - U_3 + U_{S6}}{R_6}$$

节点电压法适合较少节点的电路. 在分析复杂电路时，经常会遇到一些节点较少、支路较多的情况，此时就可以用节点电压法，这会使解题过程简化.

【例 2-2】　求如图 2-3 所示的各支路电流.

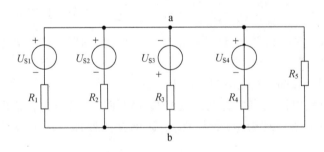

图 2-3　例 2-2 电路图

　　解：在本例中，有 2 个节点，5 条支路，如果用支路电流法去分析，求解过程将会非常烦琐，但用节点电压法就会很容易求出. 首先把 b 点接地，则 b 点为非独立节点，只有 a 点是独立节点，只对节点 a 列电流方程即可，求出 a 点电位.

$$\left(\frac{1}{R_1}+\frac{1}{R_2}+\frac{1}{R_3}+\frac{1}{R_4}+\frac{1}{R_5}\right)U_a = \frac{U_{S1}}{R_1} + \frac{U_{S2}}{R_2} - \frac{U_{S3}}{R_3} + \frac{U_{S4}}{R_4}$$

则 a 点电位为

$$U_a = \frac{\dfrac{U_{S1}}{R_1} + \dfrac{U_{S2}}{R_2} - \dfrac{U_{S3}}{R_3} + \dfrac{U_{S4}}{R_4}}{\left(\dfrac{1}{R_1} + \dfrac{1}{R_2} + \dfrac{1}{R_3} + \dfrac{1}{R_4} + \dfrac{1}{R_5}\right)} = \frac{\sum \dfrac{U_S}{R}}{\dfrac{1}{R}} \tag{2-1}$$

式（2-1）为两个节点的电路的节点电压公式，又称为弥尔曼定理.

各支路电流可以分别求出，学生自行求解.

本例中的电路是具有实际工程意义的，在实际工程电路中，有很多电气设备并联，而多数电气设备是可以等效为一个电阻或是一个电压源模型的，这样就形成了很多条支路，却只有两个节点的电路. 对于这样的电路，利用弥尔曼定理会很容易求解.

特殊电路的处理方法参见例 2-3.

【例 2-3】 求图 2-4 所示电路中的 I_1 及 I_2.

本电路的特点是在两个节点之间有电压源，可以选其中一个节点作为参考点，另一个节点的电位就会知道，这样可以减少方程的个数.

解： 选节点 1 为参考节点，节点 2 和节点 3 为独立节点. 列节点电压方程如下：

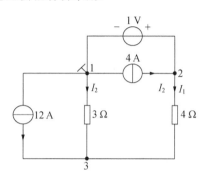

图 2-4　例 2-3 电路图

节点 2　　　　　　$U_2 = 1\text{ V}$

节点 3　　　$\left(\dfrac{1}{3} + \dfrac{1}{4}\right)U_3 - \dfrac{1}{4}U_2 = 12\text{ V}$

联立方程求解，得

$$U_3 = 21\text{ V}, \quad I_1 = \frac{U_2 - U_3}{4\text{ }\Omega} = \frac{(1-21)\text{ V}}{4\text{ }\Omega} = -5\text{ A}, \quad I_2 = -\frac{1}{3\text{ }\Omega}U_3 = -7\text{ A}$$

特殊电路如图 2-5 所示，此电路中有电流源与电阻串联的支路，在列节点电压方程时，此电阻的电导不应写进方程中. 因为节点电压法的实质是按 KCL 建立电路方程，是以节点电压作为变量. 电流源支路的电流及各节点的电位都与电流源所串联的电阻（电导）无关.

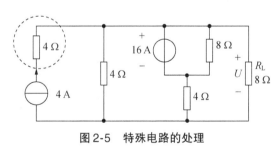

图 2-5　特殊电路的处理

请学生对此电路自行列节点电路方程.

技能训练 电路的仿真测试

（一）训练内容

学习 EWB 仿真软件，对电路进行仿真测试.

（二）训练要求

（1）熟悉 EWB 软件的操作规则及使用方法.
（2）应用 EWB 软件正确搭接电路，并对其进行相关参数设置.

（三）测试设备

计算机 1 台.

（四）测试电路

测试电路如图 2-6 和图 2-7 所示.

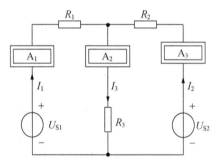

图2-6 基尔霍夫电流定律仿真电路

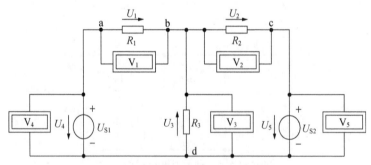

图2-7 基尔霍夫电压定律仿真电路

（五）测试内容

1）感知 EWB 软件
EWB 软件的相关知识请参考其他资料的相关内容.
打开 EWB 仿真软件，熟悉界面，了解各栏的主要用途和组成，如图 2-8 所示.

菜单栏　　　工具栏　　元器件库　暂停/恢复开关　启动/停止开关

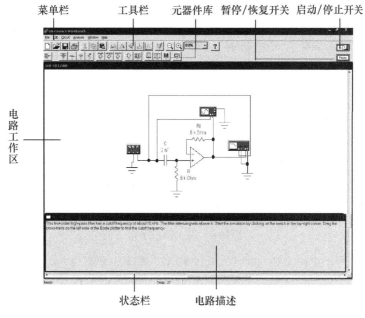

图2-8　EWB主界面

2）用EWB仿真软件验证基尔霍夫电流定律

打开EWB仿真软件，按照图2-6所示连接电路，并完成表2-1.

表2-1　验证基尔霍夫电流定律的测试数据表（第四次参数自己确定）

序号	U_{S1}/V	U_{S2}/V	R_1/kΩ	R_2/kΩ	R_3/kΩ	I_1/mA	I_2/mA	I_3/mA
1	3	6	1	1	2			
2	6	3	1	1	2			
3	−3	6	2	1	1			
4								

由仿真实验可知：三条支路的电流关系是＿＿＿＿＿＿＿＿＿＿＿＿.

结论：＿＿＿＿＿＿＿＿＿＿＿＿＿＿＿＿＿＿＿＿.

3）用EWB仿真软件验证基尔霍夫电压定律

打开EWB仿真软件，按照图2-7所示连接电路，并完成表2-2.

表2-2　验证基尔霍夫电压定律的测试数据表（第四次参数自己确定）

序号	U_{S1}/V	U_{S2}/V	R_1/kΩ	R_2/kΩ	R_3/kΩ	U_1/V	U_2/V	U_3/V	U_4/V	U_5/V
1	9	6	1	2	1					
2	−6	9	3	6	2					
3	5	10	4	4	3					
4										

由仿真实验可知：$U_1 + U_3 + U_4 =$ ＿＿＿＿＿；$U_2 + U_3 + U_5 =$ ＿＿＿＿＿；$U_1 + U_2 + U_5 + U_4 =$

＿＿＿＿＿.

结论：＿＿＿＿＿＿＿＿＿＿＿＿＿＿＿＿＿＿＿＿.

想一想 练一练

1. 如图 2-9 所示，两台发电机并行运行，发出电动势 U_{S1}、U_{S2}，内阻分别为 R_{O1}、R_{O2}，分别用支路电流法和节点电压法，求各支路电流.

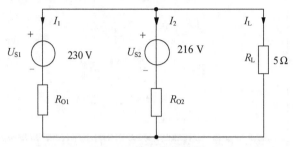

图 2-9　第 1 题电路图

2. 如图 2-10 所示电路，$V_a = 10\,V$、$V_b = 50\,V$、$R_1 = 50\,k\Omega$、$R_2 = 10\,k\Omega$、$R_3 = 5\,k\Omega$，求 V_c、I_1.

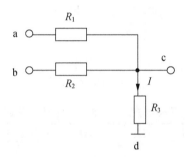

图 2-10　第 2 题电路图

3. 图 2-11 所示为一加法器，U_{i1}、U_{i2}、U_{i3}作为输入信号，代表欲相加量，U_o 为结果，是输出量.

试证：$U_o = \dfrac{1}{4}\,(U_{i1} + U_{i2} + U_{i3})$.

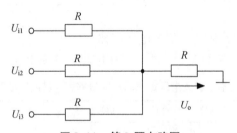

图 2-11　第 3 题电路图

任务二　电源电路的分析与测量

　　像干电池、蓄电池、光电池以及发电机等，它们通常在电路中为负载提供电能，属于电源. 同时，由于参数（如电动势、内阻等）是由自身决定的，与外电路无关，故又称为独立电源（简称独立源），通常所说的电源特指此类独立电源. 根据输出量（电压、电流）和稳定性特点，电源又分为电压源和电流源两类.

 知识链接一   电压源及其电路模型

（一）理想电压源（电压源）

输出电压不受外电路影响，只依照自己固有的、随时间变化的规律而变化的电源，称为理想电压源.

理想电压源的符号介绍如下.

图 2-12（a）是理想电压源的一般表示符号，符号"＋""－"表示理想电压源的参考极性.

图 2-12（b）表示理想直流电源.

图 2-12（c）是干电池的图形符号，长线段表示高电位端，短线段表示低电位端.

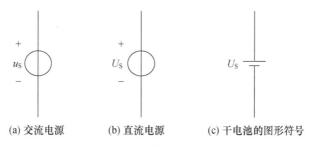

(a) 交流电源   (b) 直流电源   (c) 干电池的图形符号

图 2-12   理想电压源符号

1）理想电压源有两个基本特点

（1）无论理想电压源的外电路如何变化，它两端的输出电压为恒定值，即

$$U = U_S \tag{2-2}$$

（2）通过电压源的电流取决于外电路，即

$$I = \frac{U}{R_L} \tag{2-3}$$

直流电压源的伏安特性如图 2-13 所示.

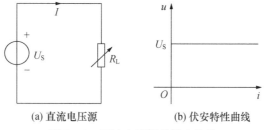

(a) 直流电压源   (b) 伏安特性曲线

图 2-13   直流电压源的伏安特性

2）电压源元件的等效变换

当多个电源元件串联、并联时，对外也可进行等效变换，可归纳为以下几种情况.

（1）n 个电压源串联. 当 n 个电压源串联时，对外可等效为一个电压源，如图 2-14 所示.

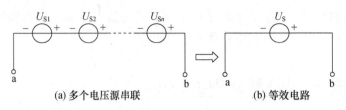

(a) 多个电压源串联　　　　　(b) 等效电路

图 2-14　多个电压源串联可等效为一个电压源

其电压为各个电压源电压的代数和，即

$$U_S = U_{S1} + U_{S2} + \cdots + U_{Sn} = \sum_{k=1}^{n} U_{Sk} \tag{2-4}$$

（2）n 个电压源并联. 电压源只有在满足电压值相等、连接极性一致的条件下才允许并联，否则违背 KVL.

例如，有两个电压值相等的电压源并联，如图 2-15（a）所示，对 a、b 两端所接的外电路可以等效为一个电压源 U_S，如图 2-15（b）所示.

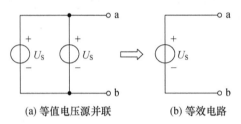

(a) 等值电压源并联　　　　　(b) 等效电路

图 2-15　等值电压源并联对外等效电路

（二）实际电压源

理想电压源实际上是不存在的. 实际的电压源，其端电压都是随着电流的变化而变化的. 例如，当电池接通负载后，其电压就会降低，这是因为电池内部存在电阻的缘故. 由此可见，实际的直流电压源可用数值等于 U_S 的理想电压源和一个内阻 R_0 相串联的模型来表示，如图 2-16（a）所示.

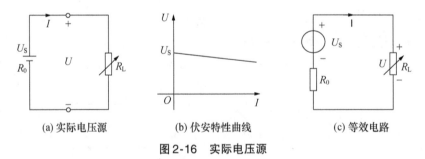

(a) 实际电压源　　　　(b) 伏安特性曲线　　　　(c) 等效电路

图 2-16　实际电压源

于是，实际直流电压源的端电压为

$$U = U_S - IR_0 = IR_L \tag{2-5}$$

实际电压源的伏安特性如图 2-16（b）所示.

因此，一个实际电压源可用一个理想电压源 U_S 和一个内阻 R_0 串联电路来等效，如图 2-16（c）所示. 这里所说的"等效"，是指两者对外电路来说伏安特性完全相同，但其内部组成和结构并不一定相同. 当 $R_S = 0$ 时，实际电压源即为理想电压源.

【例2-4】 图 2-17 所示的电路中，理想电压源的输出电压 $U = 10\ \text{V}$. 求：（1）$R \to \infty$ 时的电压 U、电流 I；（2）$R = 10\ \Omega$ 时的电压 U、电流 I；（3）$R = 0\ \Omega$ 时的电压 U、电流 I.

解：

（1）当 $R \to \infty$ 时，即外电路开路，U_S 为理想电压源.

故
$$U = U_S = 10\ \text{V}$$

则
$$I = \frac{U}{R} = \frac{U_S}{R} = 0\ \text{V}$$

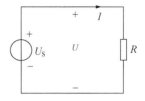

图 2-17　例 2-4 电路图

（2）当 $R = 10\ \Omega$ 时，外电路处于有载工作状态.

$$U = U_S = 10\ \text{V}$$

则
$$I = \frac{U}{R} = \frac{U_S}{R} = 1\ \text{A}$$

（3）当 $R = 0\ \Omega$ 时，外电路处于短路状态.

$$U = U_S = 10\ \text{V}$$

则
$$I = \frac{U}{R} \to \infty$$

注意 当 $R = 0\ \Omega$ 时，电路发生短路，流过电源的电流非常大，容易烧坏电源，这种现象要避免. 所以，理想电压源是不允许短路的.

【例2-5】 某电压源的开路电压为 $20\ \text{V}$，当外接电阻 R 后，其端电压为 $16\ \text{V}$，此时流经的电流为 $4\ \text{A}$，求 R 及电压源内阻 R_S.

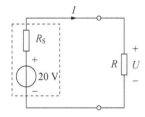

图 2-18　例 2-5 电路图

解：用实际电压源模型表示该电压源，电路如图 2-18 所示. 设电流及电压的参考方向如图中所示，根据欧姆定律可得

$$R = \frac{U}{I} = \frac{16\ \text{V}}{4\ \text{A}} = 4\ \Omega$$

根据 $U = U_S - I R_S$ 可得

$$R_S = \frac{U_S - U}{I} = \frac{(20 - 16)\ \text{V}}{4\ \text{A}} = 1\ \Omega$$

 ## 知识链接二　电流源及其电路模型

（一）理想电流源（电流源）

输出电流不受外电路影响，只依照自己固有的、随时间变化的规律而变化的电源，称为理想电流源.

理想电流源在电路中的符号如图 2-19（a）所示.

1）理想电流源有两个基本特点

图 2-19（b）为理想电路.

（1）无论理想电流源的外电路如何变化，它的输出电流为恒定，即

$$I = I_S \tag{2-6}$$

（2）电流源两端的电压取决于外电路，即

$$U = I_S R_L \tag{2-7}$$

理想电流源的伏安特性曲线如图 2-19（c）所示.

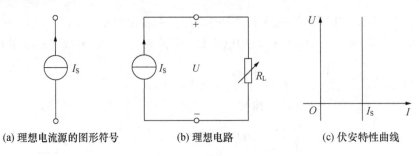

(a) 理想电流源的图形符号   (b) 理想电路   (c) 伏安特性曲线

图 2-19　理想电流源

2）电流源元件的等效变换

（1）电流源并联．当 n 个电流源并联时，对外可等效为一个电流源，如图 2-20 所示．其电流为各个电流源电流的代数和，即

$$I_S = I_{S1} + I_{S2} + \cdots + I_{Sn} = \sum_{k=1}^{n} I_{Sk} \qquad (2\text{-}8)$$

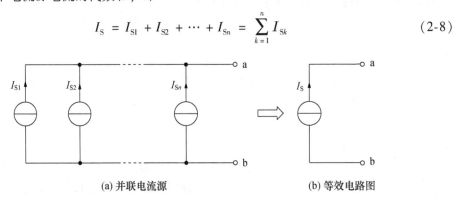

(a) 并联电流源   (b) 等效电路图

图 2-20　多个电流源并联可等效为一个电流源

【例 2-6】　电路如图 2-21（a）所示，已知 $I_{S1} = 5\,A$，$I_{S2} = 2\,A$，$I_{S3} = 8\,A$．试求图 2-21（b）所示电路的等效电流源 I_S．

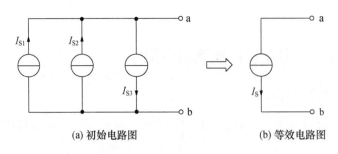

(a) 初始电路图   (b) 等效电路图

图 2-21　例 2-6 电路图

解：将同方向的电流源相加，不同方向的相减，等效电流源的电流值为

$$I_S = -I_{S1} - I_{S2} + I_{S3} = (-5 - 2 + 8)\,A = 1\,A$$

（2）电流源串联．电流源只有在满足电流值相等、连接方向一致的条件下才允许串联，否则违背 KCL．

例如，有两个电流值相等的电流源串联，如图 2-22（a）所示，对 a、b 端所接的外电路可以等效为一个电流源 I_S，如图 2-22（b）所示．

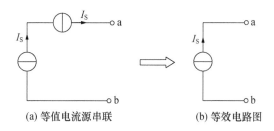

(a) 等值电流源串联　　　　(b) 等效电路图

图2-22　等值电流源串联对外的等效电路图

(二) 实际电流源

理想电流源实际上也是不存在的. 实际电流源内部也有能量消耗, 因此可以用一个理想电流源和电阻并联的模型来表示实际电流源, 如图2-23 (a) 所示, 电阻 R_S 为电流源的内阻.

当电流源端钮接上电阻 R 后, 可求出电流源向外输出的电流为

$$I = I_S = \frac{U}{R_S} \tag{2-9}$$

由式 (2-9) 可见, 电流源向外输出的电流是小于 I_S 的. R_S 越小, 分流越大, 输出的电流就越小. 因此, 实际电流源内阻越大, 其特性也就越接近理想电流源. 实际电流源的伏安特性如图2-23 (b) 所示.

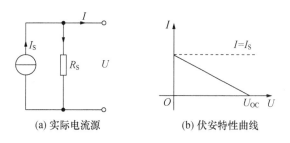

(a) 实际电流源　　　　(b) 伏安特性曲线

图2-23　实际电流源

实际电流源的短路电流 I_{SC} 就等于 I_S, 因此用短路电流 I_{SC} 和内阻 R_S 这两个参数就可以表示实际电流源. 同样, 对于 R_S 并不表示电流源内部就有一个电阻, 而是把电源内部存在的能量进行消耗这一实际现象.

【例2-7】　如图2-24 所示电路, 理想电流源的电流 $I_S = 1\ A$.

求: (1) $R \to \infty$ 时的电流 I、电压 U; (2) $R = 10\ \Omega$ 时的电流 I、电压 U; (3) $R = 0\ \Omega$ 时的电流 I、电压 U.

解: (1) 当 $R \to \infty$ 时, 相当于外电路开路, I_S 为理想电流源,

故　　　　　　　　　$I = I_S = 1\ A$

则　　　　　　　　　$U = IR \to \infty$

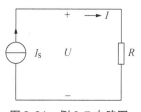

图2-24　例2-7电路图

由上式可知, 理想电流源输出的电流值恒定, 开路时由于理想电流源内阻无穷大, 因此其端电压将趋近于无穷大. 所以, 理想电流源是不允许开路的.

(2) 当 $R = 10\ \Omega$ 时, $I = I_S = 1\ A$

则　　　　　　　　　$U = IR = I_S R = 1\ A \times 10\ \Omega = 10\ V$

（3）当 $R = 0\,\Omega$ 时，$I = I_S = 1\,\text{A}$

则 $$U = IR = I_S R = 1\,\text{A} \times 0\,\Omega = 0\,\text{V}$$

 知识链接三　电源模型的等效变换

电源分为电压源和电流源，电压源模型是电压源和电阻串联，而电流源模型是电流源和电阻并联.

为了方便电路的分析和计算，往往需要将电压源模型与电流源模型进行等效互换. 所谓等效互换，是指在两种电源模型的外部特性完全相同的原则下进行的相互变换.

（一）两种电源模型的等效条件

两种电源模型的等效变换如图 2-25 所示.

需要注意以下两点：

（1）当两种电源模型进行等效变换时，其参考方向应满足图 2-25 的关系，即 I_S 的参考方向与 U_S 的电动势方向必须一致.

（2）两种电源模型之间的相互变换只是其外部等效，而对电源的内部是不等效的. 例如，在开路状态下，电压源既不产生功率，内阻也不消耗功率；而电流源则产生功率，并且全部被内阻所消耗. 另外，理想电压源与理想电流源之间不能相互等效.

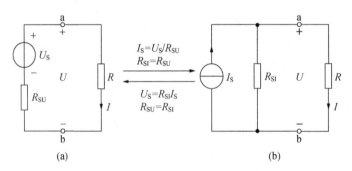

图 2-25　两种实际电源模型的等效变换

（二）其他等效

（1）一个电流源与电压源或电阻相串联，这个电压源或电阻对外电路不起作用，对外可等效为该电流源，电流源的电流大小和参考方向均不变，如图 2-26 所示。

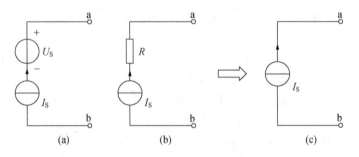

图 2-26　电流源与电压源或电阻串联的对外等效电路

（2）一个电压源与电流源或电阻相并联，对外就等效为该电压源，电压源的电压大小和参考方向均不变，如图 2-27 所示.

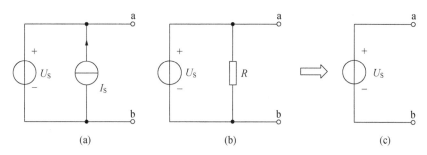

图 2-27　电压源与电流源或电阻并联的对外等效电路

注意　不论是哪种情况等效，一定是对外电路等效，而等效电路内部元件并不等效. 那么，应该如何判定能不能等效呢？当要求的元件在将要等效变换的电路以外时，可以进行等效变换；反之，不能等效变换，如果变换了，将把要求的元件变没了.

学生可以通过以下的例题来加深理解.

【例 2-8】　将图 2-28 所示电路简化成实际电流源模型.

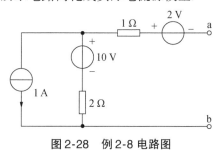

图 2-28　例 2-8 电路图

解：原电路等效过程如图 2-29 和图 2-30 所示.

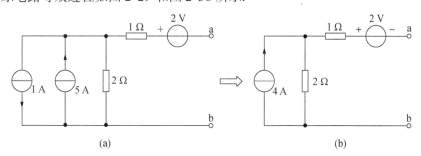

图 2-29　例 2-8 解题图（一）

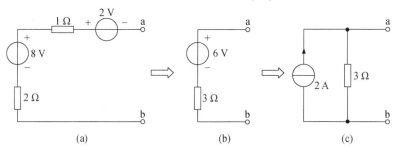

图 2-30　例 2-8 解题图（二）

通过例2-8可以归纳出如下结论：

① 当有多个电源模型并联时，应将电压源模型变换成电流源模型，多个并联的电流源模型可等效成一个电流源模型．

② 当有多个电源模型串联时，应将电流源模型变换成电压源模型，多个串联的电压源模型可等效成一个电压源模型．

③ 电流源模型和电压源模型等效变换的方法实质上就是将复杂的电路进行反复等效变换，最终变换成最简单的等效电路．

【例2-9】 将如图2-31所示电路等效为电压源模型．

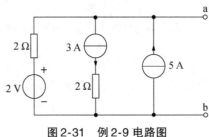

图2-31 例2-9电路图

解：解题过程如图2-32所示．

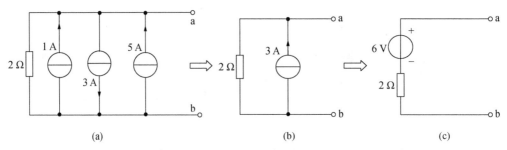

(a)　　　　　　　　　　(b)　　　　　　　　　　(c)

图2-32 例2-9解题图

【例2-10】 求图2-33所示电路中的电流 I．

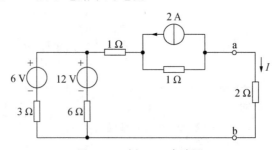

图2-33 例2-10电路图

解：解题过程如图2-34所示．

对于图2-34（c），列KVL方程，得

$$I = \frac{(8-2)\ \text{V}}{(2+2+2)\ \Omega} = 1\ \text{A}$$

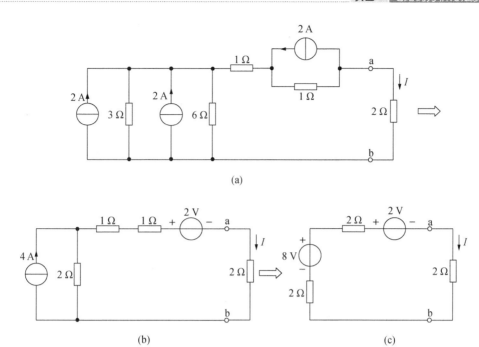

图 2-34　例 2-10 解题图

知识拓展　受控源

电源除独立电压源和电流源外，还有受控源. 受控源的电压或电流不是独立的，而是受电路中某支路的电压或电流控制的，因此受控源也称为非独立源. 在电子线路中，各种晶体管、运算放大器等多端器件被广泛应用. 这些多端器件的某些端钮的电压或电流受到另外一些端钮电压或电流的控制. 例如，晶体管的集电极电流受到基极电流的控制，运算放大器的输出电压受到输入电压的控制等. 此处只介绍线性受控源，其电压或电流是电路中其他部分电压或电流的一次函数.

（一）受控源的组成与分类

受控源有两对端钮，一对为输出端钮或称为受控端，是对外提供电压或电流的；另一对为输入端或称为控制端，是施加控制量的端钮，所施加的控制量可以是电压或电流. 输出端的电压或电流受输入端施加的电压或电流的控制，按照控制量和输出量（即被控制量）的组合情况，理想受控源电路应有 4 种；受控源符号用菱形表示，以便与独立源的符号相区别，如图 2-35 所示.

受控源和独立源在电路中的作用是不同的. 当受控源的控制量不存在（为零）时，受控源的输出电压或电流也就为零，它不可能在电路中单独起作用；它只是用来反映电路中某处的电压或电流可以控制另一处的电压或电流这一现象.

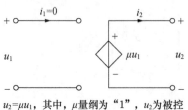 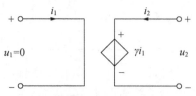

$u_2=\mu u_1$，其中，μ 量纲为 "1"，u_2 为被控量，u_1 为控制量

$u_2=\gamma i_1$，其中，γ 是电阻的量纲，u_2 为被控量，i_1 为控制量

(a) 电压控制电压源 (VCVS)　　　　(b) 电流控制电压源 (CCVS)

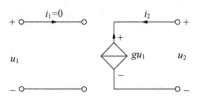 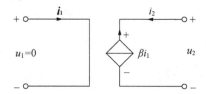

$i_2=-gu_1$，其中，g 是电导的量纲，i_2 为被控量，u_1 为控制量

$i_2=-\beta i_1$，其中，β 量纲为 "1"，i_2 为被控量，i_1 为控制量

(c) 电压控制电流源 (VCCS)　　　　(d) 电流控制电流源 (CCCS)

图 2-35　受控源电路

（二）求解含受控源的电路

基尔霍夫定律与电路元件性质无关，也同样适用于含受控源的电路．因此，在电路分析中，原则上受控源可以像独立源那样处理．但毕竟它们有所区别，所以在具体处理中，含受控源电路又有一些特殊性．

在求解受控源的问题时，应先求出控制量，然后将受控源与独立源一样看待，可以应用基尔霍夫定律求解电路．

【例 2-11】　在图 2-36 电路中，已知 $U=6\,\text{V}$，求 U_{S}．

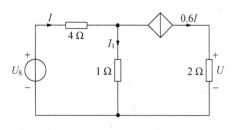

图 2-36　例 2-11 电路图

解：先把受控电流源与独立电源一样看待，即受控电流源所在支路的电流为 $0.6I$，根据欧姆定律，$2\,\Omega$ 电阻的电压为

$$U=0.6I\times 2\,\Omega =6\,\text{V}$$

得

$$I=\frac{6\,\text{V}}{0.6\times 2\,\Omega}=5\,\text{A}$$

根据 KCL 和 KVL，图 2-36 中 $1\,\Omega$ 支路的电流和电源电压分别为

$$I_1 = I - 0.6I = 0.4I = 0.4 \times 5 \text{ A} = 2 \text{ A}$$

$$U_S = 4I + 1I_1 = 4 \ \Omega \times 5 \text{ A} + 1 \ \Omega \times 2 \text{ A} = 22 \text{ V}$$

受控电压源和受控电流源之间也可以用类似于独立源等效变换的方法进行相互间的等效变换. 但在变换时, 必须注意不要把受控源的控制量消除掉, 一般应保留控制量所在的支路.

【例2-12】 用电源的等效变换法求出图2-37所示电路中的电压 U.

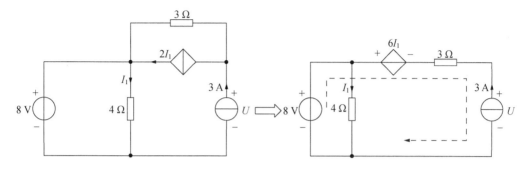

图2-37 例2-12电路图

解: 本例中的控制量是4 Ω电阻上的电流, 所以应保留4 Ω这个电阻的支路.

利用基尔霍夫定律对回路列电压方程:

$$I_1 = \frac{8 \text{ V}}{4 \ \Omega} = 2 \text{ A}$$

$$6I_1 - 3 \ \Omega \times 3 \text{ A} + U - 8 \text{ V} = 0$$

所以 $\qquad\qquad\qquad\qquad U = 5 \text{ V}$

【例2-13】 在如图2-38所示的电路, 求其最简等效电路.

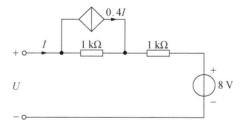

图2-38 例2-13电路图

解: 先把受控电流源与电阻并联部分变换成受控电压源与电阻的串联, 如图2-39 (a) 所示.

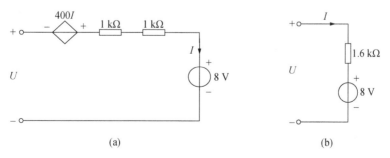

(a)   (b)

图2-39 例2-13解题图

列 KVL 方程，得

$$U = (1\,000 + 1\,000)\,I - 400I + 8\text{ V} = 1\,600I + 8\text{ V}$$

令上式中的 $I = 0$，则 $U = 8$ V，就是电压源的开路电压 U_{OC}；等效电压源模型中的电阻的压降为 $1\,600I$，该电压源的内阻为

$$R_0 = \frac{U}{I} = \frac{1\,600I}{I} = 1.6\,(\text{k}\Omega)$$

据此关系式可得到等效电路如图 2-39（b）所示.

 想一想　练一练

1. 将图 2-40 中的电压源模型变成电流源模型，将电流源模型变成电压源模型.

2. 理解等效的意义，以及对外电路等效的含义.

3. 在如图 2-41 所示的两个电路中，回答：

（1）R_1 是不是电源的内阻？

（2）R_2 中的电流 I_2 和两端电压 U_2 各为多少？

（3）如果改变电阻 R_1，对 I_2 和 U_2 有无影响？对 I 和 U 有无影响？

（4）理想电压源的电流 I 和理想电流源的电压 U，各为多少？

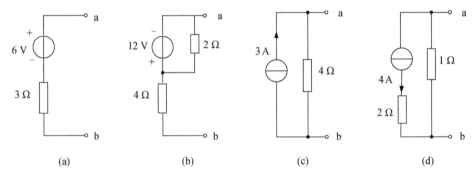

图 2-40　第 1 题电路图

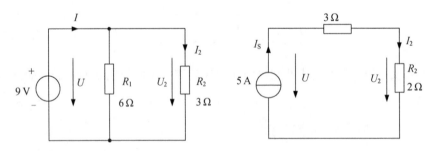

图 2-41　第 3 题电路图

4. 化简如图 2-42 所示的各电路.

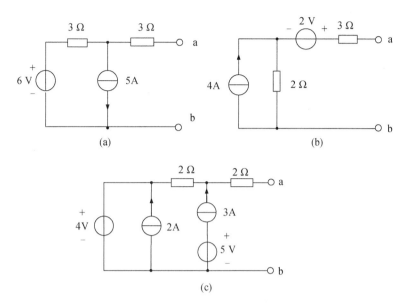

(a)　　　　　　　　　　　　(b)

(c)

图 2-42　第 4 题电路图

5. 电路如图 2-43 所示，求含受控源和电阻二端网络的等效电阻.

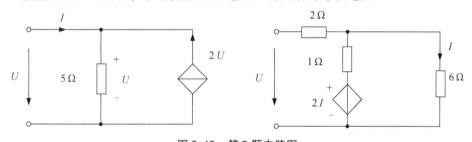

图 2-43　第 5 题电路图

任务三　电路基本定理及测试

知识链接一　叠加定理及其应用

（一）叠加定理的内容

在线性电路中，如果有多个独立电源同时作用时，则在任何一条支路上产生的电压或电流，等于电路中各个独立电源单独作用时在该支路所产生的电压或电流的代数和.

叠加定理实质上是将一个含多个电源作用的较复杂的电路分解成多个简单的分电路，对这些分电路一一进行求解，再把结果进行代数和.

（二）应用叠加定理解题的步骤

（1）将原电路图分解成各个独立源单独作用的分电路图，并将分电路整理成容易看懂的电路.

划分电路时，当某独立电源单独作用于电路时，其他不作用的独立电源应该做零值处理. 即对不作用的电压源做短路处理，对不作用的电流源做断路处理，电阻应保留在电路中.

（2）在各分电路图中标出与原电路图中一致的支路电流或电压的参考方向，然后求解相应的支路电流或电压.

（3）求出各分电路的支路电流或电压的代数和.

具体解题方法，以具体电路分析说明.

【例2-14】 电路如图2-44（a）所示，用叠加定理求 I.

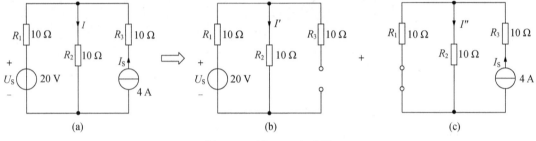

图2-44　例2-14电路图

解：根据叠加定理，可分别求出电压源 U_S 和电流源 I_S 单独作用时的电流 I' 和 I''，然后再进行叠加.

（1）当 U_S 单独作用，电流源 I_S 不作用时，视 I_S 为开路，如图2-44（b）所示，求 I'

$$I' = \frac{U_S}{R_1 + R_2} = \frac{20 \text{ V}}{(10+10)\ \Omega} = 1 \text{ A}$$

（2）当 I_S 单独作用，电压源 U_S 不作用时，视为 U_S 短路，如图2-44（c）所示，求 I''，由分流公式得

$$I'' = \frac{R_1}{R_1 + R_2} I_S = \frac{10\ \Omega}{(10+10)\ \Omega} \times 4 \text{ A} = 2 \text{ A}$$

（3）最后叠加得 $\qquad I = I' + I'' = 1 \text{ A} + 2 \text{ A} = 3 \text{ A}$

（三）叠加定理的适用性

（1）叠加定理只适用于线性电路（电路参数不随电压、电流的改变而改变的电路），非线性电路一般不适用.

（2）不能用叠加定理直接求电路中的功率. 因为功率和电压或电流的二次函数不是线性关系，不能叠加.

另外，应用叠加定理时，也可把电源分组求解，每一个分电路的电源的个数可能不止一个.

【例2-15】 用叠加定理求图2-45电路中的电流 I.

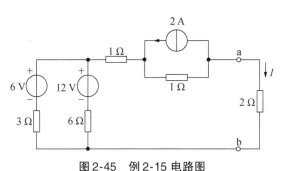

图2-45 例2-15 电路图

解: 将原电路图分解成两组独立电源作用的分电路图,如图2-46 (a) 和2-46 (b) 所示.

(1) 当6 V 和12 V 电压源组成一组单独作用时,电路如图2-46 (a) 所示,不作用的 2 A 电流源做断路处理.

应用电流源与电压源等效变换的方法,将图2-46 (a) 所示的电路整理成图2-46 (c)、(e) 所示的电路.

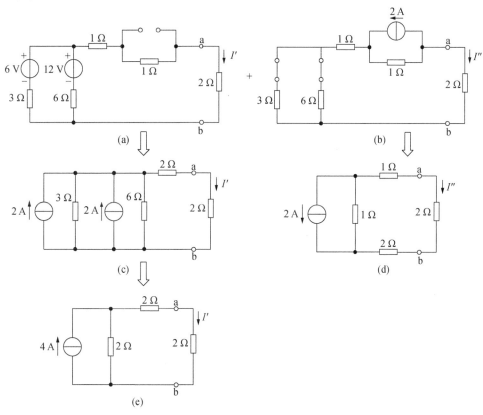

图2-46 例2-15 解题图

由分流公式,可得

$$I' = \frac{2}{2+4} \times 4\,\text{A} = \frac{4}{3}\,\text{A}$$

(2) 当2 A 电流源单独作用时,电路如图2-46 (b) 所示,不作用的6 V 和12 V 电压源均做短路处理. 可整理成图2-46 (d) 所示的电路.

由分流公式，可得

$$I'' = -\frac{1}{1 + (2 + 2 + 1)} \times 2\,\text{A} = -\frac{1}{3}\,\text{A}$$

最后叠加为

$$I = I' + I'' = \frac{4}{3}\,\text{A} - \frac{1}{3}\,\text{A} = 1\,\text{A}$$

（四）齐性定理

在线性电路中，电源的激励（独立的电流源和独立的电压源）与响应（负载的电流和电压）成正比. 当激励增加（或缩小）N 倍时，响应也会增加（或缩小）N 倍，这就是齐性定理. 从叠加定理中不难推出齐性定理.

【例 2-16】 电路如图 2-47 所示. 求：（1）I、U；（2）当 $U_\text{S} = 12\,\text{V}$ 时的 I、U.

解：（1）

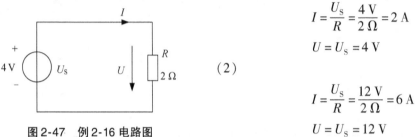

图 2-47　例 2-16 电路图

$$I = \frac{U_\text{S}}{R} = \frac{4\,\text{V}}{2\,\Omega} = 2\,\text{A}$$

$$U = U_\text{S} = 4\,\text{V}$$

（2）

$$I = \frac{U_\text{S}}{R} = \frac{12\,\text{V}}{2\,\Omega} = 6\,\text{A}$$

$$U = U_\text{S} = 12\,\text{V}$$

由此例可知，当电源激励为原来的 3 倍时，其响应也为原响应的 3 倍.

【例 2-17】 在例 2-14 中，当 U_S 变为 $60\,\text{V}$、$I_\text{S} = -4\,\text{A}$ 其他元件没变化时，I 为多少？

解：$U_\text{S} = 60\,\text{V}$ 是原电源电压的 3 倍，那么在其单独作用时，电路中的响应也是原响应的 3 倍，则

$$I' = 3\,\text{A}$$

而 $I_\text{S} = -4\,\text{A}$ 是原电源电流的 -1 倍，那么在其单独作用时，电路中的响应也是原响应的 -1 倍，则

$$I'' = -2\,\text{A}$$

最后叠加得 $\qquad I = I' + I'' = 3\,\text{A} + (-2\,\text{A}) = 1\,\text{A}$

用齐性定理分析梯形电路非常方便.

【例 2-18】 电路如图 2-48 所示，已知总电压 $U = 12\,\text{V}$，求电路中 U_5.

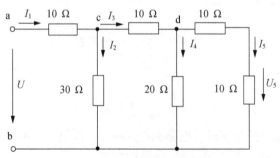

图 2-48　例 2-18 电路图

解：此电路是简单电路，完全可以用电阻串并联的方法化简，求出总电流，再用分流公式和分压公式求出 U_5，但这样计算会很烦琐，可以应用齐性定理倒推出 U_5.

先为 U_5 假定一个值，用 U'_5 表示. 设 $U'_5 = 10\ \text{V}$，依次推算出其他电压和电流的假定值.

$$I'_5 = \frac{U'_5}{10\ \Omega} = \frac{10\ \text{V}}{10\ \Omega} = 1\ \text{A} \qquad U'_{db} = 20\ \text{V} \qquad I'_4 = \frac{U'_{db}}{20\ \Omega} = \frac{20\ \text{V}}{20\ \Omega} = 1\ \text{A} \qquad I'_3 = I'_4 + I'_5 = 2\ \text{A}$$

$$U'_{cb} = I'_3 \times 10\ \Omega + U'_{db} = 40\ \text{V} \qquad I'_2 = \frac{U'_{db}}{30\ \Omega} = \frac{40\ \text{V}}{30\ \Omega} = 1.33\ \text{A} \qquad I'_1 = I'_2 + I'_3 = 3.33\ \text{A}$$

得 $$U' = I'_1 \times 10\ \Omega + U'_{cb} = 73.3\ \text{V}$$

由于 U 实际电压为 12 V，根据齐性定理可得

$$\frac{U}{U'} = \frac{U_5}{U'_5}$$

所以 $$U_5 = \frac{U}{U'} \times U'_5 = \frac{12\ \text{V}}{73.3\ \text{V}} \times 10\ \text{V} = 1.64\ \text{V}$$

知识链接二　戴维南定理及其应用

（一）二端网络

通常把具有两个引出端钮的电路称为二端网络或单口网络（也称为一端口网络）. 按其内部是否含有独立电源，二端网络又可分为有源二端网络（N_A）和无源二端网络（N_P）. 例如，图 2-49（a）所示的虚线框内，二端网络中有电源，称为有源二端网络；图 2-49（b）所示的虚线框中的二端网络中没有电源，称为无源二端网络.

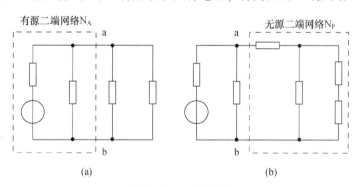

（a）　　　　　　　　　　　　　（b）

图 2-49　二端网络

（二）戴维南定理

在电路分析和计算中，有时只需要计算其中某一条支路的电流或电压，如图 2-50 所示的电流 I_4，若还是用支路电流法等效电路的一般分析方法，就会显得烦琐很不方便. 此时，可以将这条支路划出，而把其余部分看做一个有源二端网络. 对待测的电阻 R_4 来说，有源二端网络相当是一个电源，可以用一个电压源模型来等效.

戴维南定理可陈述如下：任意一个线性有源二端网络 N_A，如图 2-51（a）所示；它对外电路的作用，可以用一个电压源和电阻串联来等效，如图 2-51（b）所示；其中，等效电压源的电压 U_S 等于有源二端网络开路电压 U_{OC}，如图 2-51（c）所示；其等效电压源的内阻 R_0 等于有源二端网络 N_A 中所有独立源均为零值时所得无源二端网络 N_P 的等效内阻

R_{ab}，如图 2-51（d）所示. 该电压源和电阻串联的支路称为戴维南等效电路.

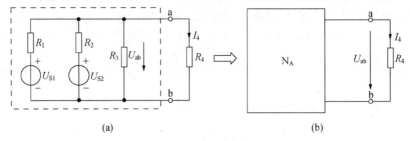

图 2-50　二端网络的等效电路

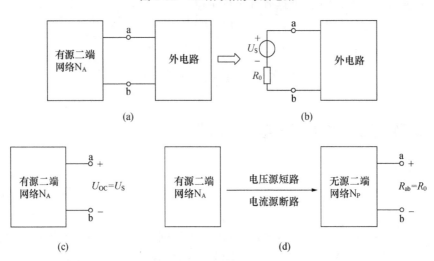

图 2-51　戴维南定理说明

（三）戴维南定理分析电路的一般解题步骤

（1）将待求电路放在电路的一边（一般放在电路 a、b 两点的最右端），突出待求电路.

（2）把待求电路从电路中移开，此时电路 a、b 两端已处于开路，形成有源二端网络 N_A，求 a、b 间的开路电压 U_{OC}，U_{OC} 即为等效电源的电动势 U_S.

（3）将有源二端网络 N_A 中所有的独立电源零值处理，即将电动势短路，将电流源断路，并画出其电路图. N_A 变为无源二端网络 N_P，求 N_P 的等效电阻 R_{ab}，R_{ab} 为等效电源的内阻 R_0，也称为戴维南等效电阻.

（4）将已求出的有源二端网络 N_A 的戴维南等效电源电路，与移去的外接电路连接，分析计算待求量.

【例2-19】　电路如图 2-52 所示，求支路电流 I.

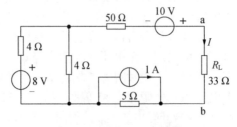

图 2-52　例 2-19 电路图

解：第一步，突出待求的支路（本电路待求支路已在电路的一边）.

第二步，将待求支路移开，求开路电压 U_{OC}，注意在图 2-53（a）中，因为电路端口开路，所以端口电流为零. 则有

$$U_{OC} = U_{ac} + U_{cd} + U_{de} + U_{eb} = 10\ \text{V} + 0\ \text{V} + 8\ \text{V} \times \frac{4}{4+4} - 1\ \text{A} \times 5\ \Omega = 9\ \text{V}$$

第三步，求等效内阻 R_0，电源零值处理后，电阻串联、并联连接如图 2-53（b）所示.

简化得

$$R_0 = (50 + 2 + 5)\ \Omega = 57\ \Omega$$

第四步，求解支路电流 I，将上述戴维南等效电路与 $R_L = 33\ \Omega$ 相连接，得到图 2-53（c），由此可得

$$I = \frac{U_{OC}}{R_0 + R_L} = \frac{9\ \text{V}}{(57 + 33)\ \Omega} = 0.1\ \text{A}$$

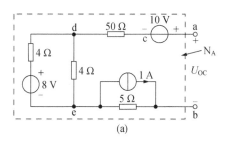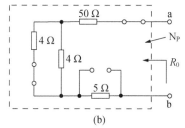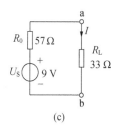

(a)　　　　　　　　　　(b)　　　　　　　　(c)

图 2-53　例 2-19 电路图

【例 2-20】 图 2-54 所示的电路是一个电桥电路. 电桥是一种用来测量电阻参数的精密仪器，最简单的直流电桥如图 2-54 所示. 4 个电阻 R_1、R_2、R_3、R_4 组成电桥的 4 个臂，cd 端为电源输入端，ab 端为电桥的输出端，R_g 为检流计的电阻，电桥平衡是指流过检流计的电流 $I_g = 0$ 时的工作状态. 各元件的参数已给定，用戴维南定理求 I_g 表达式和电桥平衡条件.

解：第一步，突出待求的支路，如图 2-55（a）所示.

第二步，将待求支路移开，如图 2-55（b）所示，求 ab 两端的开路电压 U_{OC}，则有

$$U_{OC} = \left(\frac{R_2}{R_1 + R_2} - \frac{R_3}{R_3 + R_4} \right) U_S$$

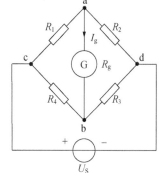

图 2-54　例 2-20 电路图

第三步，求等效内阻 R_0，将图 2-55（b）电源零值处理后，其等效电阻为 R_1、R_2 和 R_3、R_4 分别并联后再串联电阻，如图 2-55（c）所示，即

$$R_0 = \frac{R_1 \times R_2}{R_1 + R_2} + \frac{R_3 \times R_4}{R_3 + R_4}$$

第四步，将待求支路还原，即用戴维南等效电路替代原有源二端网络与待求支路串联，得到图 2-55（d），求出

$$I_g = \frac{U_S}{R_0 + R_g} = \frac{R_2 R_4 - R_1 R_3}{R_1 R_2 (R_3 + R_4) + R_3 R_4 (R_1 + R_2) + R_g (R_1 + R_2)(R_3 + R_4)} U_S$$

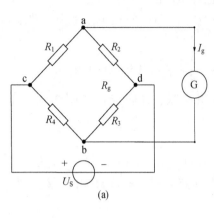
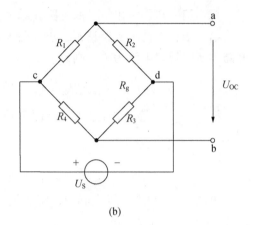

(a)

(b)

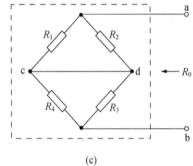
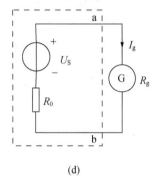

(c)

(d)

图2-55 例2-20 解题图

令，$I_g = 0$，得电桥平衡的条件为

$$R_2 R_4 = R_1 R_3$$

即相对臂电阻的乘积相等.

【例2-21】 如图2-56 所示，用戴维南定理求 I.

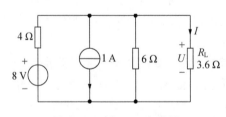

图2-56 例2-21 电路图

解：

第一步，突出待求的支路（本电路待求支路已在电路的一边）.

第二步，将待求支路移开，求开路电压 U_{OC}，如图2-57（a）所示. 分断 R_L 并把电压源等效成电流源，如图2-57（b）所示.

则有

$$U_{OC} = (2\,A - 1\,A)\,\frac{4\,\Omega \times 6\,\Omega}{(4+6)\,\Omega} = 2.4\,V$$

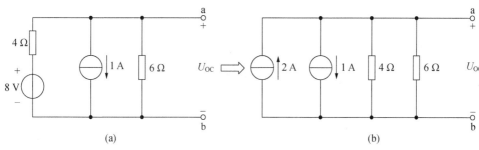

图 2-57　例 2-21 解题图（一）

第三步，求等效内阻 R_0，将图 2-57（a）电源去掉后得到如图 2-58（a）所示的电路.

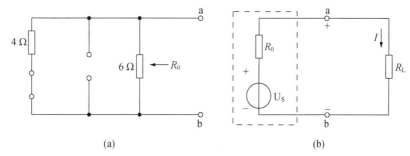

图 2-58　例 2-21 解题图（二）

求得
$$R = \frac{4\,\Omega \times 6\,\Omega}{(4+6)\,\Omega} = 2.4\,\Omega$$

第四步，将待求支路还原，即用戴维南等效电路替代原有源二端网络与待求支路串联，得到图 2-58（b）所示的电路.

求得
$$I = \frac{U_S}{R_0 + R_L} = \frac{2.4\,\text{V}}{(2.4+3.6)\,\Omega} = 0.4\,\text{A}$$

由计算可知，求某一条支路的电流，用戴维南定理是比较简单的. 在解题过程中，必须求 U_{OC}、R_0 及画戴维南等效电路是必须的，还需要提示的是戴维南等效电路中 U_S 的极性不能标错.

想一想　练一练

1. 叠加定理只适用于什么电路？电源和电压可以叠加，功率也可以叠加吗？为什么？

2. 线性电路是指什么电路？

3. 电路如图 2-59 所示. 当 $U_S = 5\,\text{V}$、$I_S = 2\,\text{A}$ 时，$U = -2\,\text{V}$. 求：（1）当 $U_S = 10\,\text{V}$、$I_S = -6\,\text{A}$ 时，$U = ?$；（2）当 $U_S = -5\,\text{V}$、$I_S = 10\,\text{A}$ 时，$U = ?$

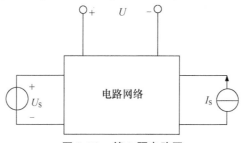

图 2-59　第 3 题电路图

综合技能训练　电路定理的验证及仿真测试

（一）训练内容

（1）验证叠加定理和戴维南定理.
（2）应用 EWB 软件对叠加定理和戴维南定理进行仿真测试.

（二）训练要求

（1）根据给定电路正确布线，使电路正常运行.
（2）通过对电路中直流电流、电压和电阻的测量，能正确使用测试仪表，并能正确测量等效电阻.
（3）正确测试相关数据并进行数据分析.
（4）撰写安装与测试报告.
（5）熟练应用 EWB 软件对电流进行仿真测试.

（三）测试设备

（1）电工电路综合实训台 1 套.
（2）直流稳压电源 1 台.
（3）直流电压表、电流表各 1 只.
（4）万用表 1 块.
（5）计算机 1 台.

（四）测试电路

测试电路如图 2-60 所示.

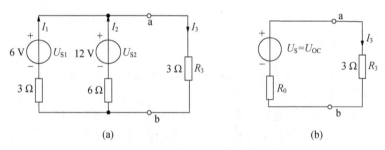

图 2-60　电路定理的验证及仿真实验电路图

（五）测试内容

1）叠加定理的验证及仿真测试

（1）当对图 2-60（a）所示的 U_{S1} 单独作用时，对各支路的电流进行测量，在测量中，要将不作用的电压源短路处理，并将所测数据填入表 2-3 中.

（2）当对图 2-60（a）所示的 U_{S2} 单独作用时，对各支路的电流进行测量，在测量中，要将不作用的电压源短路处理，并将所测数据填入表 2-3 中.

（3）当对图 2-60（a）所示的 U_{S1} 和 U_{S2} 共同作用时，对各支路的电流进行测量，并将所测数据填入表 2-3 中.

（4）打开 EWB 仿真软件，将图 2-60（a）进行仿真测试，将仿真测试结果填入表 2-3 中.

（5）将实测数据与仿真数据进行比较并对测试结果进行分析.

由实验结果可得结论：_____.

2）戴维南定理的验证及仿真测试

（1）当将图 2-60（a）中被测电阻 R_3 拆掉时，测量 a、b 两端的开路电压 U_{OC}，将测量结果填入表 2-4 中，然后测量 a、b 两端的等效电阻 R_{ab}，将测量结果填入表 2-4 中.

注意 在测量电路的等效电阻时，一定要在无源情况下测量，将电压源短路，将电流源断路.

（2）按图 2-60（b）接线，把上面所测数据 R_{ab} 和 U_{OC} 赋予 R_0 和 U_S，将被测电阻 R_3 接上，测量其电流，将所测结果填入表 2-4 中.

（3）打开 EWB 仿真软件，对上述过程进行仿真测试，将仿真测试结果填入表 2-4 中.

由于对两个定理的验证是用同一个电路，因此可以对测量结果进行核对，从而验证两个定理都是正确的.

表 2-3 叠加定理验证及仿真实验测试数据

测试项目		U_{S1}单独作用	U_{S2}单独作用	U_{S1} 和 U_{S2}共同作用
I_1/A	实测			
	仿真			
I_2/A	实测			
	仿真			
I_3/A	实测			
	仿真			

表 2-4 戴维南定理验证及仿真实验测试数据

测试项目	a、b 两端的开路电压 U_{OC}/V	a、b 两端的等效电阻 R_{ab}/Ω	电流 I/A
实际测试			
仿真测试			

学生工作页

2.1 利用支路电流法对图 2-61 所示的电路列出独立方程.

2.2 对图 2-62 所示的电路列出节点的电压方程.

电工基础（第二版）

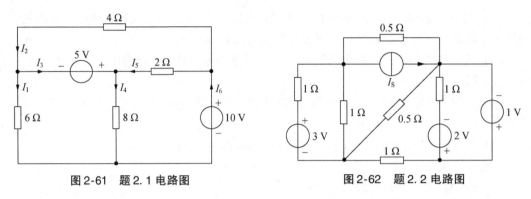

图2-61 题2.1电路图   图2-62 题2.2电路图

2.3 将图2-63（a）所示的电路变换为实际电流源模型，将图2-63（b）所示的电路变换为实际电压源模型.

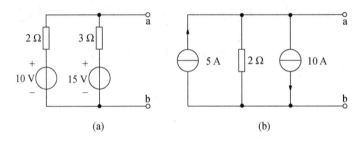

(a)   (b)

图2-63 题2.3电路图

2.4 将图2-64所示电路中的各图变换为实际电流源模型或实际电压源模型.

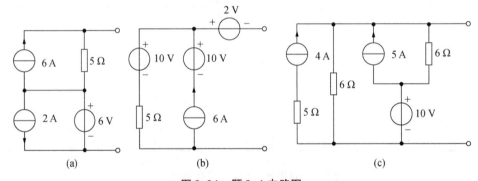

(a)   (b)   (c)

图2-64 题2.4电路图

2.5 利用电源等效变换，求图2-65所示电路中的电流I.
2.6 求图2-66所示电路中的I_1、I_2和I_3.

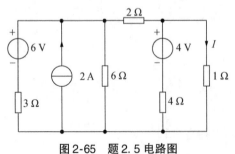

图2-65 题2.5电路图

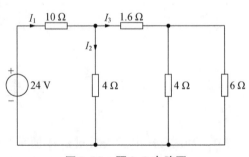

图2-66 题2.6电路图

2.7 利用叠加定理和戴维南定理求图 2-67 所示电路中的 I.

2.8 电路如图 2-68 所示，用支路电流法和节点电压法求 U_1、I_2.

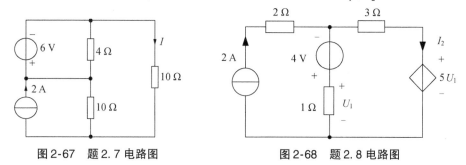

图 2-67 题 2.7 电路图   图 2-68 题 2.8 电路图

2.9 电路如图 2-69 所示用叠加定理求电路中的电压 U.

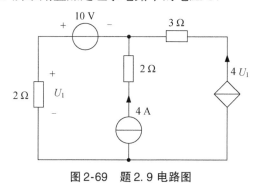

图 2-69 题 2.9 电路图

项目 3 照明电路的安装及测试

项目教学目标

职业知识目标

- 了解正弦交流电的产生，理解正弦量的三要素，掌握正弦量的相量表示法及复数运算.
- 熟练掌握 R、L、C 元件交流电路的电压与电流的关系及功率关系.
- 理解并能正确计算交流电路的三种功率；理解功率因数的概念及其提高方法.
- 正确理解交流串联电路与并联电路的谐振特性及其应用.
- 掌握日光灯电路的组成及其工作原理.

职业技能目标

- 学会使用示波器、信号发生器及交流电流表、电压表对正弦交流电路进行观察.
- 学会使用 EWB 软件对正弦交流电路进行仿真实验.
- 学会安装及测试日光灯电路.
- 学会使用功率表、电度表等电工仪表.

职业道德与情感目标

- 培养理论联系实际的学习习惯与实事求是的哲学思想.
- 培养学生的自主性、研究性学习方法与思想.
- 在项目学习过程中逐步形成团队合作的工作意识.
- 在项目工作过程中，逐步培养良好的职业道德、安全生产意识、质量意识和效益意识.

任务一　正弦交流电波形观察及测试

知识链接一　正弦交流电的基本概念和表示方法

（一）正弦交流电的基本概念

电路中的电流、电压或电动势，按其大小和方向是否随时间而变，可分为直流电与交流电.

（1）直流电. 大小和方向不随时间变化的电流、电压和电动势，简称直流电.

（2）交流电. 大小和方向随时间做周期性变化的电流、电压和电动势，简称交流电.

（3）正弦交流电. 大小和方向随时间按正弦规律变化的电流、电压和电动势，称为正弦交流电.

正弦交流电是时间函数，其一般表达式为：

$$i(t) = I_m \sin(\omega t + \psi_i) \tag{3-1}$$

$$u(t) = U_m \sin(\omega t + \psi_u) \tag{3-2}$$

我们用 ωt 来表示正弦波形的横坐标，波形不变，只是横轴所表示的物理量不再是时间，而是角度. 今后除非特殊说明，否则交流电默认为正弦交流电.

（二）正弦交流电的三要素

以电压的正弦函数为例，如图 3-1 所示.

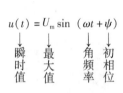

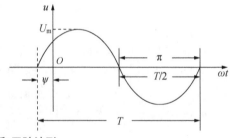

图 3-1　正弦函数和正弦波形

1）周期、频率和角频率

正弦交流电随时间变化的快慢，可用物理量周期、频率或角频率来表示.

（1）周期是指交流电完成一次周期性变化所需的时间，用 T 来表示，单位是秒（s）.

（2）频率是指交流电在 1 s 内完成周期性变化的次数，用 f 来表示，单位是赫［兹］（Hz，$1\,Hz = 1\,s^{-1}$）.

（3）角频率是指交流电在 1 s 内变化的电角度，用 ω 来表示，单位是弧度/秒（rad/s）.

周期、频率和角频率这三个物理量之间的关系为

$$T = \frac{1}{f} \tag{3-3}$$

$$\omega = \frac{2\pi}{T} = 2\pi f \tag{3-4}$$

【例3-1】 求出我国工频为 50 Hz 交流电的周期 T 和角频率 ω.

解： 由频率与周期之间的关系可得

$$T = \frac{1}{f} = \frac{1}{50\ \mathrm{s}^{-1}} = 0.02\ \mathrm{s}$$

$$\omega = 2\pi f = 2\pi \times 50\ \mathrm{s}^{-1} = 314\ \mathrm{rad/s}$$

2）最大值和有效值

最大值是指交流电在一个周期内所能达到的正向最大数值（或幅值、峰值）. 其表示方法为大写字母加小写下标 m, 如 U_{m}、E_{m}、I_{m}.

工程上常用有效值来表示正弦交流电量，如我国的照明用电是 220 V/50 Hz 的正弦交流电，50 Hz 是正弦信号的频率，220 V 是交流电的有效值. 有效值用大写字母表示，如 U、E、I.

最大值和有效值的关系为：

$$最大值 = \sqrt{2} \times 有效值$$

【例3-2】 已知某正弦交流电压为 $u = 220\sqrt{2}\sin\omega t$ V，求该电压的最大值、有效值、频率、角频率和周期各为多少？

解： $\qquad U_{\mathrm{m}} = 220\sqrt{2}\ \mathrm{V} = 311\ \mathrm{V} \qquad U = 220\ \mathrm{V} \qquad \omega = 314\ \mathrm{rad/s}$

$$f = \frac{\omega}{2\pi} = \frac{314\ \mathrm{rad/s}}{2 \times 3.14} = 50\ \mathrm{Hz} \qquad T = \frac{1}{f} = \frac{1}{50\ \mathrm{s}^{-1}} = 0.02\ \mathrm{s}$$

3）相位、初相位和相位差

（1）相位. 正弦量中的（$\omega t + \psi$）称为正弦量的相位或相位角. 相位表示正弦交流电在某一时刻所处状态的物理量，它不仅能确定瞬时值的大小和方向，还能表示出正弦量的相位或相位角.

（2）初相位 ψ. 正弦量在计时起点（$t = 0$）时的相位. 初相位表示正弦交流电在计时起点处的瞬时值，同时也反映了正弦交流电的计时起点的状态.

初相位有正有负，且 $|\psi| < 180°$，如图 3-2 所示.

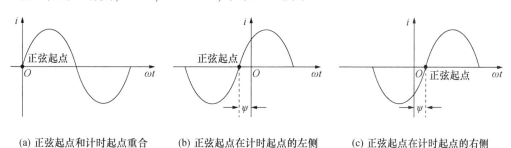

(a) 正弦起点和计时起点重合　　(b) 正弦起点在计时起点的左侧　　(c) 正弦起点在计时起点的右侧
　　　　$\psi = 0$　　　　　　　　　　　　$\psi > 0$　　　　　　　　　　　　　$\psi < 0$

图 3-2 初相位正负的判别

请观察图 3-3 中所示的几种计时起点不同的正弦电流的表达式，理解初相位的含义.

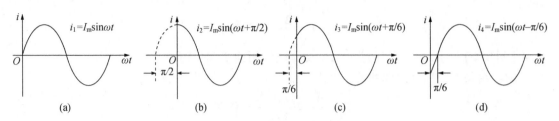

图 3-3　几种不同计时起点的正弦电流波形

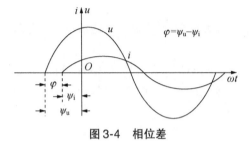

图 3-4　相位差

（3）相位差 φ. 相位差是指两个同频率正弦交流电的相位之差.

在正弦交流电路中，电压和电流的波形图如图 3-4 所示，其瞬时值表达式如下.

$$u = U_{m}\sin(\omega t + \psi_{u})$$
$$i = I_{m}\sin(\omega t + \psi_{i})$$

则其相位差

$$\varphi = (\omega t + \psi_{u}) - (\omega t + \psi_{i}) = \psi_{u} - \psi_{i} \tag{3-5}$$

式（3-5）表示两个同频率的正弦交流电的相位差等于它们的初相位之差. 由于 u 和 i 的初相位不同，因此它们的变化就不一致，即不是同时达到最大值或零值，如图 3-4 所示.

① 若 $\varphi = \psi_{u} - \psi_{i} > 0$，如图 3-5（a）所示，说明电压比电流先达到最大值，称电压在相位上超前于电流 φ 角.

② 若 $\varphi = \psi_{u} - \psi_{i} < 0$，如图 3-5（b）所示，说明电压比电流后达到最大值，称电压在相位上滞后于电流 φ 角.

③ 若 $\varphi = \psi_{u} - \psi_{i} = 0$，如图 3-5（c）所示，说明电压与电流同时到达最大值，称电压与电流同相位.

④ 若 $\varphi = \psi_{u} - \psi_{i} = \pm 180°$，如图 3-5（d）所示，称电压与电流反相位.

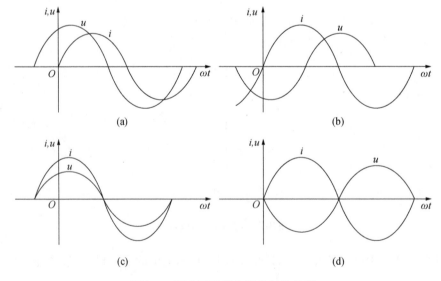

图 3-5　两个正弦量之间的相位关系

【例3-3】 已知选定参考方向下正弦量的波形图如图3-6所示. 写出正弦量的数学表达式, 并求出两个正弦量的相位差.

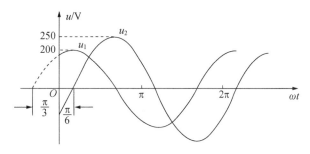

图3-6 例3-3 波形图

解:

$$u_1 = 200 \sin\left(\omega t + \frac{\pi}{3}\right) \text{V} \qquad u_2 = 250\sin\left(\omega t - \frac{\pi}{6}\right)\text{V}$$

$$\varphi = \psi_{u1} - \psi_{u2} = \frac{\pi}{3} - \left(-\frac{\pi}{6}\right) = \frac{\pi}{2}$$

 知识链接二 用复数运算简化正弦量的运算

采用相量法表示正弦量, 其目的是为了简化运算. 正弦量可以用相量表示, 那么相量用什么函数来描述呢? 相量要用复数来表示.

(一) 复数

如图3-7所示 A 为某一正弦量的相量, 在复平面上为一复数. 相量的长度 $|A|$ 为复数的模, 这个相量和正实轴的夹角 φ 称为该复数的辐角.

当正弦量的有效值用 $|A|$ 表示, 初相位用 φ 表示, 则正弦量完全可以用这个复数表示.

各量之间的相位关系如式 (3-6) 所示:

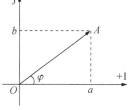

图3-7 复平面及复数

$$a = |A|\cos\varphi \qquad b = |A|\sin\varphi$$

$$|A| = \sqrt{a^2 + b^2} \qquad \varphi = \arctan\frac{b}{a} \qquad (3\text{-}6)$$

复数可以用以下4种形式表示:

$$
\begin{aligned}
A &= a + \text{j}b & \text{(代数形式)} \\
&= |A|\underline{/\varphi} & \text{(极坐标形式)} \\
&= |A|\text{e}^{\text{j}\varphi} & \text{(指数形式)} \\
&= |A|(\cos\varphi + \text{j}\sin\varphi) & \text{(三角形式)}
\end{aligned}
\qquad (3\text{-}7)
$$

【例3-4】 写出下列复数的代数形式: (1) $5\underline{/17°}$; (2) $96\underline{/135°}$; (3) $58\underline{/-68°}$.

解: (1) $5\underline{/17°} = 5(\cos17° + \text{j}\sin17°) = 4.78 + \text{j}1.46$

(2) $96\underline{/135°} = 96(\cos135° + \text{j}\sin135°) = -67.88 + \text{j}67.88$

（3） $58\angle -68° = 58\left[\cos(-68°)+j\sin(-68°)\right] = 21.72 - j53.77$

【例 3-5】 写出下列复数的极坐标形式：（1） $6+j8$；（2） $15-j12$；（3） $-7-j7$.

解：（1） $|6+j8| = \sqrt{6^2+8^2} = \sqrt{100} = 10$ $\varphi = \arctan\dfrac{8}{6} = 53.13°$

得 $$6+j8 = 10\angle 53.13°$$

（2） $|15-j12| = \sqrt{15^2+(-12)^2} = \sqrt{369} = 19.21$ $\varphi = \arctan\dfrac{-12}{15} = -38.66°$

得 $$15-j12 = 19.21\angle -38.66°$$

（3） $|-7-j7| = \sqrt{(-7)^2+(-7)^2} = \sqrt{98} = 9.90$ $\varphi = \arctan\dfrac{-7}{-7} = -135°$

得 $$-7-j7 = 9.90\angle -135°$$

【例 3-6】 已知同频率的正弦量的解析式分别为 $i = 10\sin(\omega t+30°)$ A、$u = 220\sqrt{2}$

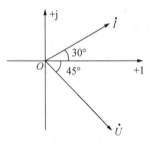

图 3-8 例 3-6 相量图

$\sin(\omega t-45°)$ V，写出电流和电压的相量 $\dot{U}$、$\dot{I}$，并绘出相量图.

解：由解析式可得

$$\dot{I} = \left(\dfrac{10}{\sqrt{2}}\angle 30°\right)A = 5\sqrt{2}\angle 30°\ A$$

$$\dot{U} = 220\angle -45°\ V$$

相量图如图 3-8 所示.

【例 3-7】 已知工频条件下，两正弦量的相量分别为 $\dot{U}_1 = 10\angle 60°$ V、$\dot{U}_2 = 20\sqrt{2}\angle -30°$ V. 试求两个正弦电压的函数式.

解：由于 $\omega = 2\pi f = 2\pi \times 50 = 100\pi\ \text{rad/s}$

$$U_1 = 10\ \text{V}, \quad \psi_1 = 60°, \quad U_2 = 20\sqrt{2}\ \text{V}, \quad \psi_2 = -30°$$

则

$$u_1 = \sqrt{2}U_1\sin(\omega t+\psi_1) = 10\sqrt{2}\sin(100\pi t+60°)\ \text{V}$$

$$u_2 = \sqrt{2}U_2\sin(\omega t+\psi_2) = 20\sqrt{2}\sin(100\pi t-30°)\ \text{V}$$

（二）复数的运算

复数为什么要用四种形式表示呢？不同的运算要用不同的形式表示，其目的是为了简化复数运算.

1）加减运算

当复数进行加或减运算时，用代数形式进行，即几个复数相加或相减就是把它们的实部和虚部分别相加或相减，形成一个新的复数.

设复数 $A_1 = a_1 + jb_1$， $A_2 = a_2 + jb_2$

则 $A_1 \pm A_2 = (a_1+jb_1) \pm (a_2+jb_2) = (a_1 \pm a_2) + j(b_1 \pm b_2)$

（3-8）

复数的加减运算也可用几何作图法——平行四边形法和三角形法，如图 3-9 所示.

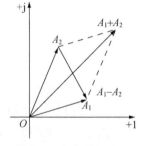

图 3-9 复数的加减法

2）乘法运算

当复数进行乘法运算时，要将复数用极坐标形式或指数形式表示，即当复数相乘时，模相乘，其辐角相加，形成一个新的复数.

设复数

$$A_1 = |A_1| \underline{/\varphi_1} \text{ , } A_2 = |A_2| \underline{/\varphi_2}$$

则

$$A_1 \times A_2 = |A_1| \underline{/\varphi_1} \times |A_2| \underline{/\varphi_2}$$

$$= |A_1||A_2| \underline{/\varphi_1 + \varphi_2} \tag{3-9}$$

3）除法运算

当复数进行除法运算时，我们要将复数用极坐标形式或指数形式表示，即当复数相除时，其模相除，辐角相减，形成一个新的复数.

设复数

$$A_1 = |A_1| \underline{/\varphi_1} \text{ , } A_2 = |A_2| \underline{/\varphi_2}$$

则

$$\frac{A_1}{A_2} = \frac{|A_1| \underline{/\varphi_1}}{|A_2| \underline{/\varphi_2}} = \frac{|A_1|}{|A_2|} \underline{/\varphi_1 - \varphi_2} \tag{3-10}$$

【例3-8】 已知三个正弦电压，$u_1(t) = 50\sqrt{2}\sin\left(\omega t + \dfrac{\pi}{6}\right)\text{V}$，$u_2(t) = 100\sqrt{2}\sin\left(\omega t - \dfrac{\pi}{3}\right)\text{V}$，$u_3(t) = 150\sqrt{2}\sin\left(\omega t + \dfrac{\pi}{4}\right)\text{V}$，试计算三个正弦电压的和 $u(t) = u_1(t) + u_2(t) + u_3(t)$.

解：将 3 个正弦电压写成复数形式

$$\dot{U}_1 = 50 \underline{/\dfrac{\pi}{6}} \text{ V} \text{ , } \dot{U}_2 = 100 \underline{/-\dfrac{\pi}{3}} \text{ V} \text{ , } \dot{U}_3 = 150 \underline{/\dfrac{\pi}{4}} \text{ V}$$

求和，得

$$\dot{U} = \dot{U}_1 + \dot{U}_2 + \dot{U}_3 = \left(50 \underline{/\dfrac{\pi}{6}} + 100 \underline{/-\dfrac{\pi}{3}} + 150 \underline{/\dfrac{\pi}{4}}\right)\text{V}$$

$$= (43.3 + \text{j}25)\text{V} + (50 - \text{j}86.6)\text{V} + (106.05 + \text{j}106.05)\text{V}$$

$$= (199.35 + \text{j}44.45)\text{V}$$

$$= 204.2 \underline{/12.6°} \text{ V}$$

u 的函数表达式为

$$u(t) = 204.2\sqrt{2}\sin(\omega t + 12.6°)\text{V}$$

知识链接三　正弦量的相量表示法

（一）正弦量的相量的概念

相量是一条有向线段，它具有方向和长度的特征. 当用这条有向线段的长度来表示正弦量的有效值，用有向线段与横轴右侧（参考角度 0°）的夹角来表示正弦量的初相位，则这条有向线段就称为正弦量的相量. 正弦量的相量用 $\dot{U}$、$\dot{I}$ 表示.

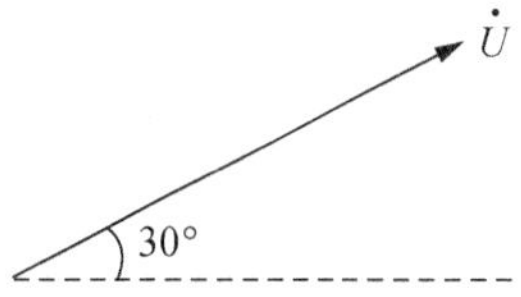

例如，正弦量 $u = 30\sqrt{2}\sin(\omega t + 30°)$ V，可用图 3-10 中的一条有向线段来表示，这条线段就是 u 的相量 $\dot{U}$.

图 3-10　相量图

当这条线段的长度为 30 时，便可知此相量所要表示的正弦量为

$$u = 30\sqrt{2}\sin(\omega t + 30°) \text{ A}$$

注意 相量在参考角度的逆时针方向，正弦量的初相位为正；反之，为负.

正弦量和相量是一一对应的关系，但不是相等的关系，只是能互相表示.

即
$$u \neq \dot{U}$$
$$i \neq \dot{I}$$

（二）相量图

相量图是按照各个正弦量的大小和相位关系画出的若干个相量的图形.

画相量图时也可以把同频率的正弦量的相量画在同一张图中，这样两个正弦量之间的大小关系和相位关系都可以进行比较.

如图 3-11 所示，u 超前 $i\varphi$ 角.

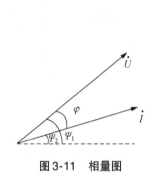

图 3-11　相量图

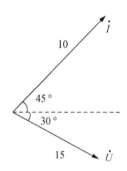

图 3-12　例 3-9 相量图

【例 3-9】 已知两个正弦量的相量图如图 3-12 所示，写出它们的正弦函数，并比较两者的相位关系.

解： 由于 i 的相量在参考角度 0° 的逆时针方向，则 $\psi_i = 45°$，有效值为 10 A.

所以
$$i = 10\sqrt{2}\sin(\omega t + 45°)\ \text{A}$$

由于 u 的相量在参考角度 0° 的顺时针方向，则 $\psi_u = -30°$，有效值为 15 V.

所以
$$u = 15\sqrt{2}\sin(\omega t - 30°)\ \text{V}$$

相位差
$$\varphi = \psi_i - \psi_u = 45° - (-30°) = 75°$$

i 超前 u 75°.

（三）为什么要用相量法来表示正弦量

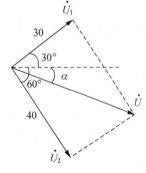

图 3-13　例 3-10 相量图

前面大家已经知道，正弦量可以用正弦函数表示，也可以用正弦波形来表示. 但这两种表示方法在进行电路运算时非常烦琐. 相量法能够非常方便地对正弦交流电路进行计算.

所谓相量法，实际上就是用复数的运算来代替正弦量的运算.

一个复数可以有效地把正弦量的有效值和初相位包含在内，把正弦量的三角函数运算变成复数的运算，使正弦电路的计算大为简化. 但是，由于在相量表示法中并不能反映正弦量的频率，因此只有同频率的正弦量之间才能进行复数的运算，画相量图时也只有同频率的正弦量才能画在同一个相量图中.

【例 3-10】 已知 $U_1 = 30\sqrt{2}\sin(314t + 30°)$ V，$U_2 = 40\sqrt{2}\sin(314t - 60°)$ V．试画出 U_1、U_2 的相量图．并求出 $U = U_1 + U_2$．

解： 相量图如图 3-13 所示，从相量图可以看出，根据平行四边形法则来求和比较方便，

因为

$$\dot{U} = \dot{U}_1 + \dot{U}_2$$

所以

$$U = \sqrt{U_1^2 + U_2^2} = \sqrt{(30\text{ V})^2 + (40\text{ V})^2}$$
$$= 50\text{ V}$$

$$\alpha = 60° - \arctan\frac{U_1}{U_2} = 60° - \arctan\frac{30}{40}$$
$$= 60° - 36.9° = 23.1°$$

则得

$$u = 50\sqrt{2}\sin(314t - 23.1°)\text{ V}$$

技能训练　正弦交流电的测试

（一）训练内容

（1）用示波器测量正弦信号．
（2）用晶体管毫伏表测量正弦信号．

（二）训练要求

（1）正确使用测试仪器、仪表．
（2）根据给定的电路，正确测出数据．
（3）撰写安装与测试报告．

（三）测试设备

（1）电工电路综合实训台 1 套．
（2）示波器 1 台．
（3）函数信号发生器 1 台．
（4）晶体管毫伏表 1 只．

（四）测试电路

测试电路如图 3-14 所示．

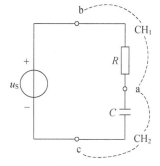

图 3-14　正弦交流电测试电路

（五）测试步骤

（1）按图 3-14 搭建电路，信号源采用 2 V、1 kHz 的正弦交流电，并用示波器观察交流的波形，并将测试结果填入表 3-1 中．

（2）将两个探头的公共端接到 a 点上，用 CH_1 通道观察电阻端电压，用 CH_2 通道观察电容端电压，并将测试结果填入表 3-1 中．

表 3-1　正弦交流电测试电路波形观察数据

信号源	波　　形	峰-峰值/V	周期/s
电阻			
电容			

想一想　练一练

1. 在某电路中，$u_1 = 100\sin(314t - 45°)$ V，$u_2 = 50\sqrt{2}\sin(314t + 15°)$ V. 指出它们的频率、周期、角频率和幅值；指出它们的相位差，并说明相位关系.

2. 两个电流 $i_1 = 10\sqrt{2}\sin(314t - 30°)$ A，$i_2 = 5\sqrt{2}\sin(628t - 60°)$ A，它们的相位差可以比较吗?

3. 想一想，我们在分析正弦交流电路时，为什么要用相量计算？复数的 4 种运算相互转换的目的是什么?

4. 写出下列各正弦量的相量形式.

(1) $i = 10\sin(\omega t - 30°)$ A　　　　　　　　　　(2) $u = 220\sqrt{2}\sin(\omega t + 45°)$ V

5. 将下列复数改写成其他三种复数形式，并画出相量.

(1) $\dot{I} = 10\,\underline{/-30°}$ A　　　　$\dot{I} = 2\,\underline{/90°}$ A　　　　$\dot{U} = 10\sqrt{2}\,\underline{/-90°}$ V

(2) $\dot{I} = (3 + j4)$ A　　　　$\dot{I} = -jA$　　　　$\dot{U} = -3V$

(3) $\dot{I} = e^{j45°}$ A　　　　$\dot{I} = 2e^{j90°}$　　　　$\dot{U} = 4e^{-j90°}$ V

6. 指出下列表达式是否正确，如有错误，错在哪里.

(1) $I = 10\sin(\omega t + 45°)$ A　　$I = 10\,\underline{/0°}$ A　　$\dot{U} = 220\sqrt{2}\sin(\omega t + 0°)$ V

(2) $\dot{u} = 220\,\underline{/30°}$ V　　　　$i = (3 + j4)$ A　　　　$\dot{U} = 100e^{45°}$ V

7. 两个元件并联，接到交流电源上. 已知它们的电流分别为 $i_1 = 8\sin(\omega t + 60°)$ A，$i_2 = 6\sin(\omega t - 60°)$ A，求总电流 i.

任务二　单一参数元件正弦交流电路的特性及测试

在直流电路中，由于电感元件可视为短路，电容元件可视为开路，电路中只有电阻和直流电源，因此分析较简单. 但是，在正弦交流电路中，由于电流和电压随着时间交变，因此电感不再短路，电容不再开路，电路中不仅有电阻和电源，还有电感元件和电容元件. 电阻、电感和电容的参数不同，表现的性质也就不同. 因此分析由三个单一参数组成的交流电路具有普遍的意义.

 知识链接一　纯电阻电路的特性及测试

（一）电路结构

在图 3-15（a）中，u 和 i 的参考方向相同，根据欧姆定律得出

$$i = \frac{u}{R}$$

即电阻元件上的电压与通过的电流呈线性关系.

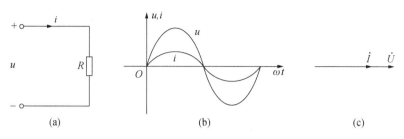

图 3-15 电阻元件交流电路

（二）电压与电流关系

当通过电阻的电流为 $i = I_m \sin\omega t$ 时，电阻两端的电压则为

$$u = iR = I_m \sin\omega t \cdot R = U_m \sin\omega t \tag{3-11}$$

由式（3-11）可得出如下结论：

（1）电阻元件上的电压 u 和电流 i 是同频率的正弦电量.

（2）电压和电流的相位差 $\varphi = 0°$，即 u 和 i 同相位.

（3）电压和电流的最大值、有效值的关系仍符合欧姆定律，即

$$\frac{U_m}{I_m} = R$$

可得　　$\dfrac{U}{I} = R.$ 　　　　　　　　　　　　　　　　　(3-12)

（4）电压相量和电流相量之间的关系为

$$\dot{I} = I\underline{/0°}$$

$$\dot{U} = U\underline{/0°}$$

$$\frac{\dot{U}}{\dot{I}} = \frac{U\underline{/0°}}{I\underline{/0°}} = \frac{U}{I}\underline{/0°} = R\underline{/0°} = R \tag{3-13}$$

（5）波形图和相量图如图 3-15（b）、（c）所示.

（三）功率

1）瞬时功率 p

在交流电路中，电路元件上的瞬时电压与瞬时电流之积为该元件的瞬时功率，用 p 表示，单位为 W（瓦［特］）. 电阻元件上的瞬时功率为

$$p = ui = U_m \sin\omega t \cdot I_m \sin\omega t = U_m I_m \sin^2\omega t$$
$$= UI(1 - \cos^2\omega t) \tag{3-14}$$

波形如图 3-16 所示.

2）有功功率 P（平均功率）

由于瞬时功率是变化的，因此工程上计算瞬时功率的平均值，称为有功功率. 所谓平均功率，就是瞬时功率在一个周期内的平均值，用大写字母 P 表示.

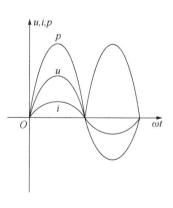

图 3-16 电阻元件交流
电路功率波形

电阻元件的有功功率为

$$P = UI = I^2R = \frac{U^2}{R} \tag{3-15}$$

计算公式和直流电路中计算电阻功率的公式相同，单位也相同，但要注意这里的 P 是平均功率，电压和电流都是有效值.

【例3-11】 把一个 $100\,\Omega$ 的电阻接到 $u = 311\sin(314t + 30°)$ V 的电源上，试求 i、P.

解：因为纯电阻电路的电流与电压同相位，并且电压与电流的瞬时值、最大值、有效值都符合欧姆定律.

则

$$I_m = \frac{U_m}{R} = \frac{311\,\text{V}}{100\,\Omega} = 3.11\,\text{A}$$

得

$$i = 3.11\sin(\omega t + 30°)\,\text{A}$$

$$P = UI = I^2R = \left(\frac{I_m}{\sqrt{2}}\right)^2 R = \left(\frac{3.11\,\text{A}}{\sqrt{2}}\right)^2 \times 100\,\Omega = (2.2\,\text{A})^2 \times 100\,\Omega = 484\,\text{W}$$

 知识链接二 纯电感电路的特性及测试

（一）电路结构

在交流电路中，如果只用电感线圈做负载，而且线圈的电阻和分布电容都可以忽略不计，这样的电路称为纯电感电路，如图3-17（a）所示.

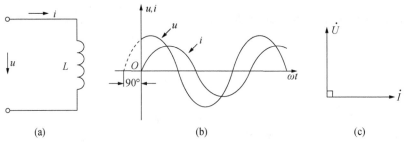

图 3-17 电感元件交流电路

（二）电压与电流关系

根据电磁感应定律，当线圈中电流 i 发生变化时，就会在线圈中产生感应电动势，因而在电感两端形成感应电压 u，当感应电压 u 与电流 i 的参考方向与图3-17（a）所示的一致时，其伏安关系为

$$u = \frac{d\psi}{dt} = N\frac{d\varphi}{dt} = L\frac{di}{dt} \tag{3-16}$$

即电感电压与电流的变化率成正比.

当通过电感的电流为 $i = I_m\sin\omega t$ 时，电感两端的电压为

$$u = L\frac{di}{dt} = L\frac{d(I_m\sin\omega t)}{dt} = \omega L I_m\cos\omega t$$

$$= \omega L I_m\sin(\omega t + 90°) = U_m\sin(\omega t + 90°) \tag{3-17}$$

由式（3-17）可得如下结论：

（1）电感元件上的电压 u 和电流 i 是同频率的正弦电量.

（2）电压和电流的相位差 $\varphi = 90°$，即 u 超前 i 90°.

（3）电压和电流的最大值、有效值的关系为

$$\frac{U_{m}}{I_{m}} = \omega L = X_{L} \tag{3-18}$$

可得　　$\frac{U}{I} = \omega L = X_{L}$

式中

$$X_{L} = \omega L = 2\pi f L \tag{3-19}$$

X_{L} 称为电感电抗，简称感抗，单位为欧［姆］（Ω，$1\,\Omega = 1\,V/A$）. 它表明电感对交流电流起阻碍作用. 在一定的电压下，X_{L} 越大，电流越小. 感抗 X_{L} 与电源频率 f 成正比. 当 L 不变时，频率越高，感抗越大，对电流的阻碍作用也就越大. 在极端情况下，如果频率非常高且 $f \to \infty$ 时，则 $X_{L} \to \infty$，此时电感相当于开路；如果 $f = 0$，即直流时，则 $X_{L} = 0$，此时电感相当于短路. 因此，电感元件具有"隔交通直"，即"通低频阻高频"的性质，在电子技术中被广泛应用.

（4）电压相量和电流相量之间的关系为

$$\dot{I} = I \underline{/0°}$$

$$\dot{U} = U \underline{/90°} \tag{3-20}$$

$$\frac{\dot{U}}{\dot{I}} = \frac{U \underline{/90°}}{I \underline{/0°}} = \frac{U}{I} \underline{/90°} = X_{L} \underline{/90°} = jX_{L}$$

（5）波形图和相量图如图 3-17（b）、（c）所示.

（三）功率

1）瞬时功率 p

电感元件上的瞬时功率为

$$p = ui = U_{m}\sin(\omega t + 90°) \times I_{m}\sin\omega t = U_{m}I_{m}\cos\omega t\sin\omega t$$

$$= \frac{1}{2}U_{m}I_{m}\sin 2\omega t = UI\sin 2\omega t \tag{3-21}$$

可见，电感元件的瞬时功率也是随时间变化的正弦量，其频率为电源频率的两倍，如图 3-18 所示. 从图中可以看出，电感在第一个和第三个 $\frac{1}{4}$ 周期内，$p > 0$，电感元件从电源吸收能量，并将它转换为磁能储存起来；在第二个和第四个 $\frac{1}{4}$ 周期内，$p < 0$，释放能量，将磁能转换成电能而送回电源.

2）有功功率 P（平均功率）

由式（3-21）可知，瞬时功率在一个周期内

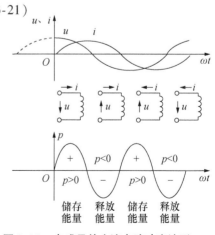

图 3-18　电感元件交流电路功率波形

的平均值为零，即电感元件的有功功率为零.

$$P = 0$$

这说明电感元件是一个储能元件，不消耗能量，它只是将电感中的磁场能和电源的电能进行能量交换.

3）无功功率 Q

电感与电源之间只是进行能量的交换而不消耗功率，其能量交换的规模通常用瞬时功率的最大值来衡量. 由于这部分功率并没有消耗掉，故称为无功功率. 无功功率用 Q 表示，单位为乏（var，$1\,var = 1\,W$）（见本书 p.6）.

$$Q = UI = X_L I^2 = \frac{U^2}{X_L} \tag{3-22}$$

【例3-12】 一个电感量 $L = 31.6\,mH$ 的线圈，接到 $u = 220\sqrt{2}\sin(314t + 60°)$ V 的电源上，求：X_L、i、Q，并画出相量图.

解：

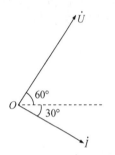

图 3-19 例 3-12 相量图

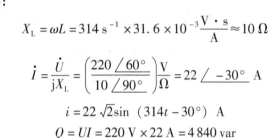

$$X_L = \omega L = 314\,s^{-1} \times 31.6 \times 10^{-3}\,\frac{V \cdot s}{A} \approx 10\,\Omega$$

$$\dot{I} = \frac{\dot{U}}{jX_L} = \left(\frac{220\,\angle 60°}{10\,\angle 90°}\right)\frac{V}{\Omega} = 22\,\angle -30°\,A$$

$$i = 22\sqrt{2}\sin(314t - 30°)\,A$$

$$Q = UI = 220\,V \times 22\,A = 4\,840\,var$$

相量图如图 3-19 所示.

知识链接三 纯电容电路的特性及测试

（一）电容元件

只含有电容元件的交流电路，称为纯电容电路，如图 3-20（a）所示.

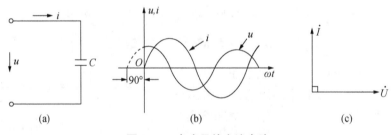

| (a) | (b) | (c) |

图 3-20 电容元件交流电路

（二）电压与电流关系

当电容器端电压变化时，就会有充电和放电现象出现，并且充电、放电的电流大小和电压的变化率成正比. 当选定电容上电压与电流的参考方向为关联参考方向时，电容的伏安关系为

$$i = \frac{\mathrm{d}q}{\mathrm{d}t} = C\frac{\mathrm{d}u}{\mathrm{d}t} \tag{3-23}$$

当电容两端的电压为 $u = U_m\sin\omega t$ 时，通过电容的电流为

$$i = C\frac{\mathrm{d}u}{\mathrm{d}t} = C\frac{\mathrm{d}(U_m\sin\omega t)}{\mathrm{d}t} = \omega C U_m\cos\omega t$$

$$= \omega C U_m\sin(\omega t + 90°) = I_m\sin(\omega t + 90°) \tag{3-24}$$

由式（3-24）可得如下结论：

（1）电容元件上的电压 u 和电流 i 也是同频率的正弦电量.

（2）电压和电流的相位差 $\varphi = -90°$，即 u 滞后 i 90°.

（3）电压和电流的最大值、有效值的关系为

$$\frac{U_m}{I_m} = \frac{1}{\omega C} = X_C \tag{3-25}$$

可得 $\quad \dfrac{U}{I} = \dfrac{1}{\omega C} = X_C$

式中 $\qquad\qquad X_C = \dfrac{1}{\omega C} = \dfrac{1}{2\pi fC} \tag{3-26}$

X_C 称为电容电抗，简称容抗，单位为 Ω（欧［姆］）. 它表明电容对交流电流起阻碍作用. 容抗 X_C 与电源频率 f 成反比. 在 C 不变的条件下，频率越高，容抗越小，对电流的阻碍作用越小；在极端情况下，如果频率非常高且 $f\to\infty$ 时，则 $X_C = 0$，此时电容相当于短路；如果 $f = 0$，即直流时，则 $X_C\to\infty$，此时电容相当于开路. 所以电容元件具有"隔直通交"，即"通高频阻低频"的性质. 在电子技术中被广泛应用于旁路、隔直、滤波等方面.

（4）电压相量和电流相量之间的关系为

$$\dot{I} = I\underline{/90°}$$

$$\dot{U} = U\underline{/0°} \tag{3-27}$$

$$\frac{\dot{U}}{\dot{I}} = \frac{U\underline{/0°}}{I\underline{/90°}} = \frac{U}{I}\underline{/0° - 90°} = X_C\underline{/-90°} = -\mathrm{j}X_C$$

（5）波形图和相量图如图 3-20（b）、（c）所示.

（三）功率

1）瞬时功率

电容元件上的瞬时功率为

$$p = ui = U_m\sin\omega t \cdot I_m\sin(\omega t + 90°) = U_m I_m\sin\omega t\cos\omega t$$

$$= \frac{1}{2}U_m I_m\sin2\omega t = UI\sin2\omega t \tag{3-28}$$

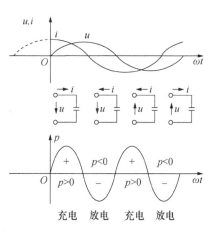

图 3-21 电容元件交流电路功率波形

可见，电容元件的瞬时功率也是随时间变化的正弦量，其频率为电源频率的两倍，如图 3-21 所示. 从图 3-21 中可以看出，电容在第一个和第三个 $\frac{1}{4}$ 周期内，$P > 0$，电容元件在充电，将电能储存在电场中；在第二

个和第四个 $\frac{1}{4}$ 周期内，$P<0$，电容元件在放电，放出充电时所储存的能量，把它还给电源.

2）有功功率 P（平均功率）

由式（3-28）可知，瞬时功率在一个周期内的平均值也为零，即电容元件的有功功率也为零.

$$P = 0$$

这说明电容元件也是一个储能元件，不消耗能量，它只是进行电容电场能和电源的电能之间的能量交换.

3）无功功率 Q

电容与电源之间只是进行能量的交换而不消耗功率，其能量交换的规模通常用负的瞬时功率的最大值来衡量. 由于这部分功率并没有消耗掉，故称为无功功率. 无功功率用 Q 表示，单位为 var（乏）.

$$Q = UI = X_{\text{C}} I^2 = \frac{U^2}{X_{\text{C}}} \tag{3-29}$$

【例3-13】 一个电容量 $C = 20\ \mu\text{F}$ 的电容器，接到 $u = 220\sqrt{2}\sin\ (314t - 30°)$ V 的电源上，求：X_{C}、i、Q，并画出相量图.

解：$X_{\text{C}} = \dfrac{1}{\omega C} = \dfrac{1}{314\ \text{s}^{-1} \times 20 \times 10^{-6}\ \text{C} \cdot \text{V}^{-1}} \approx 159\ \Omega$

$$\dot{I} = \frac{\dot{U}}{-jX_{\text{C}}} = \frac{(220\ \angle -30°)\ \text{V}}{(159\ \angle -90°)\ \Omega} = 1.38\ \angle 60°\ \text{A}$$

$$i = 1.38\sqrt{2}\sin\ (314t + 60°)\ \text{A}$$

$$Q = UI = 220\ \text{V} \times 1.38\ \text{A} = 303.6\ \text{W}\ （或\ \text{var}）$$

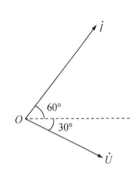

图 3-22 例 3-13 相量图

相量图如图 3-22 所示.

🔧 技能训练 单一参数元件正弦交流电路的测试

（一）训练内容

（1）分别测量 R、L、C 单一参数元件的交流电路的电压和电流，验证各元件与频率之间的关系及电路元件参数对响应的影响.

（2）用示波器观察各元件的电压与电流的波形，测量电压与电流的相位关系.

（二）训练要求

（1）正确使用仪器、仪表.

（2）加深理解 R、L、C 元件端电压与电流的相位关系，学会测量阻抗角的方法.

（3）撰写安装与测试报告.

（三）测试设备

（1）电工电路综合实训台 1 套.

（2）示波器 1 台.

（3）函数信号发生器1台.

（4）晶体管毫伏表1只.

（四）测试电路

测试电路如图3-23所示.

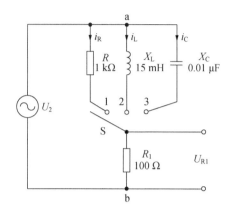

图3-23 单一参数正弦交流电测试电路图

（五）测试内容

说明：元件阻抗频率特性的测量电路如图3-23所示，图中的 R_1 是提供测量回路电流的标准电阻，流过被测元件的电流可由 R_1 两端的电压除以 R_1 的阻值所得，所以被测元件电流与 U_{R1} 相同. 若用双踪示波器同时观察 U_{R1} 与被测元件两端的电压，就会展现出被测元件两端的电压和流过该元件电流的波形，从而测出电压与电流的幅值及它们之间的相位差.

1）R、L、C 元件阻抗频率特性的测定

搭接如图3-23所示的实验电路，将信号发生器的正弦波输出作为激励 U_S，使其电压幅值为 10 V，并在改变频率时保持不变. 把信号发生器的输出频率分别调到表3-2中所示频率（用频率计测量），并使开关 S 依次接通 R、L、C 三个元件，用交流毫伏表分别测量 R、L、C 元件上的电压及电阻 R_1 上的电压 U_{R1}，并通过计算得到各频率点的 R、X_L 与 X_C 及电流 I 的值，并填入表3-2中.

表3-2 R、L、C 元件阻抗频率特性的测定数据

频率/Hz		0	50	100	200	500	1 000
电阻 R	U_R/V						
	I_R/mA						
	R/kΩ						
电感 L	U_L/V						
	I_L/mA						
	X_L/kΩ						

频率/Hz		0	50	100	200	500	1 000
电容 C	U_C/V						
	I_C/mA						
	X_C/kΩ						

在图 3-23 所示的电路中，信号源的频率 $f = 10$ kHz，用双踪示波器观察 R、L、C 元件的阻抗角，在示波器上读出 m、n 值，填入表 3-3 中，并计算阻抗角 φ 的值.

2）R、L、C 元件的电压与电流的相位差的测试

将双踪示波器连接在被测电路中：CH_1 通道接被测元件的电压探头，采样被测两端电压信号；CH_2 通道接电阻 R_1 的电压探头，实际采样被测元件的电流信号，用双踪示波器观察两电压波形，在示波器上读出 m、n 值，填入表 3-3 中，计算出相位差.

表 3-3　R、L、C 元件的电压与电流的相位差的测试数据

元　件	m/格	n/格	φ/(°)
R			
L			
C			

实验得出的结论：

电阻元件的交流特性是＿＿＿＿＿＿＿＿＿＿＿＿＿＿＿＿＿＿＿＿＿＿＿＿＿＿＿＿＿＿＿＿＿＿．

电感元件的交流特性是＿＿＿＿＿＿＿＿＿＿＿＿＿＿＿＿＿＿＿＿＿＿＿＿＿＿＿＿＿＿＿＿＿＿．

电容元件的交流特性是＿＿＿＿＿＿＿＿＿＿＿＿＿＿＿＿＿＿＿＿＿＿＿＿＿＿＿＿＿＿＿＿＿＿．

 想一想　练一练

1. 某用电器 $R = 10\ \Omega$，流过它的电流 $i(t) = 141.4\sin(\omega t + 30°)$ A，求：（1）R 两端电压 u、U 和 $\dot{U}$；（2）R 消耗的功率 P.

2. 流过 0.1 H 电感的电流为 $i(t) = 10\sqrt{2}\sin(1\,000t + 60°)$ A，求：（1）关联参考方向下的电压 u、U 和 $\dot{U}$；（2）电感的无功功率 Q；（3）磁场能量的最大值 W_{max}.

3. 电容在 50 Hz 正弦电流作用时，容抗为 50 Ω，当频率升高为 1 kHz 时，其容抗为多少？

4. 说明为什么电感通直阻交，而电容通交阻直？

5. 正弦电路中，R、L、C 三个元件对电流呈现的阻力是什么？电路参数感抗 X_L 和容抗 X_C 的物理意义是什么？它们与频率的关系是怎样的？为什么？

任务三 RLC 串联正弦交流电路的特性及测试

 知识链接一 交流电路中复阻抗

（一）复阻抗的定义与物理意义

正像直流电路中的电阻对电流起阻碍作用一样，在交流电路中，由于 X_L 和 X_C 的作用，对电路起阻碍作用是三个元件的共同作用结果，这就是复阻抗. 在直流电路中，电压和电流在关联方向下的比值为电阻，那么，在交流电路中，电路的电压相量和电流相量在关联方向下的比值定义为交流电路的复阻抗，用 Z 表示，即

$$Z = \frac{\dot{U}}{\dot{I}} = \frac{U\,\underline{/\psi_u}}{I\,\underline{/\psi_i}} = \frac{U}{I}\,\underline{/\psi_u - \psi_i} = |Z|\,\underline{/\varphi} \qquad (3\text{-}30)$$

单位为 Ω（欧［姆］）.

式中，$|Z| = \dfrac{U}{I}$ 为复阻抗的模值（简称阻抗），其反映了电压与电流的数量关系；复阻抗 Z 同时反映了电路的电压与电流的大小关系和相位关系.

$\varphi = \psi_u - \psi_i$ 为复阻抗的辐角（简称阻抗角），其反映了电压与电流的相位关系，阻抗角的范围是 $\varphi \in \left[-\dfrac{\pi}{2}, \dfrac{\pi}{2} \right]$.

（二）元件复阻抗

由于电阻元件的电压与电流同相，因此电阻元件的复阻抗为

$$Z_R = \frac{\dot{U}}{\dot{I}} = \frac{U\,\underline{/\psi_u}}{I\,\underline{/\psi_i}} = \frac{U}{I}\,\underline{/\psi_u - \psi_i} = R \qquad (3\text{-}31)$$

由于电感元件的电压超前电流 $90°$，因此电感元件的复阻抗为

$$Z_L = \frac{\dot{U}}{\dot{I}} = \frac{U\,\underline{/\psi_u}}{I\,\underline{/\psi_i}} = \frac{U}{I}\,\underline{/\psi_u - \psi_i} = X_L\,\underline{/90°} = jX_L \qquad (3\text{-}32)$$

由于电容元件的电压滞后电流 $90°$，因此电容元件的复阻抗为

$$Z_C = \frac{\dot{U}}{\dot{I}} = \frac{U\,\underline{/\psi_u}}{I\,\underline{/\psi_i}} = \frac{U}{I}\,\underline{/\psi_u - \psi_i} = X_C\,\underline{/-90°} = -jX_C \qquad (3\text{-}33)$$

（三）复阻抗的串、并联

1）复阻抗的串联

图 3-24 是两个复阻抗串联的电路.

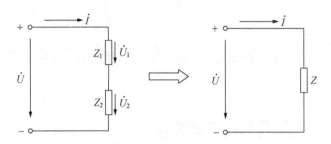

图 3-24   复阻抗串联电路

根据 KVL 可得出它的相量表达式，即

$$\dot{U} = \dot{U}_1 + \dot{U}_2 = Z_1\dot{I} + Z_2\dot{I} = (Z_1 + Z_2)\dot{I} \tag{3-34}$$

两个串联的复阻抗可用一个等效复阻抗 Z 来代替，在同样电压的作用下，电路中的电流的有效值和相位保持不变. 根据图 3-24 可写出

$$Z = \frac{\dot{U}}{\dot{I}} \tag{3-35}$$

比较式（3-34）和式（3-35），可得

$$Z = Z_1 + Z_2 \tag{3-36}$$

两个复阻抗串联的分压公式为

$$\begin{cases} \dot{U}_1 = \dfrac{Z_1}{Z_1 + Z_2}\dot{U} \\[2mm] \dot{U}_2 = \dfrac{Z_2}{Z_1 + Z_2}\dot{U} \end{cases} \tag{3-37}$$

注意　上述关系，一定是复阻抗之间的关系，电压的有效值和阻抗的模不存在上述关系，即

$$U \neq U_1 + U_2$$
$$|Z| \neq |Z_1| + |Z_2|$$

【例 3-14】　RLC 串联电路如图 3-25 所示，已知 $R = 3\,\Omega$，$X_L = 14\,\Omega$，$X_C = 10\,\Omega$，求电路总的复阻抗.

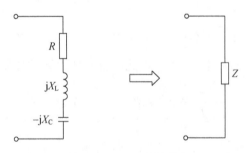

图 3-25   RLC 串联电路

解：3 个元件的复阻抗分别为：$Z_R = R = 10\,\Omega$，$Z_L = jX_L = j14\,\Omega$，$Z_C = -jX_C = -j10\,\Omega$
根据串联复阻抗的特点，得

$$Z = Z_R + Z_L + Z_C = (3 + j14 - j10)\ \Omega = (3 + j4)\ \Omega = 5\ \underline{/53°}\ \Omega$$

2）复阻抗的并联

图 3-26 为两个复阻抗并联的电路，根据 KCL 可写出它的相量表达式.

$$\dot{I} = \dot{I}_1 + \dot{I}_2 = \frac{\dot{U}}{Z_1} + \frac{\dot{U}}{Z_2} = \dot{U}\left(\frac{1}{Z_1} + \frac{1}{Z_2}\right) \tag{3-38}$$

两个并联的复阻抗也可用一个等效复阻抗 Z 来代替. 根据式（3-38），可写出

$$\frac{1}{Z} = \frac{1}{Z_1} + \frac{1}{Z_2} \tag{3-39}$$

或

$$Z = \frac{Z_1 Z_2}{Z_1 + Z_2} \tag{3-40}$$

两个复阻抗的分流公式为

$$\begin{cases} \dot{I}_1 = \dfrac{Z_2}{Z_1 + Z_2}\dot{I} \\[2mm] \dot{I}_2 = \dfrac{Z_1}{Z_1 + Z_2}\dot{I} \end{cases} \tag{3-41}$$

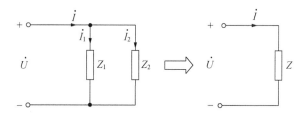

图 3-26　复阻抗串联电路

注意　上述关系，一定是复阻抗之间的关系，电流的有效值和阻抗的模不存在上述关系，即

$$I \neq I_1 + I_2$$

$$\frac{1}{|Z|} \neq \frac{1}{|Z_1|} + \frac{1}{|Z_2|}$$

【**例 3-15**】　电路如图 3-27 所示，$R_1 = 20\ \Omega$，$X_L = 40\ \Omega$，$R_2 = 10\ \Omega$，$X_C = 10\ \Omega$，试求电路的等效复阻抗.

解：先求出各支路的复阻抗：$Z_1 = 20 + j40 = 44.7\ \underline{/63.4°}\ \Omega$，$Z_2 = 10 - j10 = 14.1\ \underline{/-45°}\ \Omega$.

等效复阻抗为

$$Z = \frac{Z_1 \times Z_2}{Z_1 + Z_2} = \frac{44.7\ \underline{/63.4°}\ \Omega \times 14.1\ \underline{/-45°}\ \Omega}{(20 + j40)\ \Omega + (10 - j10)\ \Omega}$$

$$= \left(\frac{630\ \underline{/18.4°}}{30 + j30}\right)\Omega = \left(\frac{630\ \underline{/18.4°}}{42.4\ \underline{/45°}}\right)\Omega$$

$$= 14.86\ \underline{/-26.6°}\ \Omega$$

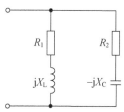

图 3-27　例 3-15 电路图

（四）基尔霍夫定律的相量形式

正弦电路的电流、电压的瞬时值关系、相量关系都满足基尔霍夫的电流定律和电压定律，而有效值关系一般不满足.

电流定律表现在任一节点上的电流瞬时值和相量的代数和为零，即

$$\sum i = 0 \quad \text{或} \quad \sum \dot{I} = 0$$

而有效值关系不存在电流定律的形式，即

$$\sum I \neq 0$$

同理，电压定律表现在任一回路上各段电压的瞬时值和相量的代数和为零，即

$$\sum u = 0 \quad \text{或} \quad \sum \dot{U} = 0$$

而有效值关系不存在电压定律的形式，即

$$\sum U \neq 0$$

【例3-16】 RC 串联电路如图 3-28（a）所示. 已知 $U_R = 3\,\text{V}$，$U_C = 4\,\text{V}$，求 U.

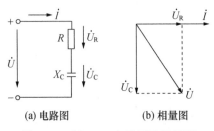

(a) 电路图　　　　(b) 相量图

图 3-28　例 3-16 电路图及相量图

解：通过画相量图求解，相量图如图 3-28（b）所示. 由于串联电路，各元件的电流相同，因此把电流相量看做是参考相量.

设

$$\dot{I} = I\underline{/0°}$$

根据基尔霍夫电压定律可知

$$\dot{U} = \dot{U}_R + \dot{U}_C$$

则

$$U = \sqrt{U_R^2 + U_C^2} = \sqrt{(3\,\text{V})^2 + (4\,\text{V})^2} = 5\,\text{V}$$

通过相量图可以看出

$$U \neq U_R + U_C$$

【例3-17】 RL 并联电路如图 3-29（a）所示. 已知 $I_R = 4\,\text{A}$，$I_L = 4\,\text{A}$，求 I

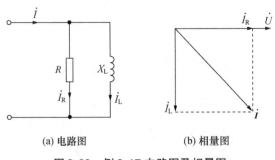

(a) 电路图　　　　(b) 相量图

图 3-29　例 3-17 电路图及相量图

解：由于并联电路，各元件的电压相同，因此把电压相量看做是参考相量，设 $\dot{U} = U \angle 0°$.

根据基尔霍夫电流定律可知 $\dot{I} = \dot{I}_R + \dot{I}_L$

则 $I = \sqrt{I_R^2 + I_L^2} = \sqrt{(4\,\text{A})^2 + (4\,\text{A})^2} = 4\sqrt{2}\,\text{A}$

通过图 3-29（b）可以看出 $I \neq I_R + I_L$

通过上述两个例题可知，交流电路的电流或电压的有效值不是简单相加的关系，由相量图中可以看出 U_R 与 U_C、I_R 与 I_L 的相量不在一个方向上，所以只能是相量相加或相减，而不能是有效值直接相加或相减.

知识链接二   RL 串联交流电路

（一）电路的结构

电路由纯电阻和纯电感串联组成，这样的电路称为感性电路，如图 3-30（a）所示.

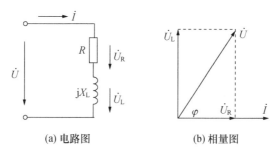

(a) 电路图   (b) 相量图

图 3-30   RL 串联交流电路

（二）电流和电压的关系

1）瞬时值关系

$$u = u_R + u_L \tag{3-42}$$

2）相量关系

$$\dot{U} = \dot{U}_R + \dot{U}_L \tag{3-43}$$

相量图如图 3-30（b）所示.

3）有效值关系

由相量图可知，电压相量 $\dot{U}$、$\dot{U}_R$、$\dot{U}_L$ 组成了一个直角三角形，称为电压三角形. 利用这个电压三角形，可得到各部分电压有效值间的关系

$$U = \sqrt{U_R^2 + U_L^2} \tag{3-44}$$

4）基尔霍夫定律相量式

用相量表示电压与电流的关系，则为

$$\dot{U} = \dot{U}_R + \dot{U}_L = (R + jX_L)\dot{I} \tag{3-45}$$

将式（3-45）写成

$$\frac{\dot{U}}{\dot{I}} = R + jX_L \tag{3-46}$$

式（3-46）中的 $R+jX_L$ 称为电路的复阻抗，用大写字母 Z 代表，单位为 Ω（欧[姆]），即

$$Z = \frac{\dot{U}}{\dot{I}} = R + jX_L = |Z| \angle \varphi \tag{3-47}$$

其中，$R = |Z|\cos\varphi$，$X = X_L = |Z|\sin\varphi$；阻抗的模为 $|Z| = \sqrt{R^2 + X_L^2}$；阻抗角为 $\varphi = \arctan\frac{X_L}{R} > 0$，感性电路的性质为 $\frac{\pi}{2} > \varphi > 0$.

【例3-18】 RL 串联电路如图 3-30 所示，已知 $u = 220\sqrt{2}\sin 314t$ V，$R = 80\,\Omega$，$X_L = 60\,\Omega$，求：Z、φ、i.

解： $Z = R + jX_L = 80 + j60 = \sqrt{(80\,\Omega)^2 + (60\,\Omega)^2} \angle \arctan\frac{60}{80}$

$$= 100 \angle 37° \; \Omega$$

$\varphi = 37°$，说明电压超前电流 37°.

因为 $\dot{U} = 220 \angle 0°$ V

所以 $\dot{I} = \frac{\dot{U}}{Z} = \frac{220 \angle 0° \text{ V}}{100 \angle 37° \; \Omega} = 2.2 \angle -37°$ A

则 $i = 2.2\sqrt{2}\sin(314t - 37°)$ A

 ## 知识链接三　RC 串联交流电路

（一）电路的结构

电路由纯电阻和纯电容串联组成，这样的电路称为容性电路，如图 3-31（a）所示.

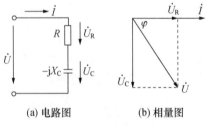

(a) 电路图　　　(b) 相量图

图 3-31　RC 串联交流电路

（二）电流和电压的关系

1）瞬时值关系

$$u = u_R + u_C \tag{3-48}$$

2）相量关系

$$\dot{U} = \dot{U}_R + \dot{U}_C \tag{3-49}$$

相量图如图 3-31（b）所示.

3）有效值关系

由相量图可知，电压相量 $\dot{U}$、$\dot{U}_R$、$\dot{U}_C$ 组成了一个直角三角形，称为电压三角形. 利用这个电压三角形，可得到各部分电压有效值间的关系

$$U = \sqrt{U_R^2 + U_C^2} \tag{3-50}$$

4）基尔霍夫定律相量式

用相量表示电压与电流的关系，则为

$$\dot{U} = \dot{U}_R + \dot{U}_C = \dot{I}R - j\dot{I}X_C \tag{3-51}$$

将式（3-51）写成

$$\frac{\dot{U}}{\dot{I}} = R - jX_C \tag{3-52}$$

式（3-52）中的 $R - jX_C$ 称为电路的复阻抗，用大写字母 Z 代表，单位为 Ω（欧［姆］），即

$$Z = \frac{\dot{U}}{\dot{I}} = R - jX_C = |Z|\underline{/\varphi} \tag{3-53}$$

其中，$R = |Z|\cos\varphi$，$X = X_C = |Z|\sin\varphi$；阻抗的模为 $|Z| = \sqrt{R^2 + X_C^2}$；阻抗角为 $\varphi = \arctan\frac{-X_C}{R} < 0$，容性电路的性质为 $0 > \varphi > -\frac{\pi}{2}$.

【例3-19】 RC 串联电路如图 3-31（a）所示，已知 $u = 220\sqrt{2}\sin(314t - 30°)$ V，$R = 100\ \Omega$，$X_C = 100\sqrt{3}\ \Omega$，求：$Z$、$\varphi$、$i$

解：$Z = R - jX_C = (100 - j100\sqrt{3})\ \Omega = \left(\sqrt{(100\ \Omega)^2 + (-100\sqrt{3}\ \Omega)^2}\ \underline{/\arctan\frac{-100\sqrt{3}}{100}}\right)\Omega = 200\ \underline{/-60°}\ \Omega$

$\varphi = -60°$，说明电流超前电压 60°.

因为 $\dot{U} = 220\ \underline{/-30°}$ V

所以 $\dot{I} = \frac{\dot{U}}{Z} = \frac{220\ \underline{/-30°}\ \text{V}}{200\ \underline{/-60°}\ \Omega} = 1.1\ \underline{/30°}$ A

则 $i = 1.1\sqrt{2}\sin(314t + 30°)$ A

电工基础（第二版）

知识链接四　RLC 串联交流电路

（一）电路结构

电阻、电感与电容串联的交流电路如图 3-32 所示．电路的各元件通过同一电流，且电流与各个电压的参考方均为关联方向．

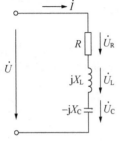

图 3-32　RLC 串联电路

根据串联复阻抗的特性，可以求出本电路的总复阻抗为

$$Z = Z_R + Z_L + Z_C = R + j\,(X_L - X_C)$$
$$= \sqrt{R^2 + (X_L - X_C)^2}\,\Big/ \arctan \frac{X_L - X_C}{R}$$
$$= |Z|\,\underline{/\varphi} \tag{3-54}$$

由此可知：

电路的阻抗模为

$$|Z| = \sqrt{R^2 + (X_L - X_C)^2}$$

电路的阻抗角为

$$\varphi = \psi_u - \psi_i = \arctan \frac{X_L - X_C}{R}$$

复阻抗的实部为电阻

$$R = |Z|\cos\varphi$$

复阻抗的虚部为电抗

$$X = X_L - X_C = |Z|\sin\varphi$$

（二）电流与电压的关系

因为

$$\dot{U} = \dot{U}_R + \dot{U}_L + \dot{U}_C = R\dot{I} + jX_L\dot{I} - jX_C\dot{I} = \dot{I}[R + j\,(X_L - X_C)] = \dot{I}Z \tag{3-55}$$

所以

$$Z = \frac{\dot{U}}{\dot{I}} = R + j\,(X_L - X_C) = |Z|\,\underline{/\varphi} = \frac{U\,\underline{/\psi_u}}{I\,\underline{/\psi_i}} = \frac{U}{I}\,\underline{/\varphi} \tag{3-56}$$

由此可知得以下结论：

（1）有效值关系．$\dfrac{U}{I} = \sqrt{R^2 + (X_L - X_C)^2} = |Z|$．

（2）相位关系．由于电路的电压与电流的相位差为 $\varphi = \psi_u - \psi_i = \arctan \dfrac{X_L - X_C}{R}$，因此电压超前电流还是电流超前电压，与电路的参数有关．

电路性质的讨论如下：

由式（3-54）可以看出，电路中总的电抗 $X = X_L - X_C$，说明串联电路中的电感和电容的作用是互相抵消的，因为在同一瞬间，如果电感元件将电能转换为磁场能，吸收功率，那么电容元件就将电场能转换为电能，发出功率．因此，对于电路来说具体转换多少能量是电感元件和电容元件转换能量的差值.

① 当 $X_L > X_C$ 时, $0 < \varphi < 90°$, 则电压超前电流 φ 角, 电路呈电感性, 相量图如图 3-33 (a) 所示. 实际上, 电路中电感的作用比电容的作用大, 前者把后者抵消掉, 还剩有部分电感的作用, 此时, 电路可以等效为 RL 串联电路.

② 当 $X_L < X_C$ 时, $-90° < \varphi < 0$, 则电压滞后电流 φ 角, 电路呈电容性, 相量图如图 3-33 (b) 所示. 实际上电路中电容的作用比电感的作用大, 前者把后者抵消掉, 还剩有部分电容的作用, 此时, 电路可以等效为 RC 串联电路.

③ 当 $X_L = X_C$, $\varphi = 0$ 时, 则电压与电流同相位, 电路呈电阻性, 相量图如图 3-33 (c) 所示. 实际上电路中电感的作用和电容的作用一样大, 两者互相抵消掉, 最后只剩下电阻的作用, 此时, 电路呈纯电阻性, 但与单一参数电阻电路不一样的是电路发生谐振.

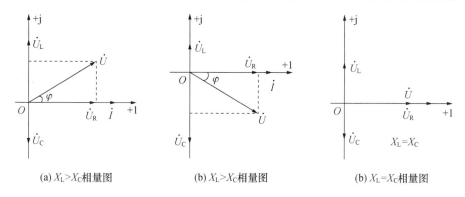

(a) $X_L > X_C$ 相量图　　　　(b) $X_L > X_C$ 相量图　　　　(b) $X_L = X_C$ 相量图

图 3-33　RLC 串联电路的相量图

【例 3-20】　RLC 串联电路如图 3-34 (a) 所示, 已知 $u = 220\sqrt{2}\sin(314t + 30°)$ V, $R = 80\,\Omega$, $X_L = 100\,\Omega$, $X_C = 40\,\Omega$, 求: Z、φ、i.

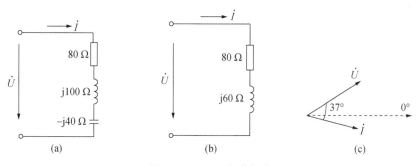

图 3-34　RLC 串联电路

解: 图 3-34 (a) 等效为图 3-34 (b) RL 串联电路分析.

$$Z = R + jX = [80 + j(100-40)]\,\Omega = (80 + j60)\,\Omega = \left(\sqrt{80^2 + 60^2}\Big/\arctan\frac{60}{80}\right)\Omega$$

$$= 100\,\underline{/37°}\ \Omega$$

$\varphi = 37°$, 说明电压超前电流 $37°$.

因为
$$\dot{U} = 220\,\underline{/30°}\ \text{V}$$

所以
$$\dot{I} = \frac{\dot{U}}{Z} = \frac{220\ \underline{/30°}}{100\ \underline{/37°}} = 2.2\ \underline{/-7°}\ \text{A}$$

则
$$i = 2.2\sqrt{2}\sin\ (314t - 7°)\ \text{A}$$

电路的相量图如图 3-34（c）所示.

（三）功率

1）瞬时功率 p

把电路中电压的瞬时值与电流的瞬时值的乘积称为瞬时功率，即
$$p = ui = p_R + p_L + p_C$$

2）有功功率（平均功率）P

有功功率是电路所消耗的功率. 在 RLC 串联电路中，只有电阻消耗功率. 因此，电路的有功功率为
$$P = P_R = U_R I = I^2 R \tag{3-57}$$

根据电压三角形 $U_R = U\cos\varphi$，可知
$$P = UI\cos\varphi \tag{3-58}$$
其中，$\cos\varphi$ 称为功率因数，φ 又称为功率因数角.

3）无功功率 Q

电感元件和电容元件均为储能元件，与电源进行能量交换，其交换的无功功率为
$$Q = Q_L + Q_C = (U_L - U_C)\ I = UI\sin\varphi \tag{3-59}$$

在 RLC 串联电路中，因为电流 I 相同，U_L 与 U_C 反相，因此，当电感储存能量时，电容必定在释放能量；反之亦然. 说明电感与电容的无功功率具有互相补偿的作用，而电源只与电路交换补偿后的差额部分.

式（3-58）和式（3-59）是计算正弦交流电路中有功功率（平均功率）和无功功率的一般公式.

4）视在功率 S

视在功率表示电源提供总功率（包括 P 和 Q）的能力，即电源的容量. 在交流电路中，总电压与总电流有效值的乘积定义为视在功率，用字母 S 表示，单位为 V·A（伏·安）或 kV·A（千伏·安）.

由于平均功率 P、无功功率 Q 和视在功率 S 三者所代表的意义不同，为区别起见，各采用不同的单位. 这三个功率之间有一定的关系，即
$$S = UI = \sqrt{P^2 + Q^2} \tag{3-60}$$

注意 一般电器设备或电源的容量指的是视在功率. 另外，在交流电路中，电路的视在功率不等于各部分的视在功率之和.

【例 3-21】 RLC 串联电路如图 3-32 所示，已知 $i = 10\sqrt{2}\sin 314t$ A，$R = 4\ \Omega$，$X_L = 10\ \Omega$，$X_C = 13\ \Omega$，求：$\dot{U}$、$\dot{U}_R$、$\dot{U}_L$、$\dot{U}_C$、P、Q、S.

解： $Z = 4\ \Omega + \text{j}\ (10\ \Omega - 13\ \Omega)\ = 5\ \underline{/-37°}\ \Omega$

$$\dot{U} = \dot{I}Z = (10\ \underline{/0°})\ \text{A} \times (5\ \underline{/-37°})\ \Omega = 50\ \underline{/-37°}\ \text{V}$$

$$\dot{U}_R = \dot{I}R = (10\ \underline{/0°})\ \text{A}\ \times 4\ \Omega = 40\ \underline{/0°}\ \text{V}$$

$$\dot{U}_{L} = j\dot{I}X_{L} = \left(10 \underline{/0°}\right) A \times \left(10 \underline{/90°}\right) \Omega = 100 \underline{/90°} \ V$$

$$\dot{U}_{C} = -j\dot{I}X_{C} = \left(10 \underline{/0°}\right) A \times \left(13 \underline{/-90°}\right) \Omega = 130 \underline{/-90°} \ V$$

$$P = UI\cos\varphi = 50 \ V \times 10 \ A \times \cos\left(-37°\right) = 400 \ W$$

$$Q = UI\sin\varphi = 50 \ V \times 10 \ A \times \sin\left(-37°\right) = -300 \ var$$

$$S = UI = 500 \ V \cdot A$$

电路的相量图如图 3-35 所示.

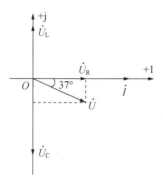

图 3-35　例 3-21 相量图

本电路可以等效为 RC 串联电路.

【例 3-22】　电路如图 3-36 所示,已知 $\dot{U} = 200 \underline{/0°} \ V$,$i = 5\sqrt{2}\sin\left(\omega t + 53°\right) \ A$,求:$Z$、$\varphi$,说明电路的性质并画出等效电路.

解:

$$Z = \frac{\dot{U}}{\dot{I}} = \left(\frac{200 \underline{/0°}}{5 \underline{/53°}}\right)\frac{V}{A} = \left(40 \underline{/-53°}\right) \Omega = 40\left[\cos\left(-53°\right) + j\sin\left(-53°\right)\right] \Omega$$

$$= \left(24 - j32\right) \Omega = 40 \underline{/-53°} \ \Omega$$

$\varphi = -53°$,说明电路呈电容性.

根据上述结果可知,此电路中,$R = 24 \Omega$,$X_{C} = 32 \Omega$. 因此,其等效电路为 RC 串联电路,等效电路图如图 3-37 所示.

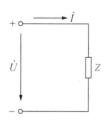

图 3-36　例 3-22 电路图

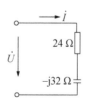

图 3-37　例 3-22 等效电路图

正弦交流电路电流与电压的关系及功率关系,如表 3-4 所示.

表 3-4　正弦交流电路电流与电压的关系及功率关系

电路	R	L	C	RL 串联	RC 串联	RLC 串联
电流与电压的关系 — 瞬时值	$u = iR$	$u = L\dfrac{\mathrm{d}i}{\mathrm{d}t}$	$i = C\dfrac{\mathrm{d}u}{\mathrm{d}t}$	$u = iR + L\dfrac{\mathrm{d}i}{\mathrm{d}t}$	$u = iR + \dfrac{1}{C}\int i\,\mathrm{d}t$	$u = iR + L\dfrac{\mathrm{d}i}{\mathrm{d}t} + \dfrac{1}{C}\int i\,\mathrm{d}t$
有效值	$\dfrac{U}{I} = R$	$\dfrac{U}{I} = X_{\mathrm{L}} = \omega L$	$\dfrac{U}{I} = X_{\mathrm{C}} = \dfrac{1}{\omega C}$	$\dfrac{U}{I} = \lvert Z\rvert = \sqrt{R^2 + X_{\mathrm{L}}^2}$	$\dfrac{U}{I} = \lvert Z\rvert = \sqrt{R^2 + (-x_{\mathrm{C}})^2}$	$\dfrac{U}{I} = \lvert Z\rvert = \sqrt{R^2 + (X_{\mathrm{L}} - X_{\mathrm{C}})^2}$
相位关系	$\varphi = 0°$ 同相	$\varphi = 90°$ 电压超前电流 90°	$\varphi = -90°$ 电流超前电压 90°	$\varphi = \arctan\dfrac{X_{\mathrm{L}}}{R}$ 电压超前电流 φ 角，$0 \le \varphi \le 90°$	$\varphi = -\arctan\dfrac{X_{\mathrm{C}}}{R}$ 电流超前电压 φ 角，$0 \ge \varphi \ge -90°$	$\varphi = \arctan\dfrac{X_{\mathrm{L}} - X_{\mathrm{C}}}{R}$ ① 当 $X_{\mathrm{L}} > X_{\mathrm{C}}$ 时，电压超前电流 φ 角（$0 < \varphi < 90°$），电路呈现感性电路，似 RL 串联电路 ② 当 $X_{\mathrm{L}} < X_{\mathrm{C}}$ 时，电流超前电压 φ 角（$0 > \varphi > 90°$），电路呈现容性电路，似 RC 串联电路 ③ 当 $X_{\mathrm{L}} = X_{\mathrm{C}}$ 时，$\varphi = 0$ 电压与电流同相，电路呈现阻性电路，此时电路发生谐振

续表

电路	R	L	C	RL 串联	RC 串联	RLC 串联
相量图	$\dot{U}$、$\dot{I}$ 同相	$\dot{U}$ 超前 $\dot{I}$	$\dot{I}$ 超前 $\dot{U}$	$\dot{U}$ 超前 $\dot{I}$，φ	$\dot{I}$ 超前 $\dot{U}$，φ	$X_L>X_C$；$X_C>X_L$；$X_L=X_C$
电流与电压的关系 — 相量式	$\dfrac{\dot{U}}{\dot{I}} = R$	$\dfrac{\dot{U}}{\dot{I}} = jX_L = X_L\angle 90°$	$\dfrac{\dot{U}}{\dot{I}} = -jX_C = X_C\angle -90°$	$\dfrac{\dot{U}}{\dot{I}} = R + jX_L$ $= (\sqrt{R^2 + X_L^2})\angle\varphi$ $\varphi = \arctan\dfrac{X_L}{R}$	$\dfrac{\dot{U}}{\dot{I}} = R - jX_C$ $= (\sqrt{R^2 + (-X_C)^2})\angle\varphi$ $\varphi = -\arctan\dfrac{X_C}{R}$	$\dfrac{\dot{U}}{\dot{I}} = R + j(X_L - X_C)$ $= (\sqrt{R^2 + (X_L - X_C)^2})\angle\varphi$ $\varphi = \arctan\dfrac{X_L - X_C}{R}$
功率关系 — 有功功率（W）	$P = UI$	0	0	$P = UI\cos\varphi$	$P = UI\cos\varphi$	$P = UI\cos\varphi$
功率关系 — 无功功率（var）	0	$Q = UI$ $= I^2 X_L$	$Q = UI$ $= I^2 X_C$	$Q = UI\sin\varphi$ $= I^2 X_L$	$Q = UI\sin\varphi$ $= -I^2 X_C$	$Q = UI\sin\varphi$ $= I^2(X_L - X_C)$

技能训练　RLC 串联交流电路仿真测试

（一）训练目的

（1）分别测量 RL、RC、RLC 串联交流电路的电压和电流.
（2）用示波器观察各元件的电压与电流的波形，测量电压与电流的相位关系.

（二）训练要求

（1）正确使用仪器、仪表.
（2）加深理解 RL、RC、RLC 串联交流电路的电压和电流数值关系和相位关系.
（3）撰写安装与测试报告.

（三）测试设备

（1）电工电路综合实训台 1 套.
（2）示波器 1 台.
（3）函数信号发生器 1 台.
（4）晶体管毫伏表 1 只.

（四）测试电路

测试电路如图 3-38 与图 3-39 所示.

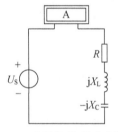

图 3-38　有效值关系测试电路

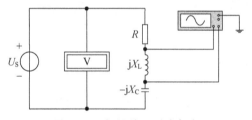

图 3-39　相位关系测试电路

（五）测试内容

1）电流和电压的关系

搭接如图 3-38 所示的电路，按表 3-5 中给定的参数，测量电流 I，并将所得的数据填入表 3-5 中.

表 3-5　RLC 串联电路电压和电流大小关系测试

次　　数	U_S $(f = 50\ \text{Hz})$	R，L，C	I
1	220 V	$R = 1\ \text{k}\Omega$	
2	110 V	$L = 1\ \text{mH}$ $C = 1\ \mu\text{F}$	
3	220 V	$R = 4\ \text{k}\Omega$	
4	110 V	$L = 10\ \text{mH}$ $C = 10\ \mu\text{F}$	

2）用示波器测试电压和电流的相位关系

如图 3-39 所示. 需要说明的是，电流的波形是不能观测的，因此要转换为电压来观测. 由于电阻元件的电压的电流是同相位的，因此可以通过电阻电压的波形和电源电压的波形关系来比较电流和电压之间的相位关系.

电源的电压为 $u_S = 220\sqrt{2}\sin\omega t$ V，通过仿真，熟悉 EWB 软件中示波器的使用，画出观测的波形，说明电源电压和电流间的相位关系.

连接 RLC 串联电路，正弦信号发生器的幅值为 4 V、频率从 50 Hz 逐渐增至 1 kHz，在示波器上观察电压、电流波形，读出 m、n 值，将数据填入表 3-6 中，并计算电压、电流的相位差，即 RLC 串联电路的阻抗角. CH_1 通道接被测元件的电压探头，采样被测两端电压信号；CH_2 通道接电阻 R_1 的电压探头，实际采样被测元件的电流信号. 用双踪示波器观察两电压波形，在示波器上读出 m 和 n 值，填入表 3-6 中，计算出相位差.

表 3-6 RLC 串联电路的阻抗相频特性

频率 f/Hz	50	100	200	500	1 000
n/格					
m/格					
φ/（°）					

 想一想 练一练

1. 基尔霍夫定律的相量形式是 $\sum \dot{i} = 0$，$\sum \dot{U} = 0$，为什么不是 $\sum I = 0$，$\sum U = 0$？

2. 复阻抗 Z 与相量有何区别？它与阻抗 $|Z|$ 的关系又是什么？

3. 在如图 3-40 所示的电路中，电流表和电压表的读数各为多少？

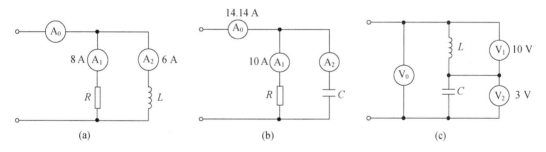

图 3-40 第 3 题电路图

4. 在 RLC 串联电路中，L 或 C 的电压一定比总电压小吗？

5. 在 RLC 串联电路中，已知 $R = 10\ \Omega$，$L = 0.1$ H，$C = 100\ \mu F$，在电源频率分别为 100 Hz 和 1 kHz 时，电路各是什么性质？

6. 对于一个无源二端网络，其电压和电流处于关联方向，求解下列问题.

（1）$\dot{U} = (6\sqrt{3} + j6)$ V，$\dot{I} = (0.8 - j0.6)$ A，求 Z，并画出等效电路.

（2）$u = 220\sqrt{2}\sin(\omega t + 30°)$ V，$Z = (4 - j3)\ \Omega$，求 i.

7. 说明无功功率和有功功率的物理意义.

8. RLC 串联电路，总的无功功率 $Q = Q_L - Q_C$，为什么不是 $Q = Q_L + Q_C$？

9. 某二端网络在 u 和 i 的关联方向下，$u = 15\sin\omega t$ V，$i = 3\sin\left(\omega t + 30°\right)$ A，求该网络的有功功率和无功功率各是多少，并说明电路的性质.

10. 某无源二端网络阻抗 $Z = 10\ \underline{/30°}\ \Omega$，外加电压 $\dot{U} = 100\ \underline{/-30°}$ V，求该网络的有功功率和无功功率.

任务四　谐振电路的测试

在具有电感和电容元件的电路中，电路两端的电压与其中的电流一般是不同相的. 如果调节电路的参数或电源的频率而使它们同相，这时电路中就发生谐振现象. 谐振现象可分为串联谐振和并联谐振.

 知识链接一　串联谐振

（一）串联谐振条件

在电阻、电感与电容串联的交流电路中（图 3-32），当

$$X_{\mathrm{L}} = X_{\mathrm{C}} \quad 或 \quad 2\pi fL = \frac{1}{2\pi fC} \tag{3-61}$$

有

$$\varphi = \arctan\frac{X_{\mathrm{L}} - X_{\mathrm{C}}}{R} = 0$$

即电源电压 u 与电路中的电流 i 同相，这时电路中发生串联谐振现象. 式（3-61）是发生串联谐振的条件，并由此得出谐振频率.

$$f = f_0 = \frac{1}{2\pi\ \sqrt{LC}} \tag{3-62}$$

（二）串联谐振特征

当电源频率 f 与电路参数 L 和 C 之间满足式（3-62）的关系时，则发生谐振. 可见只要调节 L、C 或电源频率 f 都能使电路发生谐振.

（1）电路的阻抗模 $|Z| = \sqrt{R^2 + \left(X_{\mathrm{L}} - X_{\mathrm{C}}\right)^2} = R$，其值最小.

（2）在电源电压 U 不变的情况下，电路中的电流将在谐振时达到最大值，即

$$I = I_0 = \frac{U}{R}$$

在图 3-41 中分别画出了阻抗模和电流等随频率变化的曲线.

（3）由于电源电压与电流同相（$\varphi = 0$），因此电路对电源呈电阻性. 电源供给电路的能量全被电阻所消耗，电源与电路之间不发生能量的互换，能量的互换只发生在电感线圈与电容器之间.

（4）由于 $X_{\mathrm{L}} = X_{\mathrm{C}}$，于是 $U_{\mathrm{L}} = U_{\mathrm{C}}$，而 U_{L} 与 U_{C} 在相位上相反，互相抵消，对整个电路不起作用，因此电源电压 $\dot{U} = \dot{U}_{\mathrm{R}}$，如图 3-42 所示.

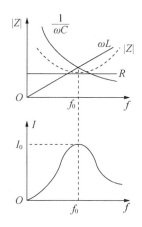

图 3-41 阻抗模与电流随频率变化的曲线

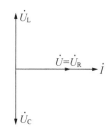

图 3-42 串联谐振时的相量图

但是，U_L 和 U_C 的单独作用不容忽视，因为

$$\begin{cases} U_L = X_L I = X_L \dfrac{U}{R} \\[2mm] U_C = X_C I = X_C \dfrac{U}{R} \end{cases} \tag{3-63}$$

当 $X_L = X_C > R$ 时，U_L 和 U_C 都高于电源电压 U. 如果电压过高时，可能会击穿线圈和电容器的绝缘，因此，在电力工程中一般应避免发生串联谐振. 但在无线电工程中则常利用串联谐振以获得较高电压，电容或电感元件上的电压常高于电源电压几十倍或几百倍.

因为当发生串联谐振时，U_L 或 U_C 可能超过电源电压许多倍，所以串联谐振也称为电压谐振.

U_L 或 U_C 与电源电压 U 的比值，通常用 Q 来表示

$$U_C = U_L = I_0 \cdot \omega_0 L = \frac{U}{R} \cdot \frac{1}{\sqrt{LC}} \cdot L = \frac{\sqrt{\frac{L}{C}}}{R} \cdot U = \frac{\rho}{R} U = QU \tag{3-64}$$

其中，$\rho = \omega_0 L = \dfrac{1}{\omega_0 C} = \sqrt{\dfrac{L}{C}}$，是谐振的感抗或容抗值，称为特性阻抗，它仅由 L、C 两个参数确定.

$Q = \dfrac{\rho}{R} = \dfrac{\sqrt{\dfrac{L}{C}}}{R}$，称为品质因数. 它的意义是表示谐振时电容或电感元件上的电压是电源电压的 Q 倍. 品质因数越高，电流在 f_0 附近变化就越大，谐振的选择性就越强，选频效果就越好，如图 3-43 所示.

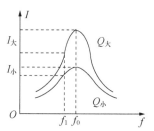

图 3-43 Q 与谐振曲线的关系

（三）串联谐振电路的应用

由于串联谐振时电容的端电压是总电压的 Q 倍，因此可以通过改变电容的大小，让电路的固有频率和信号源中的频率相同，就可以在不同频率的信号中选择出该频率的信号，根据这一原理收音机可以收听不同的电台信号. 改变电容的过程就是调谐的过程，如图 3-44（a）所示. 图 3-44（b）为其等效电路.

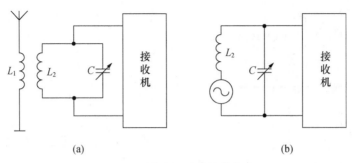

图 3-44　收音机调谐等效电路

L_1 和 L_2 是耦合线圈，L_1 通过接收天线接收电磁波耦合到 L_2 上，形成一个多频率的信号源．调节 C，当 L_2C 回路对某一频率信号发生谐振时，该频率信号在回路中的电流最大，在电容两端产生一个是信号电压 Q 倍的电压；而其他频率的信号没有发生谐振，形成的电流及电压均很小，从而被抑制掉．因此，可以通过调节电容 C 来改变电路的谐振频率，从而选择需要的电台信号．

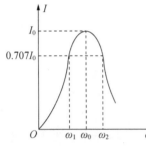

图 3-45　电流谐振曲线

图 3-45 说明串联电路谐振曲线．对于收音机，就不至于同时接收到两个电台信号，相互干扰．同时，对于收音机，电台发送的不仅有载波信号 f_0，还有声音信号 f_A，这样，信号频率就为 $f_0 + f_A$，因此要求在谐振频率附近的电流值不应比谐振时的电流下降太多．通常规定，电流下降到谐振电流的 0.707 倍时对应的上限频率 ω_2（或 f_2）和下限频率 ω_1（或 f_1）之间的频带宽度称为通频带．显然，收音机接收回路，不仅要有好的选择性，还要有一定的频带宽度．

【例 3-23】　RLC 串联电路，电路已处于谐振状态，已知 $U = 10\,\text{V}$，$L = 1\,\text{H}$，$C = 25\,\mu\text{F}$，$R = 10\,\Omega$，求：(1) 电路的谐振角频率 ω_0，(2) I，U_L，U_C，U_R 及品质因数 Q.

解：因为电路已处于谐振状态，总电流与总电压同相，所以复阻抗的虚部为 0，即 $X = 0$.

(1)
$$Z = R + j\omega L + \frac{1}{j\omega C} = R + j\left(\omega L - \frac{1}{\omega C}\right) = R + jX$$

$$\omega_0 L - \frac{1}{\omega_0 C} = 0, \quad \omega_0 = \frac{1}{\sqrt{LC}} = \frac{1}{\sqrt{25 \times 10^{-6}\,\text{C/V}}} = 2\,000\,\text{rad/s}$$

(2)
$$\dot{I} = \frac{\dot{U}}{Z} = \frac{10\,\underline{/0°}\,\text{V}}{10\,\Omega} = 1\,\underline{/0°}\,\text{A} \qquad\qquad I = 1\,\text{A}$$

$$\dot{U}_R = R\dot{I} = \dot{U} = 10\,\underline{/0°}\,\text{V} \qquad\qquad U_R = 10\,\text{V}$$

$$\dot{U}_L = j\omega L\dot{I} = j2\,000\,\text{V} \qquad\qquad U_L = 2\,000\,\text{V}$$

$$\dot{U}_C = -\dot{U}_L = -j2\,000\,\text{V} \qquad\qquad U_C = 2\,000\,\text{V}$$

$$Q = \frac{\rho}{R} = \frac{1}{R}\sqrt{\frac{L}{C}} = \frac{1}{10\,\Omega}\sqrt{\frac{1}{25 \times 10^{-6}\,\text{C/V}}} = \frac{2\,000}{10} = 200$$

知识链接二　并联谐振

在感性电路中，并联适当的电容可以提高电路的功率因数，一般不改变电路的性质. 但当电容容量过大时，电容的作用抵消掉原电路中的电感的作用，电路将呈容性. 而在电容容量变大的过程中一定会有一个时刻，即电容的作用与电感的作用刚好互相抵消，此时，该电路呈电阻性，电路发生谐振.

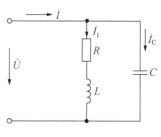

图 3-46　并联谐振电路

在实际工程应用中，电感线圈有一定的直流电阻，实际电感线圈与电容并联电路的模型是一个 R 和 L 串联再与 C 并联的电路，如图 3-46 所示. 当电路发生谐振时，我们称之为 LC 并联谐振电路.

（一）LC 并联谐振的条件

LC 并联谐振的条件是当 $\omega_0 L \gg R$ 时，电源频率 ω 与电路固有频率 ω_0 相等（实际是近似相等），即

$$\omega_0 C \approx \frac{1}{\omega_0 L} \tag{3-65}$$

则

$$\omega_0 \approx \frac{1}{\sqrt{LC}} \quad 或 \quad f = f_0 \approx \frac{1}{2\pi\sqrt{LC}} \tag{3-66}$$

（二）并联谐振的特征

（1）由式（3-65）可知，谐振时电路的阻抗模最大，即

$$|Z_0| = \frac{1}{\dfrac{RC}{L}} = \frac{L}{RC} \tag{3-67}$$

（2）在电源电压 U 一定的情况下，电路中的电流 I 将在谐振时达到最小值，即

$$I = I_0 = \frac{U}{\dfrac{L}{RC}} = \frac{U}{|Z_0|} \tag{3-68}$$

（3）由于电源电压与电流同相（ $\varphi = 0$ ），因此电路对电源呈电阻性. 谐振时电路的阻抗模 $|Z_0|$ 相当于一个电阻.

（4）谐振时并联支路的电流近似相等，却比总电流大许多倍，因此，并联谐振也称为电流谐振. 此时

$$I_C = \frac{U}{X_C} = \frac{I_0 Z_0}{\dfrac{1}{\omega_0 C}} = I_0 \times \frac{L}{RC} \times \omega_0 C = \frac{\omega_0 L}{R} I_0 = Q I_0$$

（5）当并联电路改由恒流源 I_2 供电，且电源为某一频率时，电路发生谐振，此时，电路阻抗模最大，在电路两端产生的电压也是最大；当电源为其他频率时电路不发生谐振，阻抗模最小，电路两端的电压也最小，这样就起到了选频的作用. 电路的品质因数 Q 值越大，在 L 和 C 值不变时，R 值就越小，谐振时电路的阻抗模 $|Z_0|$ 也就越大，阻抗谐振

曲线也就越尖锐，选择性也就越强.

 知识链接三　并联谐振在调谐放大器中的应用

在无线电广播的发射和接收设备中，要求放大器具有选频放大能力，也就是说放大器能从含有多种频率的信号群中，选出某个频率信号加以放大，而对其他频率信号不予放大. 在实际应用中，都是用 LC 并联谐振电路来实现的，这种具有选频放大性能的放大器称为调谐放大器，其原理图如图 3-47 所示.

LC 并联电路的阻抗频率特性如图 3-48 所示. 在谐振时，阻抗最大，且呈现电阻性，此时，谐振频率信号在 LC 并联电路上呈现的电压也最大.

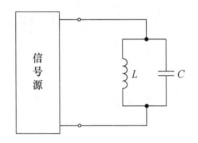

图 3-47　LC 并联选频电路

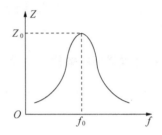

图 3-48　LC 并联电路频率特性

【例 3-24】　电路如图 3-46 所示，一线圈接在电源电压 $U = 25\,V$，$f = 1\,500\,Hz$ 的电源上，其感抗 $X_L = 8\,\Omega$，线圈电阻 $R = 2\,\Omega$. 现将一电容与线圈并联，使电路发生谐振，求并联电容 C.

解：设电源电压 $\dot U = 25\underline{/0°}\,V$，通过线圈的电流

$$\dot I_1 = \frac{\dot U}{R + jX_L} = \frac{(25\underline{/0°})V}{2\,\Omega + j8} = \frac{(25\underline{/0°})V}{(8.21\underline{/76°})\Omega} = 3.03\underline{/-76°}\,A$$

并联电容后，欲使电路发生谐振，电容的电流 I_C 应与 $\dot I_1$ 的垂直分量有效值相等，即

$$I_C = I_1\sin76 = 3.03\,A \times \sin76 = 2.94\,A$$

于是

$$X_C = \frac{U}{I_C} = \frac{25\,V}{2.94\,A} = 8.5\,\Omega$$

电容 C 为

$$C = \frac{1}{2\pi fX_C} = \frac{1}{2\pi \times 1\,500\,s^{-1} \times 8.5\,\Omega} = 12.5 \times 10^{-6}\,\frac{C}{V} = 12.5\,\mu F$$

 技能训练　RLC 串联电路谐振特性的测试

（一）训练目的

（1）理解电路发生谐振的条件、特点，掌握电路品质因数的物理意义及其测定方法.

（2）掌握寻找谐振点的方法.

（二）训练要求

（1）正确搭接谐振特性的测试电路.

（2）根据给定的电路，正确使用仪器和仪表，测出数据.

（3）撰写安装与测试报告.

（三）测试设备

（1）电工电路综合实训台 1 套.

（2）示波器 1 台.

（3）函数信号发生器 1 台.

（4）晶体管毫伏表 1 只.

（四）测试电路

测试电路如图 3-49 所示.

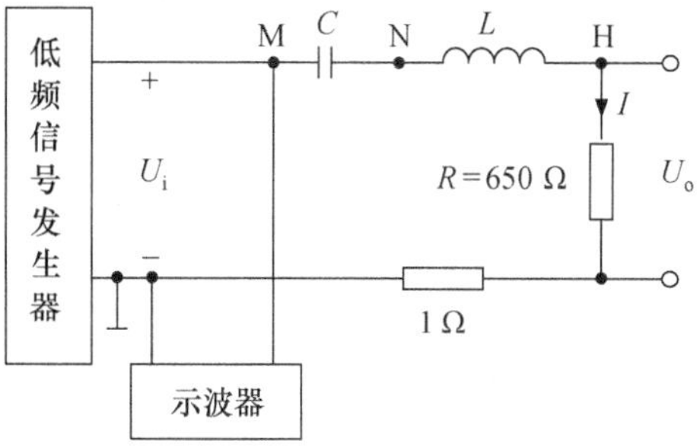

图 3-49　频率特性测试电路

（五）测试内容

（1）按图 3-49 组成测试电路，用交流毫伏表测取样电流（1 Ω 电阻的电压），用示波器监视信号源输出，令其输出电压 $U_i \leqslant 5\,\text{V}$，并保持不变.

（2）找出电路的谐振频率 f_0. 在已搭接好的电路上，按表 3-7 中给定的参数下，测量电流 I，并将所得数据填入表 3-7 中. 其方法是，将晶体毫伏表接在 R 的两端，在维持信号源的输出幅度不变的情况下，使信号源的频率由小逐渐变大，当电流 I 的读数为最大时，读得频率表上的频率值，即为电路的谐振频率 f_0. 然后，测量 U_L 和 U_C 的数值.

需要注意的是，在测量 U_L 和 U_C 的数值前，应将毫伏表的量程置于比测量输入电压高 10 倍的量程位置，并且毫伏表的"＋"端接在 N 点处，接地端要分别触及到 M 点和 H 点上.

（3）在谐振点两侧，按频率递增或递减 500 Hz，依次各取 8 个测量点，逐点测量出 U_o、U_L、U_C 数值，数据填入表 3-7 中.

表 3-7　确定谐振点测量数据

$R = 650\,\Omega$								
f/kHz								
U_o/V								
U_L/V								
U_C/V								
$R = 500\,\Omega$								
f/kHz								
U_o/V								
U_L/V								
U_C/V								

（六）测试结论

（1）$U_i = 5\,\text{V}$，$R = 650\,\Omega$，$f_0 = $ _____，$Q = $ _____，$\Delta f = f_2 - f_1 = $ _____.

（2）$U_i = 5\ \text{V}$，$R = 500\ \Omega$，$f_0 =$ _____，$Q =$ _____，$\Delta f = f_2 - f_1 =$ _____.

（3）说明电阻 R 的不同对品质因数的影响.

 想一想　练一练

1. 在 RLC 串联电路中，电路已达谐振状态，问：

（1）当增大或减小 R 值时，电路是否会偏离谐振状态？为什么？

（2）若在电容 C 两端并联一个电阻 R'，电路是否会偏离谐振状态？为什么？这时电路呈感性还是容性？

2. 什么是串联谐振？其特性阻抗和品质因数是什么？品质因数对谐振曲线有什么影响？

3. RLC 串联电路接到电压 $U = 50\ \text{V}$、$\omega = 10^4\ \text{rad/s}$ 的电源上，调节电容 C，使电路中电流达到最大值 100 mA，这时电感电压为 300 V，求 R、L、C 的值及电路的品质因数 Q.

任务五　照明电路的安装及测试

知识链接一　照明电路工作原理

照明电路是日常生活工作中应用最广泛的电路之一. 日光灯电路是照明电路的一种. 通过对日光灯电路的学习，掌握日光灯电路的工作原理及安装，学会使用功率表、电度表对电路进行测试.

（一）日光灯电路的组成

日光灯主要由灯管、镇流器和启辉器组成，如图 3-50（a）所示.

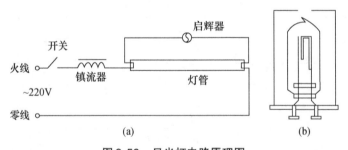

图 3-50　日光灯电路原理图

1）灯管

灯管的作用是将电能转化为光能. 在灯管内壁上涂有荧光粉，灯管两端各有一根灯丝，相当于电阻. 管内充有一定量的氩气和少量水银，氩气有帮助灯管点燃并保护灯丝，延长灯管使用寿命的作用.

2）镇流器

镇流器是具有铁芯的电感线圈，相当于电感. 它有两个作用：在启动时与启辉器配合，产生瞬时高压点燃灯管；在工作时利用串联于电路中的高电抗限制灯管电流，延长灯管使用寿命.

3）启辉器

启辉器又称为启动器，俗称跳泡. 由氖气、纸介电容、引线脚和铝质或塑料外壳组成. 氖泡内有一个固定的静止触片和一个双金属片制成的倒 U 形触片. 双金属片由两种膨胀系数差别很大的金属薄片黏合而成，动触片与静触片平时分开，其结构如图 3-50（b）所示. 纸介电容的作用有两个：一是与镇流器线圈组成 LC 振荡回路，能延长灯丝预热时间和维持脉冲放电电压；二是能吸收干扰电子设备的杂波信号. 如果电容被击穿，去掉氖泡后仍可使灯管正常发光，但失去吸收干扰杂波的性能.

（二）日光灯的工作原理

日光灯的工作过程分为启辉与正常工作两个方面.

1）启辉过程

合上开关瞬间，启辉器动、静触片处于断开位置，镇流器处于空载，电源电压几乎全部加在启辉器氖泡动、静触片之间，使其发生辉光放电而逐渐发热. U 形双金属片受热后，由于两种金属膨胀系数不同发生膨胀伸展而与静触片接触，将电路接通，构成日光灯启辉状态的电流回路；电流流过镇流器和两端灯丝，灯丝被加热而发射电子，启辉器动、静触片接触后，辉光放电消失，触片温度下降而恢复断开位置，将启辉器电路分断；此时镇流器线圈中由于电流突然中断，在电感作用下产生较高的自感电动势，出现瞬时脉冲高压，它和电源电压叠加后加在灯管两端，导致管内惰性气体电离发生弧光放电，使管内温度升高，液态水银气化游离；游离的水银分子剧烈运动撞击惰性气体分子的机会急剧增加，引起水银蒸气弧光放电，辐射出紫外线；紫外线激发管壁上的荧光粉而发出日光色的可见光.

2）正常工作过程

灯管启辉后，管内电阻下降，日光灯管回路电流增加，镇流器两端电压降跟着增大（有的要大于电源电压的 1.5 倍以上），加在氖泡两端电压大为降低；此时，不足以引起辉光放电，启辉器保持断开状态而不起作用，电流由管内气体导电而形成回路，灯管进入工作状态.

知识链接二　照明电路的功率测试

在日光灯电路中，除了灯丝电阻消耗电路外，还有着镇流器，其电感量较大，电感与电源不断地交换能量，占用了电源的很多能量，不能使电源提供的能量得到有效利用. 在这种情况下，电路的功率因数 $\cos\varphi$ 很低，这样不利于电源能量的充分利用.

（一）提高功率因数的意义

在整个电力供电系统中，感性负载占的比重相当大，如广泛使用的日光灯、电动机、电焊机、电磁铁、接触器等都是感性负载，感性负载消耗的有功功率 $P = UI\cos\varphi$ 与电路的功率因数 $\cos\varphi$ 成正比. 一般负载的功率因数较低，如生产中广泛应用的异步电动机，其空载运行时 $\cos\varphi$ 为 0.2～0.3，满载时也只为 0.7～0.9. 日光灯的 $\cos\varphi$ 为 0.5，交流电焊机只有 0.3～0.4，工频电炉只有 0.2，交流电磁铁甚至低到 0.1.

1）提高电源设备的利用率

当电源容量 $S = UI$ 一定时，功率因数 $\cos\varphi$ 越高，其输出的功率 $P = UI\cos\varphi$ 越大. 因

此，为了充分利用电源设备的容量，应该设法提高负载网络的功率因数.

2）降低线路损耗，提高供电质量，节约用铜

在 $P = UI\cos\varphi$ 中，当 $\varphi = 0$ 时，$\cos\varphi = 1$，$P = 0$，电路为纯电阻负载；其他负载时，$\cos\varphi$ 介于 0 和 1 之间，负载与电源之间存在能量互换，电源没有得到充分利用，其互换的能量 $Q = UI\sin\varphi$.

当负载的有功功率 P 和电压 U 一定时，$\cos\varphi$ 越大，输电线上的电流越小，线路上能耗就越少. 线路损耗减少，可以使负载电压与电源电压更接近，电压调整率更高. 此外，在线路损耗一定时，提高功率因数可以使输电线上的电流减小，从而可以减小导线的截面，节约铜材.

（二）提高功率因数的方法

功率因数低的根本原因主要是由于大量感性负载的存在，工厂中广泛使用的三相异步电动机就相当于感性负载. 可以从两个方面提高功率因数：一方面是改进用电设备的功率因数，但这主要涉及更换或改进设备；另一方面是在感性负载的两端并联适当大小的电容器，又称为无功补偿.

并联电容器前后，电路所消耗的有功功率不变. 因为电容不消耗电能，用电容性无功功率去补偿电感性无功功率，并未改变负载本身的功率因数，而是提高了整个电路的功率因数，原理如图 3-51 所示.

需要说明的是，并联电容后，负载的工作不受任何影响，即负载的电压、电流、有功功率、无功功率、功率因数都不会发生变化，只是由于并联了电容，补偿了电感的无功功率，使整个电路无功功率降低，整个电路的功率因数提高了.

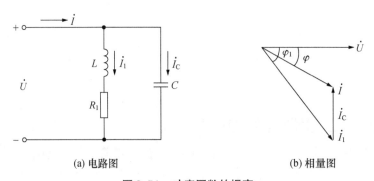

(a) 电路图　　　　　　　　　　　(b) 相量图

图 3-51　功率因数的提高

设原负载为感性负载，其功率因数为 $\cos\varphi_1$，电流为 I_1，在其两端并联电容器 C，并联电容以后，并不影响原负载的工作状态. 从图 3-51（b）可知由于电容电流补偿了负载中的无功电流，使得总电流减小，电路的总功率因数提高了.

并联电容器以后，电感性负载的电流 $I_1 = \dfrac{U}{\sqrt{R^2 + X_L^2}}$ 和功率因数 $\cos\varphi_1 = \dfrac{R}{\sqrt{R^2 + X_L^2}}$ 均未变化，这是因为所加电压和负载参数没有改变. 但电压 u 和线路电流 i 之间的相位差 $\varphi < \varphi_1$，即 $\cos\varphi > \cos\varphi_1$. 提高功率因数，是指提高电源或电网的功率因数，而不是指提高某个电感性负载的功率因数.

在电感性负载上并联了电容器以后，减少了电源与负载之间的能量互换，这时电感性

负载所需的无功功率, 大部分或全部由电容器供给, 也就是说能量的互换现在主要或完全发生在电感性负载与电容器之间, 因而使发电机容量能得到充分利用.

其次, 由图 3-51 (b) 可见, 并联电容器以后, 线路电流也减少了 (电流相量相加), 因而减小了功率损耗.

【例 3-25】 有一电感性负载, 其功率 $P = 10 \text{ kW}$, 功率因数 $\cos\varphi_1 = 0.6$, 接在电压 $U = 220 \text{ V}$ 的电源上, 电源频率 $f = 50 \text{ Hz}$. 现需在负载两端并联电容以提高功率因数, 电路如图 3-51 所示. (1) 如果将功率因数提高到 $\cos\varphi = 0.95$, 试求与负载并联的电容器的电容值和电容器并联前后的线路电流; (2) 如果将功率因数从 0.95 再提高到 1, 试问并联电容器的电容值还需增加多少?

解: 计算并联电容器的电容值, 可从图 3-51 的相量图导出一个公式.

由图可得

$$I_C = I_1 \sin\varphi_1 - I \sin\varphi = \left(\frac{P}{U\cos\varphi_1}\right)\sin\varphi_1 - \left(\frac{P}{U\cos\varphi_1}\right)\sin\varphi = \frac{P}{U}(\tan\varphi_1 - \tan\varphi)$$

又因

$$I_C = \frac{U}{X_C} = U\omega C$$

所以

$$U\omega C = \frac{P}{U}(\tan\varphi_1 - \tan\varphi)$$

由此, 得

$$C = \frac{P}{\omega U^2}(\tan\varphi_1 - \tan\varphi) \tag{3-69}$$

(1)

$$\cos\varphi_1 = 0.6, \quad 即 \quad \varphi_1 = 53°$$

$$\cos\varphi = 0.95, \quad 即 \quad \varphi = 18°$$

因此所需电容值为

$$C = \frac{10 \times 10^3 \text{ W}}{2\pi \times 50 \text{ s}^{-1} \times (220 \text{ V})^2}(\tan 53° - \tan 18°) = 656 \ \mu\text{F}$$

电容器并联前的线路电流 (即负载电流) 为

$$I_1 = \frac{P}{U\cos\varphi_1} = \frac{10 \times 10^3 \text{ W}}{220 \text{ V} \times 0.6} = 75.6 \text{ A}$$

电容器并联后的线路电流为

$$I = \frac{P}{U\cos\varphi} = \frac{10 \times 10^3 \text{ W}}{220 \text{ V} \times 0.95} = 47.8 \text{ A}$$

(2) 如果将功率因数从 0.95 再提高到 1, 则需要增加的电容值为

$$C = \frac{10 \times 10^3 \text{ W}}{2\pi \times 50 \text{ s}^{-1} \times 220^2}(\tan 18° - \tan 0°) = 213.6 \ \mu\text{F}$$

可见在功率因数已经接近 1 时再继续提高, 则所需的电容量是很大的, 因此一般不必提高到 1.

(三) 功率表的使用方法

1) 功率表

电动系功率表是用来测量交流电路有功功率的电工仪表, 其定圈 (电流线圈) 串联接

入被测电路，而动圈（电压线圈）与附加电阻串联后并联接入被测电路，如图 3-52 所示（水平波浪线表示电流线圈，竖直波浪线表示电压线圈，有时候也用一个字母 W 来表示有功功率表）．在测量时，通过电流线圈的电流就是负载电流，电压支路的端电压就是负载电压．

2）功率表的使用方法

（1）根据负载的电压和电流，正确选择电压量限和电流量限．

（2）功率表正确接法必须遵循"发电机端"的接线原则，即标有"＊"的电流端必须接至电源一端，另一电流端则接至负载，电流线圈是串联接入电路中的；标有"＊"的电压端则可接至电流端的任意一端，另一端则跨接至负载的另一端，电压支路是并联接入电路的，如图 3-52 所示．

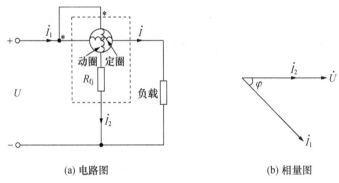

(a) 电路图　　　　(b) 相量图

图 3-52　电动系功率表

（3）功率表接法的选择．电压线圈的前接法和后接法如图 3-53 所示，和伏安法测电阻的安培表外接法和内接法相似．当负载电阻远大于电流线圈的电阻时，宜采用前接法；当负载电阻远小于电压支路的电阻时，宜采用后接法．

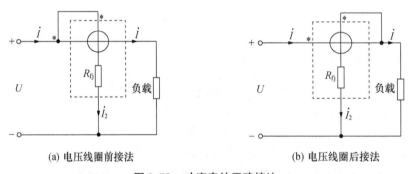

(a) 电压线圈前接法　　　　(b) 电压线圈后接法

图 3-53　功率表的正确接法

（4）功率表的正确读数．由于功率表一般都是多量限的，而且共用一条或几条标度尺，因此功率表上标度尺只标分格数，而不标瓦特数．一般功率表的说明书上会给出不同量限下每格所代表的瓦特数，即分格常数．因此，在测量时要读出偏转格数，再乘以分格常数，就得出被测功率数值．

知识链接三　家庭用电线路安装

随着家庭生活的电器化和智能化，家庭用电量也随之大幅度上升，人们对家庭用电的安全、适用、经济、可靠、维护、检修等各方面要求越来越高，因此优化分配电路负荷、合理设计室内用电线路也成为家庭装饰的重要内容.

（一）电度表的安装

单相电度表是用来测量负载在一段时间内消耗电能的测量仪表，其接线原理图如图 3-54 所示. 电度表有 4 个接线端钮. 电度表的接线原则是：火线一进二出，零线三进四出. 电度表的读数可从表面上开有小孔的数字读出，读数单位为"千瓦·小时"（常称"度"）.

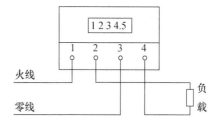

图 3-54　电度表的正确接法

电度表在装接时，应放正，并装在干燥处，高度为 1.8 ～ 2.1 m 处，便于抄表和检修. 装好后，打开电灯，电度表转盘应从左向右旋转.

（二）配电箱的安装

目前，配电装置分室外配电装置和室内配电装置，室外配电装置有电度表，由供电部位统一安装在室外，统一管理. 室内配电装置主要是漏电保护器和控制器. 用电器的保护和控制是分路控制的. 根据目前家居户型及家用电器的增长率综合分析，现代家庭住宅用电一般应分五路较为合适，如图 3-55 所示. 这五路电是：空调专用线路、厨房用电线路、卫生间用电线路、普通照明用电线路、普通插座用电线路.

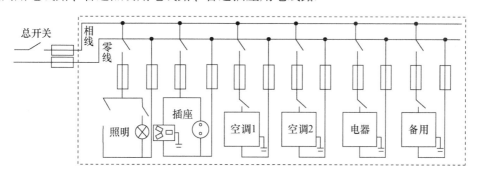

图 3-55　家庭住宅配电线路

配电箱就安装在干燥、通风部位，且无妨碍物，方便作用，并注意防火. 配电箱不易安装过高，一般安装在标准高度为 1.8 m，以便操作. 各回路进线必须有足够长度，不得有接头. 安装后就标明各回路负载电器的名称.

（三）照明灯具的安装

照明灯具有日光灯、高压汞灯、高压钠灯和金属卤化物灯等，在安装时应保证灯的额定电压与电源电压相同.

在低压照明电路中，要选择足够的导线截面，防止发热量过大而引起危险. 在存有大

量可燃粉尘的地方如印刷厂、喷涂车间，需采用防尘灯具，并安装防爆照明灯具.

（四）常用家用电器的容量

考虑到远期用电发展，每户的用电量应按最有可能同时使用的电器最大功率总和计算，所用家用电器的说明书上都标有最大功率，可以根据其标注的最大功率，计算出总用电量.

用户一定要按照电度表的容量来配置家用电器，如果电度表容量小于同时使用的家用电器最大使用容量，则必须更换电度表，并同时考虑入户导线的端面积是否符合容量的要求.

（五）插座的安装

插座的高度应结合当地的实际、人们的生活习惯及装修特点来确定.

单相二孔插座，在水平安装时，为左零右火，在垂直安装时，为上火下零；单相三孔扁插座，是左零右火上为地，不得将地线孔装在下方或横装. 插座的容量应与用电设备负荷相适应，每一个插座只允许接用一个电器.

技能训练　日光灯电路的安装与测试

（一）训练目的

（1）熟悉日光灯电路的安装及接线.
（2）掌握日光灯电路的电流、电压，以及有功功率和电能的测量方法.

（二）训练要求

（1）正确安装日光灯电路.
（2）正确使仪器、仪表，会用功率表测试电路的有功功率.
（3）撰写安装与测试报告.
（4）熟悉感性电路并联电容以提高功率因数的方法.

（三）测试设备

（1）日光灯（45 W）、镇流器、启辉器、电容.
（2）电压表（300 V，1 只），电流表（1 A，3 只），万用表 1 只，功率表 1 只，单相电度表 1 只.
（3）单相交流电源（220 W）.
（4）双刀开关和单刀开关各 1 只，导线若干.

（四）测试电路

测试电路如图 3-56 所示.

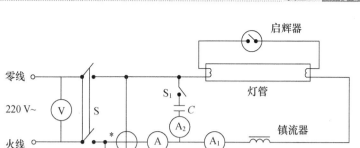

图 3-56　日光灯电路的测试电路

（五）测试步骤

（1）按日光灯电路的测量原理图，其中，用电压表测电源电压 U，3 个电流表分别测总电流 I、灯管支路电流 I_1 及电容支路的电流 I_2，功率表测电路消耗的有功功率 P. 用万用表先后测量灯管的电压 U_R 和镇流器的电压 U_L.

（2）断开 S_1，电路中无电容作用，日光灯开始启动. 正常发光后，分别测量各量值，并将测得的数据填入表 3-8 中，按表中的数据计算出视在功率 S 和功率因数 $\cos\varphi$.

（3）合上 S_1，在电路中并联电容，重复上述过程.

（4）根据测试结果分析接入电容后的功率因数如何变化.

（5）按图 3-56 连接电路，合上开关 S，接通电源，观察电度表铝盘转动情况，正确读出电能数.

表 3-8　日光灯电路测试结果

项　　目	I/A	I_1/A	I_2/A	U/V	U_R/V	U_L/V	P/W	$S/(V \cdot A)$	$\cos\varphi$
断开 S_1									
合上 S_1									

想一想　练一练

1. 查找资料，查询更多的提高功率因数的方法.

2. 用并联电容的方法提高感性负载的功率因数时，是否并联的电容越大越好？

3. 统计一下，常用家用电器的容量范围大致是多少？考虑到远期用电发展，算一下自己家里有可能同时使用的家用电器的最大功率是多少？算出用电总量.

4. 查找资料，查询家里用电导线如何选取.

任务六　正弦交流电路的分析和计算

（一）相量分析法

正弦交流电路一般采用相量分析计算，称为相量分析法，简称相量法.

相量法可归纳以下几点.

（1）交流电路中，所有电流、电压均用相量表示，并选定它们的参考方向，标注在电路图上.

（2）交流电路的电阻、电感、电容用复阻抗或复导纳表示.

（3）交流电路中的相量形式与直流电路中所用同一公式在形式上是完全相同的，也就是说，分析计算直流电路的各种定理和计算方法完全适用于线性正弦交流电路，同样可用支路电流法、节点电压法、叠加定理等.

（4）在分析正弦交流电路时，可以充分利用相量图来辅助分析计算，并能使思路清晰，还能验证计算结果是否正确.

下面的几个例题中，通过直流电路和正弦交流电路的对比分析，说明相量法是如何分析计算正弦交流电路的.

【例 3-26】 电路如图 3-57 所示，已知 $\dot{U}_{S1} = 220\,\underline{/30°}$ V，$\dot{U}_{S2} = 220\,\underline{/-60°}$ V，$Z_1 =$ j100 Ω，$Z_2 = -j40$ Ω，$Z_3 = 80$ Ω，试用支路电流法求各支路电流.

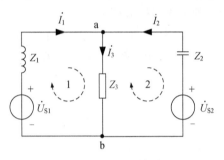

图 3-57　例 3-26 电路图

解： 本题的电路模型的结构与图 2-1 的电路模型的结构是一样的，所以本题中的相量形式所用公式与图 2-1 所用公式完全相同，不同的是，本例需将电流、电压用相量表示，其他元件用其复阻抗形式表示.

对 a 节点列电流方程，对回路 1 和回路 2 列电压方程.
得

$$\begin{cases} \dot{I}_3 = \dot{I}_1 + \dot{I}_2 \\ Z_1 \dot{I}_1 + Z_3 \dot{I}_3 - \dot{U}_{S1} = 0 \\ -Z_2 \dot{I}_2 - Z_3 \dot{I}_3 + \dot{U}_{S2} = 0 \end{cases}$$

将 $\dot{U}_{S1} = 220\,\underline{/30°}$ V，$\dot{U}_{S2} = 220\,\underline{/-60°}$ V，$Z_1 = $ j100 Ω，$Z_2 = -j40$ Ω，$Z_3 = 80$ Ω 代入方程组中.
得

$$\begin{cases} \dot{I}_3 = \dot{I}_1 + \dot{I}_2 \\ j100\dot{I}_1 + 80\dot{I}_3 - 220\,\underline{/30°} = 0 \\ j40\dot{I}_2 - 80\dot{I}_3 + 220\,\underline{/-60°} = 0 \end{cases}$$

计算，得

$$\dot{I}_1 = (3.15\,\underline{/6.6°})\ \text{A}$$

$$\dot{I}_2 = (3.2\,\underline{/-95°})\ \text{A}$$

$$\dot{I}_3 = (\dot{I}_1 + \dot{I}_2 = 4.02\,\underline{/-45.1°})\ \text{A}$$

【例 3-27】　电路如图 3-58 所示，已知 $\dot{U}_{S1} = 220 \underline{/0°}$ V，$\dot{U}_{S2} = 220 \underline{/60°}$ V，$\dot{U}_{S3} = 220$ $\underline{/30°}$ V，$\dot{U}_{S4} = 220 \underline{/45°}$ V，$X_{L1} = 100\ \Omega$，$X_{L2} = 60\ \Omega$，$X_C = 40\ \Omega$，$R_1 = 80\ \Omega$，$R_2 = 50\ \Omega$，试求 $\dot{U}_{AB}$ 和电流 $\dot{i}$.

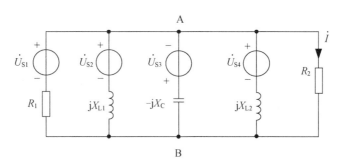

图 3-58　例 3-27 电路图

　　解：本题的电路模型的结构与例 2-2 的电路模型的结构是一样的，所以本题中的相量形式所用公式与例 2-2 所用公式完全相同，不同的是，本例需将电流、电压用相量表示，其他元件用其复阻抗形式表示.

　　设 A 点电位为 $\dot{U}_A$，应用节点电压法列 KCL 方程，得

$$\left(\frac{1}{R_1} + \frac{1}{jX_{L1}} + \frac{1}{-jX_C} + \frac{1}{jX_{L2}} + \frac{1}{R_2}\right)\dot{U}_A = \frac{\dot{U}_{S1}}{R_1} + \frac{\dot{U}_{S2}}{jX_{L1}} - \frac{\dot{U}_{S3}}{-jX_C} + \frac{\dot{U}_{S4}}{jX_{L2}}$$

则
$$\dot{U}_A = \frac{\dfrac{\dot{U}_{S1}}{R_1} + \dfrac{\dot{U}_{S2}}{jX_{L1}} - \dfrac{\dot{U}_{S3}}{-jX_C} + \dfrac{\dot{U}_{S4}}{jX_{L2}}}{\left(\dfrac{1}{R_1} + \dfrac{1}{jX_{L1}} + \dfrac{1}{-jX_C} + \dfrac{1}{jX_{L2}} + \dfrac{1}{R_2}\right)} = \left(44.15 \underline{/46.1°}\right) \text{V}$$

所以
$$\dot{U}_{AB} = \dot{U}_A = \left(44.15 \underline{/46.1°}\right) \text{V}$$

得
$$\dot{i} = \frac{\dot{U}_{AB}}{R_2} = \left(0.88 \underline{/-46.1°}\right) \text{A}$$

【例 3-28】　电路如图 3-59 所示，已知，$\dot{U}_{S1} = \left(220 \underline{/0°}\right)$ V，$\dot{i}_S = \left(10 \underline{/60°}\right)$ A，$Z_1 = (10 + j10)\ \Omega$，$Z_2 = 5\ \Omega$，$Z_3 = (5 - j5)\ \Omega$，试求电流 $\dot{i}$.

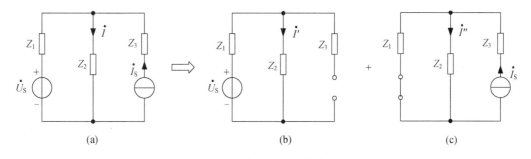

图 3-59　例 3-28 题电路图

　　解：本题的电路模型的结构与例 2-14 的电路模型的结构是一样的，所以，本题中的相量形式所用公式与例 2-14 所用公式完全相同，不同的是，本例需将电流、电压用相量

表示，其他元件用其复阻抗形式表示.

根据叠加定理，可分别求出电压源 $\dot{U}_S$ 和电流源 $\dot{I}_S$ 单独作用时的电流 $\dot{I}'$ 和 $\dot{I}''$，然后再进行叠加.

（1）当 $\dot{U}_S$ 单独作用，电流源 $\dot{I}_S$ 不作用时，视 $\dot{I}_S$ 为开路，如图2-37（b）所示，求 $\dot{I}'$

$$\dot{I}' = \frac{\dot{U}_S}{Z_1 + Z_2} = \frac{(220\ \underline{/0°})\ \text{V}}{(10 + \text{j}10 + 5)\ \Omega} = (12.2\ \underline{/-33.7°})\ \text{A}$$

（2）当 $\dot{I}_S$ 单独作用，电压源 $\dot{U}_S$ 不作用时，视为 $\dot{U}_S$ 短路，如图2-37（c）所示，求 $\dot{I}''$：由分流公式得：

$$\dot{I}'' = \frac{Z_1}{Z_1 + Z_2}\dot{I}_S = \frac{(10 + \text{j}10)\ \Omega}{(10 + \text{j}10 + 5)\ \Omega} \times (10\ \underline{/60°})\ \text{A} = (7.86\ \underline{/71.3°})\ \text{A}$$

（3）最后叠加，得

$$\dot{I} = \dot{I}' + \dot{I}'' = (12.2\ \underline{/-33.7°} + 7.86\ \underline{/71.3°})\ \text{A} = (12.76\ \underline{/3.6°})\ \text{A}$$

从上面的几个例题来看，分析正弦交流电路与分析相同电路模型的直流电路分析思路是一样的，所用公式结构是相同的. 同学们可以在分析正弦交流电路时，参考一下分析相同电路模型结构的直流电路的分析方法，再将直流电源换成相应位置的交流电源，将直流电路中的电阻换成相应位置的复阻抗，然后进行复数运算.

（二）一种常用的电路的解题技巧

在分析正弦交流电路时，常遇到类似如图3-60所示结构的交流电路，分析这类电路的最简单的办法有以下几步.

（1）设 a、b 两点间的电压 $\dot{U}_1 = U_1\ \underline{/0°}$ V，这样做的目的是将 $\dot{U}_1$ 作为参考相量，如果题中已给 $\dot{U}_1$，那么就题中所给作为参考相量.

（2）分别求出 $\dot{I}_1$、$\dot{I}_2$、$\cdots$、$\dot{I}_n$，再求出总电流 $\dot{I}$，在这里应该辅以相量图，边计算边做图分析.

（3）求 $\dot{U}_2$，再建立电压关系 $\dot{U} = \dot{U}_1 + \dot{U}_2$，可分析出结果.

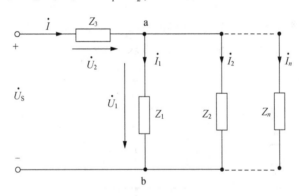

图3-60　常见结构的电路模型

【例3-29】　在如图3-61所示的电路中发生谐振，已知 $I_1 = I_2 = 10$ A，$U = 100$ V，求电路参数 R、X_L、X_C.

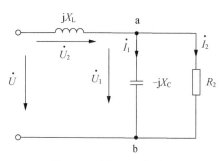

图 3-61　例 3-29 电路图

解:

$\dot{U}_1 = U_1 \underline{/0°}$ V，题中已经给出 $I_1 = 10$ A，所以得出

$$\dot{I}_1 = \frac{\dot{U}_1}{-jX_C} = \frac{U_1 \underline{/0°}}{X_C \underline{/-90°}} = \frac{U_1}{X_C} \underline{/90°} = 10 \underline{/90°} \text{ A}$$

画相量图 $\dot{I}_1$，同时得到等式

$$I_1 = \frac{U_1}{X_C} = 10 \text{ A} \quad \cdots\cdots\cdots\cdots\cdots\cdots\cdots\cdots\cdots\cdots\cdots\cdots \text{关系式①}$$

题中已经给出 $I_2 = 10$ A，所以得出

$$\dot{I}_2 = \frac{\dot{U}_1}{R} = \frac{U_1 \underline{/0°}}{R} = \frac{U_1}{R} \underline{/0°} = \left(10 \underline{/0°}\right) \text{A}$$

画相量图 $\dot{I}_2$，同时得到等式

$$I_2 = \frac{U_1}{R} = 10 \text{ A} \quad \cdots\cdots\cdots\cdots\cdots\cdots\cdots\cdots\cdots\cdots\cdots\cdots \text{关系式②}$$

总电流为

$$\dot{I} = \dot{I}_1 + \dot{I}_2 = \left(10 \underline{/90°} + 10 \underline{/0°}\right) \text{A} = \left(10\sqrt{2}\underline{/45°}\right) \text{A}$$

画相量图 $\dot{I}$.

$$\dot{U}_2 = jX_L \dot{I} = X_L \underline{/90°} \times \left(10\sqrt{2}\underline{/45°}\right) \text{A} = \left(10\sqrt{2}X_L \underline{/135°}\right) \text{V}$$

画相量图 $\dot{U}_2$，同时得到等式

$$U_2 = 10\sqrt{2}X_L \text{ （V）} \quad \cdots\cdots\cdots\cdots\cdots\cdots\cdots\cdots\cdots\cdots \text{关系式③}$$

由于电路发生了谐振，因此总电压 $\dot{U}$ 与总电流 $\dot{I}$ 是同相位的，所以 $\dot{U} = 100 \underline{/45°}$ V.

此时，总电压为

$$\dot{U} = \dot{U}_1 + \dot{U}_2 = U_1 \underline{/0°}$$

$$+ 10\sqrt{2}X_L \underline{/135°} = 100 \underline{/45°} \text{ V}$$

相量图如图 3-62 所示.

通过相量图的几何分析，可以推导出

$$U_1 = 100\sqrt{2} \text{ V}, \quad U_2 = 100 \text{ V}$$

将 U_1 代入关系式①中，可得

$$X_L = 10\sqrt{2} \text{ }\Omega$$

将 U_1 代入关系式②中，可得

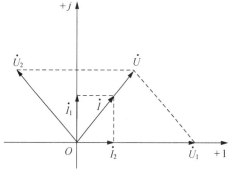

图 3-62　例 3-29 相量图

$$R = 10\sqrt{2}\ \Omega$$

将 U_2 代入关系式③中，可得

$$X_L = 5\sqrt{2}\ \Omega$$

综合技能训练　两室一厅家庭配电线路设计

（一）训练目的

（1）掌握家用照明电路的工作原理，熟练安装电气器件、户内配电箱和电路.
（2）培养团队合作精神，养成良好的职业习惯.

（二）训练要求

（1）根据设计要求，设计配电线路图.
（2）正确选择元器件及导线.
（3）根据家庭用电情况，正确选择电度表.

（三）实训器材

（1）通用电工工具 1 套.
（2）电度表 1 块.
（3）漏电保护器 1 个.
（4）低压断路器.
（5）插座（15 A、30 A）若干、铜芯导线（2.5 mm² 和 1.5 mm²）若干.
（6）配电箱 1 个.
（7）螺钉、绝缘带、胶布、接线条若干.

（四）设计内容

（1）两室一厅配电线路要求如下.
①客厅. 空调 1 台、吊灯 1 盏、顶灯 1 盏、壁灯 2 盏、插座 4 只、彩电 1 台.
②卧室. 空调 1 台、吊灯 1 盏、壁灯 2 盏、插座 4 只、彩电 1 台.
③厨房. 消毒柜 1 台、微波炉 1 台、抽油烟机 1 台、电冰箱 1 台、顶灯 1 盏、插座 3 只.
④卫生间. 顶灯 1 盏、排风扇 1 台，电热水器 1 台，插座 2 只.
（2）设计报告要求如下.
①设计合理的配电线路图.
②正确选择元器件及导线.
③正确进行家庭用电负荷计算，并合理选择电度表.
④总结学习体会.

学生工作页

3.1 查找资料，了解正弦交流电流是怎么产生的.

3.2 想一想，RLC 串联电路的性质与元件参数有何关系.

3.3 说明谐振电路的品质因数对选择性有何影响.

3.4 上网查阅灯管、镇流器以及启辉器的产品资料及电子镇流器的原理.

3.5 已知一正弦电流 $i = 20 \sin (1\,000\,\pi t - 75°)$ A，试写出其振幅、角频率、频率、周期和初相位.

3.6 已知一正弦电压的幅值为 310 V，频率为 50 Hz，初相位为 45°，试写出其解析式，并绘出波形图.

3.7 写出如图 3-63 所示的电压曲线的解析式.

3.8 本题分别给出了如图 3-64 所示的电压 u_1、u_2 的波形图，试确定 u_1、u_2 的初相位各为多少？相位差为多少？哪个超前？哪个滞后？

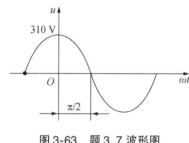

图 3-63 题 3.7 波形图

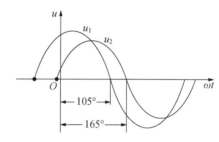

图 3-64 题 3.8 波形图

3.9 3 个正弦电压分别为以下式子，试确定它们的相位关系.

$$u_A = 220\sqrt{2}\sin\left(\omega t + \frac{\pi}{6}\right)V \qquad u_B = 220\sqrt{2}\sin\left(\omega t - \frac{2\pi}{3}\right)V \qquad u_C = 220\sqrt{2}\sin\left(\omega t + \frac{2\pi}{3}\right)V$$

3.10 将下列复数写成极坐标形式.

（1）$7 + j9$ （2）$4 - j3$ （3）$-6 + j8$

（4）$10 - j10$ （5）$-1 - j\sqrt{3}$ （6）$j20$

（7）5 （8）-1 （9）$-j8$

3.11 将下列复数写成代数形式.

（1）$8\angle 60°$ （2）$10\angle -45°$ （3）$20\angle 120°$

（4）$100\angle 53°$ （5）$40\angle \dfrac{\pi}{6}$ （6）$1\angle \pi$

（7）$9\angle 90°$ （8）$2\angle -90°$ （9）$3\angle -180°$

3.12 已知 $A = -8 + j6$，$B = 3 + j4$. 求：四则运算 $A + B$，$A - B$，$A \cdot B$，$\dfrac{A}{B}$.

3.13 将正弦量与相量相互表示，并画出对应的相量图.

(1) $u = 100\sqrt{2}\sin(\omega t + 60°)$ V

(2) $i = 10\sin(\omega t - 110°)$ A

(3) $\dot{U} = 30\,\underline{/-45°}$ V

(4) $\dot{I} = \sqrt{2}\,\underline{/130°}$ A

(5) $\dot{U} = 100\,\underline{/90°}$ V

(6) $\dot{I} = 10\sqrt{2}\,\underline{/-45°}$ A

3.14 3个正弦电流 i_1、i_2 和 i_3 的最大值分别为 1 A、2 A、3 A，已知 i_2 的初相为 30°，i_1 较 i_2 超前 60°，较 i_3 滞后 150°. 试分别写出 3 个电流的瞬时值表达式.

3.15 一个 100 Ω 的电阻接到频率为 50 Hz、电压有效值为 10 V 的电源上，求电流 I. 若电压值不变，而 $f = 5\,000$ Hz，再求 I.

3.16 把一个 100 Ω 的电阻接到 $u = 311\sin(314t + 30°)$ V 的电源上，求 i，P.

3.17 一个电感量 $L = 25.4$ mH 的线圈，接到 $u = 311\sin(314t - 60°)$ V 的电源上，求：X_L，i，Q.

3.18 一个电容量 $C = 20$ μF 的电容器，接到 $u = 311\sin(314t + 30°)$ V 的电源上，求：X_C，i，Q.

3.19 电路如图 3-65 所示，已知 $\dot{U} = 200\,\underline{/0°}$ V，$i = 10\sqrt{2}\sin(\omega t + 30°)$ A. 求：Z、φ，并说明电路的性质.

3.20 电路如图 3-66 所示，已知 $\omega = 10^4$ rad/s. 求电路的等效复阻抗.

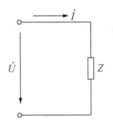

图 3-65 题 3.19 电路图

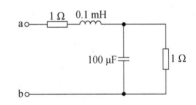

图 3-66 题 3.20 电路图

3.21 串联电路，$R = 20\,\Omega$，$L = 50$ mH，$C = 100$ μF，$\omega = 1\,000$ rad/s，$\dot{U} = 200\,\underline{/30°}$ V. 求：(1) 电路的复阻抗 Z；(2) 电流和各元件电压；(3) 画出各电压和电流的相量图.

3.22 电路如图 3-67 所示，已知 $u = 220\sqrt{2}\sin\omega t$ V，$R = 5\,\Omega$，$X_L = 5\,\Omega$，$X_C = 10\,\Omega$. 求：i_1、i_2、i、P、Q、S、$\cos\varphi$ 并画相量图.

3.23 测量得到一个线圈在如图 3-68 所示的电路中的数据为：$P = 120$ W，$U = 100$ V，$I = 2$ A，电源的频度 $f = 50$ Hz. 求：(1) 该线圈的参数 R、L；(2) 线圈的 Q、S 和 P.

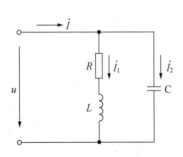

图 3-67 题 3.22 电路图

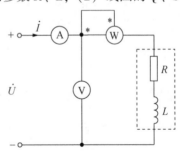

图 3-68 题 3.23 电路图

3.24 一台容量为 $20\,kV \cdot A$（或 kW）的照明变压器，它的电压为 $6\,600\,V/220\,V$，问它能够正常供应 $220\,V$、$40\,W$ 的白炽灯多少盏？能供给 $\cos\varphi = 0.6$、电压为 $220\,V$、$40\,W$ 的日光灯多少盏？

3.25 一个车间，在交流电压为 $220\,V$ 的电源上，有三个单相负载，它们的功率分别为：$P_1 = 1.76\,W$，$P_2 = 2.64\,W$，$P_3 = 1.76\,W$。已知 $\cos\varphi_1 = 0.8$（超前），$\cos\varphi_2 = 0.6$（滞后），$I_3 = 20\,A$（超前）。求电路的总电流和功率因数。注：括号中的"超前"和"滞后"是指电路的电流"超前"和"滞后"电压。

3.26 在教学楼的照明线路中，接有 50 只 $40\,W$，功率因数为 0.5 的日光灯和 100 只 $40\,W$ 的白炽灯，求线路的总电流及总的有功功率、无功功率和视在功率。

3.27 在如图 3-69 所示的电路中，已知 $\dot{U}_S = 100 \diagup 0° \text{ V}$，$\dot{I}_S = 10 \diagup 30° \text{ A}$，$X_L = 10\,\Omega$，$X_C = 5\,\Omega$，$R = 10\,\Omega$，求电压 $\dot{U}$。

3.28 电路如图 3-70 所示，已知 $R_1 = 10\,\Omega$，$R_2 = X_L$，$I_1 = 20\sqrt{2}\,A$，$I_2 = 20\,A$，电源电压 $U_S = 200\,V$，求电路参数 R、X_L、X_C。

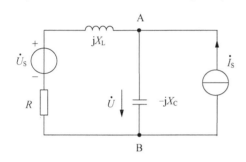

图 3-69 题 3.27 电路图

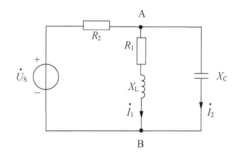

图 3-70 题 3.28 电路图

项目 4 三相交流电路的制作及测试

项目教学目标

职业知识目标

- 了解三相交流电的产生及对称三相电源的特点.
- 掌握三相负载的星形连接和三角形连接的方法及线电压和相电压、线电流和相电流的关系.
- 掌握三相对称电路的分析.

职业技能目标

- 学会三相负载的星形连接和三角形连接的方法.
- 明确"中线"在生产、生活中的作用.
- 学会三相电路的电压、电流及功率的测量方法.

职业道德与情感目标

- 培养理论联系实际的学习习惯与实事求是的哲学思想.
- 培养学生的自主性、研究性学习方法与思想.
- 在项目学习过程中逐步形成团队合作的工作意识.
- 在项目工作过程中, 逐步培养良好的职业道德、安全生产意识、质量意识和效益意识.

任务一   三相电源的测试

知识链接一   三相电源

三相电路在发电、输电和用电方面有很多优点，所以得到广泛应用，国内外的电力供电系统一般都采用三相电路. 三相电力系统是由三相电源、三相负载和三相输电线路组成的三相制供电系统. 三相电路与单相电路相比，在发电、输电、用电等方面具有明显的优越性，具体表现如下几个方面.

（1）在尺寸相同的情况下，三相发电机比单相发电机的输出功率大.

（2）三相电动机比单相电动机的结构简单、性能好，便于维护，且具有恒定的转矩，这是因为对称三相电路的瞬时功率是恒定的，而单相电路的瞬时功率随时间交变.

（3）在输电距离、输电电压、输送功率和线路损耗相同的情况下，三相输电线路可比单相输电线路节省较多的有色金属材料.

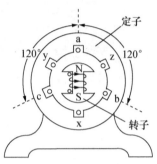

图 4-1   三相交流发电机示意图

（一）对称三相电源

三相电源是由三相交流发电机产生的. 图 4-1 是三相交流发电机的示意图.

发电机由定子和转子组成. 定子内侧相隔 120° 的槽内装有完全相同的绕组线圈 ax、by、cz. 将三相绕组分别用 A 相、B 相、C 相来表示. 当转子以角速度 ω 旋转时，三个线圈将感应出按正弦规律变化的电压，波形图如图 4-2 所示.

将感应绕组产生的电压分别用 u_A、u_B、u_C 表示为

$$\begin{cases} u_A = \sqrt{2}U_P\sin\omega t \\ u_B = \sqrt{2}U_P\sin(\omega t - 120°) \\ u_C = \sqrt{2}U_P\sin(\omega t - 120° - 120°) \\ \quad = \sqrt{2}U_P\sin(\omega t + 120°) \end{cases} \tag{4-1}$$

可以看出，三相电源中的每一个电压源称为一相，每相电源的端电压称为电源相电压，用 U_P 代表各相电压的有效值，可将三相电压表示为相量的形式：

$$\begin{cases} \dot{U}_A = U_P\underline{/0°} \\ \dot{U}_B = U_P\underline{/-120°} \\ \dot{U}_C = U_P\underline{/-240°} = U_P\underline{/120°} \end{cases} \tag{4-2}$$

相量图如图 4-3 所示.

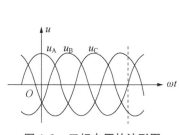

图4-2 三相电压的波形图

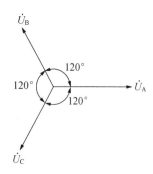

图4-3 三相电压向量

（二）三相电压的特点

由式（4-1）可以看出：u_A、u_B、u_C 的频率相同、幅值相等、相位互差 $120°$，把这样的三个量称为对称三相正弦量.

可以证明，一组对称的三相正弦量（电压或电流）之和为零.

所以三相电压的特点是

$$\begin{cases} u_A + u_B + u_C = 0 \\ \dot{U}_A + \dot{U}_B + \dot{U}_C = 0 \end{cases} \tag{4-3}$$

（三）对称三相电源的相序

三相电压达到最大值或零值的次序称为相序. 三相制中有两种相序系统，即正序系统和负序系统. 正序系统为 A 相电压超前 B 相电压 $120°$，B 相电压又超前 C 相电压 $120°$，C 相电压又超前 A 相电压 $120°$. 相电压达到最大值的次序为 A→B→C；反之，若相电压达到最大值的次序为 A→C→B，则称为负相序.

注意 三相制的电压或电流如无相序说明，则相序均指正序. 我国供配电系统中，按正序用黄、绿、红三种颜色标定三相电源的相序，即 A 相为黄色、B 相为绿色、C 相为红色.

知识链接二 三相电源的连接

三相电源的连接有两种：星形连接和三角形连接. 而星形连接是电源通常采用的连接方式.

（一）星形连接（Y 形连接）

图4-4 为三相电源的星形连接. 三个电源的末端连接成一个点，该点称为中性点，简称中点或零点. 从中点引出的输电线称为中性线或零线，用 N 表示. 在低压供电系统中，中点通常是接地的，因而中性线又俗称零线、地线. 由三个电源的首端引出三根输电线称为相线或端线，俗称火线，用 A、B、C 表示. 由于这种供电系统是用 4 条输电线与负载相连，因此又称为三相四线制电源.

星形连接的三相电路有两种电压，如图4-4 所示.

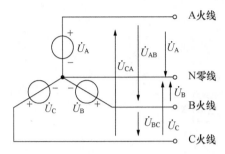

图 4-4 三相电源的星形连接（Y 形连接）

（1）相电压 U_P——每个火线与中线之间的电压，用 U_A、U_B、U_C 表示，我国电力系统的工频下相电压为 220 V.

（2）线电压 U_L——两火线之间的电压，用 U_{AB}、U_{BC}、U_{CA} 表示，我国工频下线电压为 380 V.

（3）电源的线电压与相电压之间的关系为

$$\begin{cases} \dot{U}_{AB} = \dot{U}_A - \dot{U}_B \\ \dot{U}_{BC} = \dot{U}_B - \dot{U}_C \\ \dot{U}_{CA} = \dot{U}_C - \dot{U}_A \end{cases} \tag{4-4}$$

将式（4-2）代入式（4-4），得到线电压与相电压的关系

$$\begin{cases} \dot{U}_{AB} = \dot{U}_A - \dot{U}_B = \sqrt{3}\dot{U}_A \angle 30° \\ \dot{U}_{BC} = \dot{U}_B - \dot{U}_C = \sqrt{3}\dot{U}_B \angle 30° \\ \dot{U}_{CA} = \dot{U}_C - \dot{U}_A = \sqrt{3}\dot{U}_C \angle 30° \end{cases} \tag{4-5}$$

相电压和线电压的相量图如图 4-5 所示.

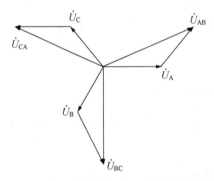

图 4-5 星形连接时相电压和线电压关系

由此可见：在三相四线制中，相电压和线电压都是对称的. 线电压的有效值可用 U_L 表示，则 $U_{AB} = U_{BC} = U_{CA} = U_L$.

线电压与相电压不相等，它们的关系为

$$\dot{U}_L = \sqrt{3}\dot{U}_P \angle 30° \tag{4-6}$$

式（4-6）说明如下：

① 线电压与相电压的有效值关系为 $U_L = \sqrt{3} U_P$.

② 相位关系为线电压超前于对应的相电压 30°，如图 4-5 所示.

注意 所谓线电压对应的相电压，是指 $\dot{U}_{AB}$ 和 $\dot{U}_A$ 之间、$\dot{U}_{BC}$ 和 $\dot{U}_B$ 之间、$\dot{U}_{CA}$ 和 $\dot{U}_C$ 之间有式（4-5）的关系.

我国目前使用的三相四线制低压配电系统中，相电压 $U_P = 220$ V，线电压 $U_L = \sqrt{3} U_P = 380$ V. 电源电压习惯写为 380/220 V，这是一种供照明与动力混合使用的供电系统. 通常照明及家用电器使用 220 V 的相电压，动力用的三相交流电动机等则使用 380 V 线电压. 供电系统中的相电压和线电压的对称性及相、线电压的关系是固定的，还受负载的影响. 根据这一结论可以大大简化三相电路的计算.

（二）三角形（△）连接

将每相电源绕组的首尾依次相接，形成三角形连接，将相接点引出为电源的端线，如图 4-6 所示.

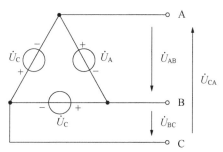

图 4-6 三角形连接的对称三相电源

在对称电源的三角形连接方式下，可以看出电源的线电压即为相电压，有

$$\begin{cases} \dot{U}_{AB} = \dot{U}_A \\ \dot{U}_{BC} = \dot{U}_B \\ \dot{U}_{CA} = \dot{U}_C \end{cases} \quad (4\text{-}7)$$

三角形连接的三相电源形成了闭合回路，在三相电源对称的情况下，由于 $\dot{U} = \dot{U}_A + \dot{U}_B + \dot{U}_C = 0$，闭合环路中没有电流. 但如果将某个电源的首尾弄错，极性接反，将会产生短路电流，造成恶性后果.

 想一想 练一练

1. 什么是三相对称电源？三相交流发电机是怎么产生对称三相电源的？对称三相电源的特点是什么？

2. 已知对称三相电源中 $\dot{U}_A = 220 \underline{/30°}$ V. 求：（1）写出 $\dot{U}_B$、$\dot{U}_C$ 的相量表达式并画出 3 个相电压的相量；（2）写出 u_A、u_B、u_C 函数式.

3. 当发电机的三相电源绕组连接成星形时，设线电压 $u_{AB} = 380\sqrt{2}\sin(\omega t + 60°)$ V，写出相电压 u_A、u_B、u_C 函数式.

4. 学校有一栋三层教学楼，其照明采用三相四线制供电，每一层接一相. 由于电路发生故障，二层的电灯全部熄灭，而一层和三层的电灯仍亮. 试分析故障原因.

5. 三相对称电源星形连接，若其中一相电源接反了，是否仍然可以获得一组对称的线电压？画出相量图进行分析.

6. 对称三相电源三角形连接，为确保连接正确，常将一电压表串接到三相电源的回路中，若连接正确，电压表读数为多少？若有一相电源接反，则出现的环流为多大？已知每相电动势有效值为 220 V，每相内阻为 j11Ω.

任务二 三相负载的连接与测试

在工程技术及日常生活中，用电设备种类繁多. 其中，有的只需要单相电源供电即可，如照明灯及家用电器；有的则需要三相电源供电才能工作，如三相交流电动机、大功率三相电阻炉等. 那么，不同类型的负载应该如何接入三相供电系统呢？下面就以 380/220 V 三相四线制供电系统为例加以说明.

知识链接一 负载接入三相电源的原则

负载接入三相电源的原则：为了使负载能够安全可靠地长期工作，应按照电源电压等于负载额定电压的原则将负载接入三相供电系统. 应使负载尽可能均匀地分布到三相电源上，力求使三相电路的负载均衡、对称（即三相负载的复数阻抗相等——阻抗模相等、阻抗角相同）. 这样可以更合理地使用三相电源.

（一）单相负载

大量使用的照明灯（如白炽灯、日光灯）的额定电压均为 220 V，根据上述原则应将照明灯接在三相电源的端线与中线之间. 当使用多盏照明灯时，应使它们均匀地分布在各相中，如图 4-7 所示.

有的单相负载（如接触器、继电器等控制电器）的励磁线圈的额定电压是 380 V. 这时应将其励磁线圈接在两条端线之间. 如果错接在端线与中线之间，则控制电器将因电压不足而无法正常工作.

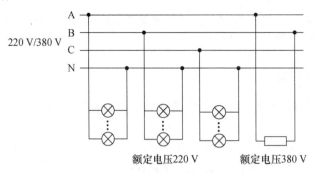

图 4-7 单相负载与电源的连接

（二）三相负载

前面已经介绍过，有的动力负载如三相交流电动机必须使用三相电源，而且它本身的三个绕组就是一组对称三相负载. 根据其额定电压的不同，电动机的三相绕组可以按不同方式接入三相四线制电源. 例如, 当电动机每相绕组的额定电压为 220 V 时, 应将三相绕组按照星形方式连接, 如图 4-8 中 M_1 所示. 若电动机每相绕组的额定电压是 380 V, 则它的三个绕组应按三角形方式连接, 如图 4-8 中 M_2 所示.

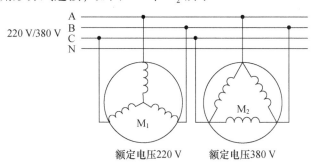

图 4-8　三相负载与电源的连接

注意　如果负载的额定电压不等于电源的电压, 则需用变压器.

 知识链接二　三相负载的连接

三相负载也有星形连接和三角形连接两种形式, 而且有对称和不对称之分, 负载用复阻抗 Z 来表示. 对称三相负载是由三个完全相同的负载构成, 即 $Z_A = Z_B = Z_C = Z$, 如三相电动机的 3 个绕组. 下面着重研究对称负载的情况.

（一）对称三相负载的 Y 形连接

1）电路结构

将每相负载的一端连在一起形成公共端, 另一端引出与三相电源相接, 这种连接形式称为负载的星形连接（Y 形连接）.

Z_A、Z_B、Z_C 分别表示 A、B、C 相的负载, n 为负载中点, 若将电源中点 N 与负载中点 n 相连接, 引有中线的三相 Y 形连接电路称为三相四线制, 如图 4-9 所示. 若不引出中线, 则称为三相三线制.

2）电路特点

下面以有中线的三相四线制对称电路为例, 分析电源与负载均为 Y 形连接的对称三相电路的特点, 如图 4-9 所示.

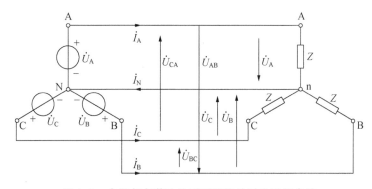

图 4-9　电源与负载均为星形连接的对称三相电路

3）相电压和线电压的关系

（1）相电压 $\dot{U}_P$——每相负载上的电压，用 $\dot{U}_A$、$\dot{U}_B$、$\dot{U}_C$ 表示.

（2）线电压 $\dot{U}_L$——负载端线之间的电压，用 $\dot{U}_{AB}$、$\dot{U}_{BC}$、$\dot{U}_{CA}$ 表示.
线电压与相电压的关系用式（4-6）所描述的，即

$$\dot{U}_L = \sqrt{3}\,\dot{U}_P \underline{/30^\circ}$$

具体为
$$\begin{cases} \dot{U}_{AB} = \sqrt{3}\,\dot{U}_A \underline{/30^\circ} \\ \dot{U}_{BC} = \sqrt{3}\,\dot{U}_B \underline{/30^\circ} \\ \dot{U}_{CA} = \sqrt{3}\,\dot{U}_C \underline{/30^\circ} \end{cases} \tag{4-8}$$

4）相电流和线电流的关系

（1）相电流 $\dot{I}_P$——流过每相负载的电流，用 $\dot{I}_A$、$\dot{I}_B$、$\dot{I}_C$ 表示.

（2）线电流 $\dot{I}_L$——流过每条端线的电流，用 $\dot{I}_A$、$\dot{I}_B$、$\dot{I}_C$ 表示.
不难看出，星形连接的负载，其相电流与线电流的关系为

$$\dot{I}_P = \dot{I}_L \tag{4-9}$$

当电源为三相对称电源时，即

$$\begin{cases} \dot{U}_A = U_P \underline{/0^\circ} \\ \dot{U}_B = U_P \underline{/-120^\circ} \\ \dot{U}_C = U_P \underline{/-240} = U_P \underline{/120^\circ} \end{cases}$$

Y 形三相负载对称，其复阻抗相等，即 $Z_A = Z_B = Z_C = Z = |Z| \underline{/\varphi}$
则各负载的相电流及相应端线的线电流为

$$\begin{cases} \dot{I}_A = \dfrac{\dot{U}_A}{Z} = \dfrac{U_A}{|Z|} \underline{/-\varphi} \\[2mm] \dot{I}_B = \dfrac{\dot{U}_B}{Z} = \dfrac{U_B}{|Z|} \underline{/-120^\circ - \varphi} \\[2mm] \dot{I}_C = \dfrac{\dot{U}_C}{Z} = \dfrac{U_C}{|Z|} \underline{/120^\circ - \varphi} \end{cases} \tag{4-10}$$

式（4-10）说明，星形三相负载对称，其电流也对称.

【例4-1】 在如图4-9所示的对称三相电路中，已知电源的线电压为 380 V，对称三相复阻抗 $Z = 100 \underline{/30^\circ}$ Ω. 求三相负载的相电压和线电流.

解：设线电压 $\dot{U}_{AB} = 380 \underline{/0^\circ}$ V，根据式（4-8），A 相负载的相电压为

$$\dot{U}_A = \dfrac{\dot{U}_{AB}}{\sqrt{3}} \underline{/-30^\circ} = \dfrac{380 \underline{/0^\circ}}{\sqrt{3}} \underline{/-30^\circ} = 220 \underline{/-30^\circ} \text{ V}$$

由于三相对称电路，三相负载相电压对称，可得

$$\dot{U}_{B} = 220 \underline{/-150°} \text{ V}$$

$$\dot{U}_{C} = 220 \underline{/90°} \text{ V}$$

星形连接相电流等于线电流，根据式（4-10）可得 A 相负载的相电流及 A 线上的线电流

$$\dot{I}_{A} = \frac{\dot{U}_{A}}{Z} = \frac{220 \underline{/-30°}}{100 \underline{/30°}} = 2.2 \underline{/-60°} \text{ A}$$

由于三相对称电路，三相负载的线电流对称，则

$$\dot{I}_{B} = 2.2 \underline{/-180°} \text{ A}$$

$$\dot{I}_{C} = 2.2 \underline{/60°} \text{ A}$$

5）中线的作用

式（4-10）说明负载中的相电流也对称，此时，根据三相对称性的特点，线路的中线电流为

$$\dot{I}_{N} = \dot{I}_{A} + \dot{I}_{B} + \dot{I}_{C} = 0 \tag{4-11}$$

由于负载相电流对称，三相对称电路的中线电流 $\dot{I}_{N} = 0$. 中线没有电流，便可省去，并不影响电路的正常工作，这样三相四线制就变成三相三线制.

三相对称负载星形连接时不需要中线，那么，三相四线制电源的中线有什么用处呢？用下面的例子来分析中线的作用.

照明电灯接入三相电源时，都是接在电源的相电压上，即一端接相线，一端接中线. 电灯负载上的电压就是电源的相电压，取出等于电源线电压的 $\sqrt{3}/3$. 在图 4-10 所示的电路中，B 相没有接负载，处于断开状态，这是一个不对称星形负载，当中线上的开关 K 合上时，中线接通. 从图 4-10 中可见，由于有中线的存在，各相电灯的端电压就等于三相电源的相电压. 因此，两个灯泡能正常工作，只是各灯相电流的数值不相等，中线电流不为零. 而当中线上的开关 K 断开时，这时中线就没有了，电路变成不对称星形负载电路，那么两个灯泡串联接线电压 u_{AC}，由于 100 W 灯泡的电阻小，它得不到 220 V 的电压，不能正常发光，而 60 W 灯泡的电阻大，其得到的电压要大于 220 V，超过其额定值，发出强光，时间一长会被烧坏.

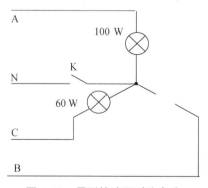

图 4-10　星形接法不对称电路

以上分析可见，当负载采用星形接法而负载不对称供电系统接不接中线工作情况将大不相同. 若有中线，使三相负载成为互不影响的独立电路，保持负载两端电压分别等于电

源相电压，各相负载均能正常工作；若无中线（或因安装不好，中线松脱而失去作用）时，负载相电压就不对称，对开某一相负载小（电阻大）的相电压就要超过额定电压而使该相的用电设备受到损坏.

【例4-2】 如图4-11所示，$u_{AB} = 380\sqrt{2}\sin(\omega t + 30°)$ V，A相负载为10Ω，B相负载为20Ω，C相不接负载，A、B两相负载的额定电压均为220 V，三相电源电压为380 V. 试求：

（1）开关K闭合时，各相电流及中线电流为多少？

（2）开关K打开时，各负载两端电压为多少？

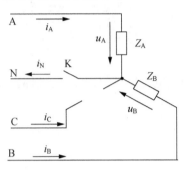

图4-11 例4-2电路

解：

（1）开关K闭合，是三相四线制的供电方式，中线的存在保证了负载相电压的对称. A、B相电压分别为

$$\dot{U}_A = \frac{\dot{U}_{AB}}{\sqrt{3}\angle 30°} = \frac{380\angle 30°\ \text{V}}{\sqrt{3}\angle 30°} = 220\angle 0°\ \text{V}$$

$$\dot{U}_B = 220\angle -120°\ \text{V}$$

各相电流为

$$\dot{I}_A = \frac{\dot{U}_A}{Z_A} = \frac{220\angle 0°\ \text{V}}{10\ \Omega} = 22\angle 0°\ \text{A}$$

$$\dot{I}_B = \frac{\dot{U}_B}{Z_B} = \frac{220\angle -120°\ \text{V}}{20\ \Omega} = 11\angle -120°\ \text{A}$$

$$\dot{I}_C = 0\ \text{A}$$

中线电流为

$$\dot{I}_N = \dot{I}_A + \dot{I}_B + \dot{I}_C = (22\angle 0° + 11\angle -120° + 0)\ \text{A} = 19\angle -30°\ \text{A}$$

（2）开关K断开，变成不对称星形负载无中线的电路，此时两相负载是串联在一起的，两个电阻分压

$$\dot{U}_A = \frac{Z_A}{Z_A + Z_B}\dot{U}_{AB} = \frac{10\ \Omega}{(10+20)\ \Omega} \times 380\angle 30°\ \text{V} = 126.6\angle 30°\ \text{V}$$

$$\dot{U}_B = \frac{Z_B}{Z_A + Z_B}\dot{U}_{AB} = \frac{20\ \Omega}{(10+20)\ \Omega} \times 380\angle 30°\ \text{V} = 253.4\angle 30°\ \text{V}$$

A相负载电压远低于额定电压，不能正常工作；而B相负载电压也超过了额定电压，时间长将会导致损坏，一旦B相负载损坏，很可能导致A相负载也损坏.

6）结论

（1）三相对称电路是指三相电源提供的线电压和相电压是对称的. 如果三相负载的复阻抗相等，则称为对称的三相负载. 由对称三相电源和对称三相负载组成的三相电路称为对称三相电路. 对称三相电路中线电压、相电压、线电流和相电流均是对称的.

（2）三相不对称电路. 如果三相负载的复阻抗不相等，即三相负载不对称，则中线电流 $\dot{I}_N \neq 0$，中性线便不可省去. 若断开中性线变成三相三线制供电，则将导致各相负载的相电压分配不均匀，有时会出现很大的差异，造成有的相电压超过额定相电压而使用电设备不能正常工作.

在三相四线制的实际照明电路中，由于每相所接灯的功率不可能分配得完全一样（就算各相灯数相同，在使用上也难做到同时开灯），因此照明负载属于不对称的三相负载. 为了保证每盏灯都在额定电压 220 V 情况下正常工作，照明线路中线绝不能省去，必须采用带中线的三相四线制供电线路. 而且为了避免使装好的中线不致因人为的或自然的原因而断开，中线必须安装得牢靠，并规定在总的中线上不准安装开关或熔断器. 另外，在设计建筑物照明电源进线时，当照明总负载电流超过 30 A 时，就必须考虑用两相三线（两根相线一根中线）或三相四线进线. 其目的也就是使负载不要过分地集中在一相上，否则另外两相空着没用，这样发电机的发电能力就没有被充分利用.

上述分析说明，不对称负载做星形连接时，必须要有中线. 中线的作用能保证三相负载的相电压对称，使负载正常工作.

（二）对称负载三角形连接

1）电路结构

将三相负载顺序相接连成三角形的连接方式，称为负载的三角形（△）连接. 将连接点引出与电源端相连，构成三相电路.

2）电路特点

当每相负载相同时，称为对称的三相负载，用复阻抗 Z 表示. 图 4-12 为对称三相负载的三角形连接电路.

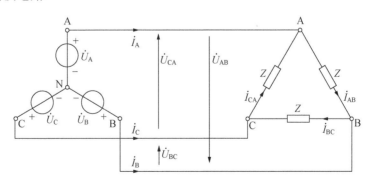

图 4-12　三相负载三角形连接电路

3）相电压和线电压的关系

（1）相电压 $\dot{U}_P$——每相负载上的电压，用 $\dot{U}_A$、$\dot{U}_B$、$\dot{U}_C$ 表示.

（2）线电压 $\dot{U}_L$——负载端线之间的电压，用 $\dot{U}_{AB}$、$\dot{U}_{BC}$、$\dot{U}_{CA}$ 表示.

不难看出，三角形连接的负载，其线电压与相电压的关系仍为

$$\dot{U}_{\mathrm{L}} = \dot{U}_{\mathrm{P}} \qquad (4\text{-}12)$$

4）相电流和线电流的关系

（1）相电流 $\dot{I}_{\mathrm{P}}$——流过每相负载的电流，用 $\dot{I}_{\mathrm{AB}}$、$\dot{I}_{\mathrm{BC}}$、$\dot{I}_{\mathrm{CA}}$ 表示.

（2）线电流 $\dot{I}_{\mathrm{L}}$——流过每条端线的电流，用 $\dot{I}_{\mathrm{A}}$、$\dot{I}_{\mathrm{B}}$、$\dot{I}_{\mathrm{C}}$ 表示.

显而易见，负载在进行三角形连接时，线电流和相电流不相等，它们之间的关系是

$$\dot{I}_{\mathrm{L}} = \sqrt{3}\,\dot{I}_{\mathrm{P}}\underline{/-30^\circ} \qquad (4\text{-}13)$$

式（4-13）证明方法与式（4-6）相似，这里不再证明，相量图如图4-13所示.

从图4-12中可知具体的相电流和线电流的关系

$$\begin{cases} \dot{I}_{\mathrm{A}} = \sqrt{3}\,\dot{I}_{\mathrm{AB}}\underline{/-30^\circ} \\[2mm] \dot{I}_{\mathrm{B}} = \sqrt{3}\,\dot{I}_{\mathrm{BC}}\underline{/-30^\circ} \\[2mm] \dot{I}_{\mathrm{C}} = \sqrt{3}\,\dot{I}_{\mathrm{CA}}\underline{/-30^\circ} \end{cases} \qquad (4\text{-}14)$$

对式（4-14）说明如下：

① 线电流与相电流的有效值关系为 $I_{\mathrm{L}} = \sqrt{3}I_{\mathrm{P}}$.

② 相位关系为线电流滞后于其相对应的相电流30°.

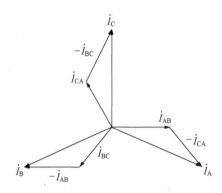

图4-13　负载三角形连接的电流相量图

注意　所谓相电流与其相对应的线电流的关系，是指 $\dot{I}_{\mathrm{AB}}$ 和 $\dot{I}_{\mathrm{A}}$ 之间、$\dot{I}_{\mathrm{BC}}$ 和 $\dot{I}_{\mathrm{B}}$ 之间、$\dot{I}_{\mathrm{CA}}$ 和 $\dot{I}_{\mathrm{C}}$ 之间有式（4-14）的关系.

【例4-3】　三相对称电路如图4-12所示，三相负载 Z 接成三角形，$Z = 100\underline{/30^\circ}\ \Omega$，求电路中负载的电压和线电流.

解：设 $\dot{U}_{\mathrm{AB}} = 380\underline{/0^\circ}$ V，根据三角形连接电路的特点，负载的相电压与线电压相等.

有

$$\dot{U}_{\mathrm{AB}} = 380\underline{/0^\circ}\ \mathrm{V}$$

$$\dot{U}_{\mathrm{BC}} = 380\underline{/-120^\circ}\ \mathrm{V}$$

$$\dot{U}_{\mathrm{CA}} = 380\underline{/120^\circ}\ \mathrm{V}$$

负载的相电流

$$\dot{I}_{AB} = \frac{\dot{U}_{AB}}{Z} = \frac{380\underline{/0°}\ \text{V}}{100\underline{/30°}\ \Omega} = 3.8\underline{/-30°}\ \text{A}$$

由于对称负载，三个相电流对称，则

$$\dot{I}_{BC} = 3.8\underline{/-150°}\ \text{A}$$

$$\dot{I}_{CA} = 3.8\underline{/90°}\ \text{A}$$

根据式（4-14）相电流与线电流的关系，可求出线电流，则

$$\dot{I}_A = \sqrt{3}\,\dot{I}_{AB}\underline{/-30°} = \sqrt{3}\times 3.8\underline{/-30°}\ \text{A}\times\underline{/-30°} = 6.56\underline{/-60°}\ \text{A}$$

$$\dot{I}_B = \sqrt{3}\,\dot{I}_{BC}\underline{/-30°} = \sqrt{3}\times 3.8\underline{/-150°}\ \text{A}\times\underline{/-30°} = 6.56\underline{/-180°}\ \text{A}$$

$$\dot{I}_C = \sqrt{3}\,\dot{I}_{CA}\underline{/-30°} = \sqrt{3}\times 3.8\underline{/90°}\ \text{A}\times\underline{/-30°} = 6.56\underline{/60°}\ \text{A}$$

 想一想 练一练

1. 中线的作用是什么，在三相四线制供电系统中，中线实际上可不可以省略？

2. 三相不对称负载做三角形连接时，若有一相断路，对其他两相工作情况有影响吗？

3. 负载接入电源时，开关应该接到负载与火线之间，还是接到负载与零线之间？为什么？

4. 在什么情况下，可将三相电路的计算转变为一相电路的计算，而另外两相推导就可以了？

任务三 三相功率的计算及测量

 知识链接一 三相功率的计算

三相电路的功率是各相电路功率的总和，三相电路的功率包括有功功率、无功功率和视在功率，具体分析如下.

（一）三相电路的有功功率

三相电路的有功功率等于各相有功功率之和，即

$$P = P_A + P_B + P_C \tag{4-15}$$

对于对称的三相电路，有

$$P = 3U_P I_P \cos\varphi \tag{4-16}$$

其中，φ 为三相负载的阻抗角.

因为负载对称，不论做任何的连接总满足

$$3U_P I_P = \sqrt{3}U_L I_L$$

所以对称三相电路的有功功率又可表示为

$$P = \sqrt{3}U_L I_L \cos\varphi \qquad (4\text{-}17)$$

（二）三相电路的无功功率

三相电路的无功功率等于各相无功功率之和，即

$$Q = Q_A + Q_B + Q_C \qquad (4\text{-}18)$$

对于对称的三相电路，有

$$Q = 3U_P I_P \sin\varphi \qquad (4\text{-}19)$$

也可以用线电压、线电流表示为

$$Q = \sqrt{3}U_L I_L \sin\varphi \qquad (4\text{-}20)$$

（三）三相电路的视在功率

三相电路的视在功率为三相有功功率与三相无功功率的几何和（直角三角形关系），即

$$S = \sqrt{P^2 + Q^2} \qquad (4\text{-}21)$$

对于对称的三相电路，还可以表示为

$$S = 3U_P I_P = \sqrt{3}U_L I_L \qquad (4\text{-}22)$$

【例4-4】 一台三相异步电动机，在某一负载运行时的电阻为 $R = 80\,\Omega$，电抗为 $X_L = 60\,\Omega$，若控制电源的相电压为 220 V 的电源，负载采用三角形接法. 求电源的电流、电动机消耗的有功功率、无功功率及视在功率.

解： 电动机绕组采用三角形接法，有

$$U_L = U_P = 220\text{ V}$$

三相负载的每相复阻抗为：

$$Z = R + jX_L = 80\,\Omega + j60 = 100\,\underline{/37°}\ \Omega$$

电动机中的负载电流为

$$I_P = \frac{U_P}{|Z|} = \frac{220\text{ V}}{100\,\Omega} = 2.2\text{ A}$$

电源的线电流为

$$I_L = \sqrt{3}I_P = \sqrt{3} \times 2.2\text{ A} = 3.81\text{ A}$$

电动机消耗的功率为

$$P = 3U_P I_P \cos\varphi = 3 \times 220\text{ V} \times 2.2\text{ A} \times \cos37° = 1.16\text{ kW}$$
$$Q = 3U_P I_P \sin\varphi = 3 \times 220\text{ V} \times 2.2\text{ kW} \times \sin37° = 0.87\text{ kvar}$$
$$S = 3U_P I_P = 3 \times 220\text{ V} \times 2.2\text{ A} = 1.45\text{ kW}$$

对于对称三相电路，在分析对称三相电路时，由于相电压、线电压、相电流和线电流都是对称的量，可以只分析一相电路的电流和电压，另外两相就可以推导出来. 功率也是只求出一相功率，总的功率是每相功率的 3 倍.

但对于不对称的三相电路分析起来就不是那么简单了，需要对每相进行分析.

由于它们的负载不对称，各相的电压、电流和它们的相位差 φ 有不相等情况，因此只能分别求出各相功率后，再求三相总的功率. 其计算公式如下：

$$P = P_{\mathrm{A}} + P_{\mathrm{B}} + P_{\mathrm{C}} = U_{\mathrm{A}}I_{\mathrm{A}}\cos\varphi_{\mathrm{A}} + U_{\mathrm{B}}I_{\mathrm{B}}\cos\varphi_{\mathrm{B}} + U_{\mathrm{C}}I_{\mathrm{C}}\cos\varphi_{\mathrm{C}}$$

$$Q = Q_{\mathrm{A}} + Q_{\mathrm{B}} + Q_{\mathrm{C}} = U_{\mathrm{A}}I_{\mathrm{A}}\sin\varphi_{\mathrm{A}} + U_{\mathrm{B}}I_{\mathrm{B}}\sin\varphi_{\mathrm{B}} + U_{\mathrm{C}}I_{\mathrm{C}}\sin\varphi_{\mathrm{C}}$$

$$S = \sqrt{P^2 + Q^2}$$

这三个公式同样与负载的接法无关.

【例4-5】 在如图4-14所示的三相四线制电路中，电源线电压 $U_{\mathrm{AB}} = 380\sqrt{2}\sin(\omega t + 30°)$ V，试求线电流 $\dot{I}_{\mathrm{A}}$、$\dot{I}_{\mathrm{B}}$、$\dot{I}_{\mathrm{C}}$ 及中线电流 $\dot{I}_{\mathrm{N}}$，再求电路的三相总功率 P、Q、S.

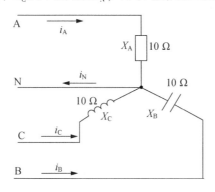

图 4-14　例4-5 电路图

解：因为 $\dot{U}_{\mathrm{AB}} = 380\underline{/30°}$ V，所以 $\dot{U}_{\mathrm{A}} = 220\underline{/0°}$ V，$\dot{U}_{\mathrm{B}} = 220\underline{/-120°}$ V，$\dot{U}_{\mathrm{C}} = 220\underline{/120°}$ V

所以　　$\dot{I}_{\mathrm{A}} = \dfrac{\dot{U}_{\mathrm{A}}}{Z_{\mathrm{A}}} = \dfrac{220\underline{/0°}\text{ V}}{10\ \Omega} = 22\underline{/0°}$ A

$\dot{I}_{\mathrm{B}} = \dfrac{\dot{U}_{\mathrm{B}}}{Z_{\mathrm{B}}} = \dfrac{220\underline{/-120°}\text{ V}}{\mathrm{j}10\ \Omega} = \dfrac{220\underline{/-120°}\text{ V}}{10\underline{/90°}\ \Omega} = 22\underline{/-210°}$ A $= 22\underline{/150°}$ A

$\dot{I}_{\mathrm{C}} = \dfrac{\dot{U}_{\mathrm{C}}}{Z_{\mathrm{C}}} = \dfrac{220\underline{/120°}\text{ V}}{-\mathrm{j}10\ \Omega} = \dfrac{220\underline{/120°}\text{ V}}{10\underline{/-90°}\ \Omega} = 22\underline{/210°}$ A $= 22\underline{/-150°}$ A

$\dot{I}_{\mathrm{N}} = \dot{I}_{\mathrm{A}} + \dot{I}_{\mathrm{B}} + \dot{I}_{\mathrm{C}} = (22\underline{/0°} + 22\underline{/150°} + 22\underline{/-150°})$ A

$\quad = (22 - 19.05 + \mathrm{j}11 - 19.05 - \mathrm{j}11)$ A

$\quad = 16.1\underline{/180°}$ A

由于三相负载不对称，所以三相功率要分别求.

$$P_{\mathrm{A}} = U_{\mathrm{A}}I_{\mathrm{A}}\cos\varphi_{\mathrm{A}} = 220\text{ V} \times 22\text{ A} \times \cos0° = 4\,840\text{ W}$$

$$P_{\mathrm{B}} = 0\text{ W}$$

$$P_{\mathrm{C}} = 0\text{ W}$$

总的有功功率，得

$$P = P_{\mathrm{A}} + P_{\mathrm{B}} + P_{\mathrm{C}} = 4\,840\text{ W}$$

$$Q_{\mathrm{A}} = 0\text{ var}$$

$$Q_{\mathrm{B}} = U_{\mathrm{B}}I_{\mathrm{B}}\sin\varphi_{\mathrm{B}} = 220\text{ V} \times 22\text{ A} \times \sin(-90°) = -4\,840\text{ var}$$

$$Q_{\mathrm{C}} = U_{\mathrm{C}}I_{\mathrm{C}}\sin\varphi_{\mathrm{B}} = 220\text{ V} \times 22\text{ A} \times \sin90° = 4\,840\text{ var}$$

总的无功功率，得

$$Q = Q_{\mathrm{A}} + Q_{\mathrm{B}} + Q_{\mathrm{C}} = 0\text{ var}$$

视在功率，得

$$S = \sqrt{P^2 + Q^2} = 4\,840 \text{ VA}$$

 知识链接二　三相负载的功率因数的提高

三相负载的功率因数是三相电路中一个比较重要的指标，常用 λ 表示，定义为 $\lambda = \cos\varphi$. 因为功率因数代表三相电路电源的效率，当功率因数过低时，电源的有用功率低，所以供电系统采用许多措施来提高功率因数.

【例 4-6】　有一台三相电阻炉，其每相电阻均为 $R = 8.68 \ \Omega$，试求在电源线电压为 380 V 时，电阻分别做三角形和星形连接，各从电网取用多少功率?

解：由于负载是电阻，则负载的阻抗角 $\varphi = 0$.

当负载进行三角形连接时

$$U_L = U_P = 380 \text{ V}$$

$$I_P = \frac{U_P}{R} = \frac{380 \text{ V}}{8.68 \ \Omega} = 43.78 \text{ A}$$

$$P = 3U_P I_P \cos\varphi = 3 \times 380 \text{ V} \times 43.78 \text{ A} \times 1 \approx 50 \text{ kW}$$

当负载进行星形连接时

$$U_P = \frac{U_L}{\sqrt{3}} = \frac{380 \text{ V}}{\sqrt{3}} = 220 \text{ V}$$

$$I_P = \frac{U_P}{R} = \frac{220 \text{ V}}{8.68 \ \Omega} = 25.35 \text{ A}$$

$$P = 3U_P I_P \cos\varphi = 3 \times 220 \text{ V} \times 25.35 \text{ A} \times 1 = 16.73 \text{ kW}$$

由此可见，同一负载，若由三角形连接改为星形连接，当电源电压不变时，平均功率增加到 3 倍. 工业上常利用改变负载的连接方式来控制功率.

 知识链接三　三相功率的测量

三相电路的功率的测量分为三相负载有功功率的测量和三相负载无功功率的测量，这里只介绍有功功率的测量，无功功率的测量与有功功率的测量方法类似.

三相电路的有功功率的测量通常有以下 4 种方法.

（一）一表法

一表法适用于对称三相电路. 用一只单相功率表测量出一相负载吸收的有功功率 P_1，读数乘以 3 即是三相负载吸收的总的有功功率，如图 4-15 所示.

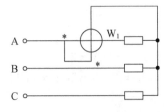

图 4-15　一表法测量三相负载有功功率

测得有功功率为

$$P = 3P_1 \qquad (4\text{-}23)$$

（二）两表法

两表法适用于三相三线制电路. 用两只单相功率表测量三相负载吸收的总的有功功率 P_1 和 P_2. 三相负载吸收的总的有功功率等于两只功率表的读数之和，如图4-16所示.

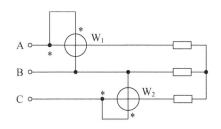

图4-16　两表法测量三相负载有功功率

测得有功功率为

$$P = P_1 + P_2 \qquad (4\text{-}24)$$

1）测量接线方法

两只单相功率表的电流线圈分别任意串接在两根端线上，电流线圈、电压线圈"∗"端（"发电机端"）连接在一起，接电源侧，电压线圈的非发电机端同时接至第三根端线.

2）两表法接线原则

这样两只功率表的计数的代数和就是三相电路的总功率. 显然，两表法的测量线路除了如图4-16所示的测量线路外，还有两种形式，请同学们自行画出. 两表法没功率时，由于每表都没有测量每相负载的功率，因此两表法中任一功率表的读数都是没有意义的. 除了对称三相电路外，两表法不适用于三相四线制电路，因为此时三个线电流不对称.

（三）三表法

三表法适用于三相四线制不对称电路. 用三只单相功率表分别测量每相负载吸收的有功功率 P_1、P_2 和 P_3，三相负载吸收的总的有功功率等于三只单相功率表的读数之和，如图4-17所示.

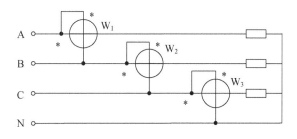

图4-17　三表法测三相四线制负载有功功率

测得有功功率为

$$P = P_1 + P_2 + P_3 \qquad (4\text{-}25)$$

测量接线方法：三只单相功率表的电流线圈分别任意串接在三根端线上，电流线圈、电压线圈"＊"端（"发电机端"）连接在一起，接电源侧，电压线圈的非发电机端同时接至中线．

（四）用三相有功功率表测量三相负载的有功功率

用一只三相有功功率表测量三相负载吸收的总的有功功率方法，适用于所有三相电路．

三相有功功率表有两元件和三元件功率表两种类型．两元件的三相有功功率表测量原理与两表法相同，三元件的有功功率表测量原理与三表法相同．两元件三相有功功率表接线图如图4-18所示．

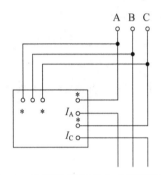

图4-18　两元件三相有功功率表接线图

 想一想　练一练

1. 三相对称负载三角形连接，有三只电流表分别测三个线电流的电压，每表读数为10 A，此时，若有一相负载断路，则各电流表的读数为多少？

2. 对称三相电路中，功率可用公式 $P=\sqrt{3}U_LI_L\cos\varphi$ 计算，式中 φ 是由什么决定的？

3. 三相电动机铭牌上标有220/380 V的额定电压，在电源线电压为220 V和380 V时，电动机绕组需要接成什么形式？在不同的连接下，三相电动机的功率有无变化？

综合技能训练　三相电路的装接与测量

（一）训练内容

（1）熟练对称三相电路的相电压、线电压、相电流、线电流测量．
（2）掌握对称三相负载的有功功率进行测量．

（二）训练要求

（1）正确使用测试仪器、仪表．
（2）根据给定的电路图，正确搭接电路，并能安全操作，准确测出数据．
（3）撰写安装与测试报告．

（三）测试设备

（1）三相电源（三相调压器）.

（2）白炽灯（9只，220 V、100 W）.

（3）交流电流表（4只），交流电压表（1只），万用表（1只），单相有功功率表（2只），三相有功功率表（1只）.

（4）三相开关（1只），单刀开关（1只）.

（5）连接导线若干.

（四）测试电路

测试电路如图4-19所示.

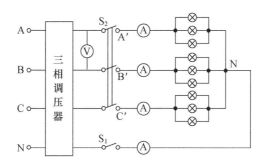

图4-19 三相负载的星形连接实验电路图

（五）测试内容

1）三相负载星形连接电路的测量

正确搭接星形三相负载电路，测量线电压、相电压、线电流. 验证对称星形连接三相负载的线电压与相电压的关系，有中线和无中线对负载工作的影响.

操作方法与步骤如下：

（1）按图4-19搭接电路，合上S_1、S_2，接通电源.

（2）调节三相调压器，使电压表读数为380 V. 测量负载对称有中线时的线电压、相电压、线电流、中线电流、中点电压，观察各相灯泡亮度情况，填入表4-1中.

表4-1 三相负载的电压和电流的测量结果

负载情况	项目	$U_{A'B'}$/V	$U_{B'C'}$/V	$U_{C'A'}$/V	$U_{A'}$/V	$U_{B'}$/V	$U_{C'}$/V	$U_{N'N}$/V	I_A/A	I_B/A	I_C/A	I_N/A	灯泡亮度
对称	有中线												
	无中线												
不对称	有中线												
	无中线												

（3）断开 S_1，测量负载对称无中线时的线电压、相电压、线电流、中线电流、中点电压，观察各相灯泡亮度情况，填入表 4-1 中.

（4）合上 S_1，将 A 相负载的灯泡改为两盏，B、C 相不变，测量负载不对称有中线时的线电压、相电压、线电流、中线电流、中点电压，观察各相灯泡亮度情况，填入上表.

（5）断开 S_1，测量负载不对称无中线时的线电压、相电压、线电流、中线电流、中点电压，观察各相灯泡的亮度情况，填入表 4-1 中.

（6）将电压调为 0，断开开关 S_1、S_2 断开电源，拆除电路.

2）三相负载的三角形连接电路电压和电流的测量

能正确连接三角形三相负载，测量线电压、线电流、相电流. 通过实验验证对称三角形负载线电流与相电流的关系，观察电路出现故障时会出现什么现象.

（1）按图 4-20 连接电路，合上 S_1、S_2、S，接通电源.

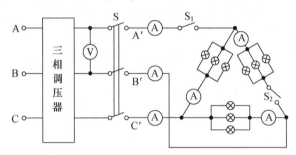

图 4-20　三相负载的三角形连接

（2）调节三相调压器，使电压表读数为 220 V，测量负载对称时的线电压、线电流、相电流、线电流，观察各相灯泡的亮度情况，填入表 4-2 中.

表 4-2　三相负载三角形连接测量结果

项目 负载情况	$U_{A'B'}$ /V	$U_{B'C'}$ /V	$U_{C'A'}$ /V	$I_{A'B'}$ /A	$I_{B'C'}$ /A	$I_{C'A'}$ /A	$I_{A'}$ /A	$I_{B'}$ /A	$I_{C'}$ /A	灯泡 亮度
对称										
AB 相开路										
A 线断路										

（3）断开 S_2，测量线电压、相电流、线电流，观察各相灯泡的亮度情况，填入上表.

（4）合上 S_2，断开 S_1，测量线电压、相电流、线电流，观察各相灯泡的亮度情况，填入表 4-2 中.

（5）将电压调为 0，断开 S，关闭电源，拆除电路.

3）三相负载有功功率的测量

通过用两表法和三相有功功率表测量三相负载的有功功率，说明两表法测量三相负载有功功率的正确性，掌握有功功率的测量方法.

（1）按图 4-21 搭接电路，合上开关 S，接通电源.

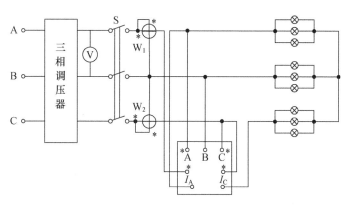

图4-21 三相负载有功功率的测量

（2）调节三相调压器，使电压表读数为380 V，测量对称三相负载的有功功率，将各表读数填入表4-3 中.

（3）把三相负载中一相的灯泡取下一个，测量不对称三相负载的有功功率，将各表读数填入表4-3 中.

（4）调低电压为0，断开开关S，关闭电源，拆除电路.

表4-3 三相负载有功功率的测量结果

三相星形负载情况	U/V	两只单相有功功率表读数/W			三相有功功率表读数/W
		P_1	P_2	$\sum P$	$P_{三相}$
对称					
不对称					

学生工作页

4.1 某教学楼照明电路发生故障，第二层和第三层的所有电灯突然暗淡下来，只有第一层的电灯亮度未变，试问这是什么原因？同时发现第三层的电灯比第二层的还要暗些，这又是什么原因？你能说出此教学楼的照明电路是按何种方式连接的吗？这种连接方式符合照明电路安装原则吗？

4.2 如图4-22 所示，已知 $u_{AB}=380\sqrt{2}\sin(314t+60°)$ V，试写出 u_{BC}、u_{CA}、u_A、u_B、u_C 的解析式.

4.3 如图4-22 所示，有一星形连接的三相负载，每相的电阻 $R=6\ \Omega$，感抗 $X_L=8\ \Omega$. 电源电压对称，设 $u_A=220\sqrt{2}\sin\omega t$ V，试求电流 i_A、i_B、i_C，及三相有功功率 P、无功功率 Q 和视在功率 S.

4.4 如图4-23 所示，有一对称三相电路，负载为三角形连接，已知 $\dot{U}_{AB}=380\ \underline{/0°}$ V，$Z=100\ \underline{/30°}\ \Omega$，求：$\dot{U}_A$、$\dot{U}_B$、$\dot{U}_C$、$\dot{I}_A$、$\dot{I}_B$、$\dot{I}_C$、$P$、$Q$、$S$，并画相量图.

4.5 三相电阻炉每相电阻 $R=10\ \Omega$，试求当三相电阻炉分别进行星形连接和三角形连接，接在 $U_L = 380\,\text{V}$ 的对称电源上时，电阻炉分别消耗多少功率．

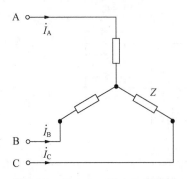

图 4-22　题 4.2、题 4.3 电路图

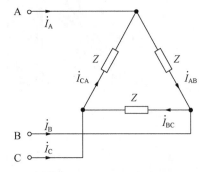

图 4-23　题 4.4 电路图

4.6　三相电源线电压 $U_L = 380\,\text{V}$，对称三相负载进行星形连接，已知负载的功率因数是 0.8，负载的有功功率是 9.8 kW，求线电流、相电流．

4.7 三相交流电路如图 4-24 所示，对称三相电源的线电压为 $u_{BC} = 380\sqrt{2}\sin(\omega t - 30°)$ V，对称三相负载的复阻抗 $Z = (6+j8)\ \Omega$，一单相负载 $Z_{AB} = (4+j3)\ \Omega$．试计算线电流 i_A、i_B、i_C，画出相量图．

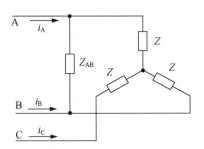

图 4-24　题 4.7 电路图

项目 5 变压器电路的检测及调试

项目教学目标

职业知识目标

- 了解互感现象及其在实际中的应用.
- 掌握互感线圈的同名端判别方法，学会使用互感消去法对互感线圈的串并联电路进行等效变换.
- 了解单相变压器的结构，掌握其工作原理.
- 了解实际变压器的铭牌数据和外特性.
- 了解几种常用变压器的结构特点、作用和使用注意事项.
- 掌握小功率电源变压器测试的一般知识.

职业技能目标

- 能够对理想变压器进行测试.
- 学会使用实验法判断互感线圈的同名端.
- 学会对小功率电源变压器进行检测.

职业道德与情感目标

- 培养良好的职业道德、安全生产意识、质量意识和效益意识.
- 具有实事求是，严肃认真的科学态度与工作作风.

任务一　互感线圈电路的测试

 知识链接一　互感线圈与互感电压

（一）自感现象

线圈中的电流使线圈自身有了磁链，线圈中电流变化时，磁链也要发生变化，在其自身引起了感应电压，这种现象称为自感现象.

在项目3中，学习了电感元件的电压与电流的关系，知道交流电流能使一个电感产生感应电动势，在电感两端就会产生电压，这个电压就是自感电压.

当电压和电流处于关联方向下，自感电压与电流有下列关系式.

瞬时值关系
$$u = \frac{\mathrm{d}\psi}{\mathrm{d}t} = N\frac{\mathrm{d}\varphi}{\mathrm{d}t} = L\frac{\mathrm{d}i}{\mathrm{d}t}$$

有效值关系
$$\frac{U}{I} = \omega L = X_{\mathrm{L}}$$

相量关系
$$\frac{\dot{U}}{\dot{I}} = X_{\mathrm{L}}\angle 90° = \mathrm{j}X_{\mathrm{L}}$$

（二）互感线圈及互感电压

1）互感现象

如图5-1所示，线圈1的匝数为N_1，线圈2的匝数为N_2. 当线圈1中通以电流i_1时，线圈1中产生的磁通为Φ_{11}（称为自感磁通）；当线圈2处于i_1产生的磁场中时，使线圈工具有磁通Φ_{21}（称为互感磁通）. 当i_1的变化引起Φ_{21}的变化时，线圈2中便产生一个感应电动势. 这种由于一个线圈中电流的变化而使另一个线圈中产生感应电动势的现象称为互感现象. 由互感现象产生的感应电动势称为互感电动势，互感电动势的大小和方向分别遵守法拉第电磁感应定律和楞次定律. 能够产生互感电动势的两个线圈称为互感线圈.

同理，若在线圈2中通以电流i_2，则线圈2中的自感磁通为Φ_{22}；若在线圈1中的互感磁通为Φ_{12}，则在线圈1中也要产生互感电动势.

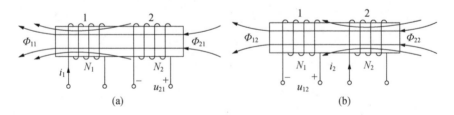

图5-1　两个线圈的互感

2）耦合系数

为了表示两个线圈的磁耦合程度，常用耦合系数来表示. 耦合系数用k表示，定义为

$$k = \frac{M}{\sqrt{L_1 L_2}} \qquad (5\text{-}1)$$

式中，L_1、L_2 为两个线圈的自感系数；M 为互感系数，其单位是亨［利］，用字母 H 表示（$1\,H = 1\,Wb/A$，$1\,Wb = 1\,V \cdot s$）.

　　互感系数描述两个线圈磁耦合的紧密程度：当 k 越大时，耦合越紧密，漏磁通越少；当 $k = 0$ 时，表示两个线圈无耦合关系；当 $k = 1$ 时，表示两个线圈完全耦合. 我们可以通过改变两个线圈的相对位置来改变 k，从而可以相应地改变 M 的大小.

$$M = k\sqrt{L_1 L_2} \qquad (5\text{-}2)$$

3）互感电压

　　在图 5-1 中，当有 $i_1 = I_{1m}\sin\omega t$ 和 $i_2 = I_{2m}\sin\omega t$ 分别通过两个线圈时，如果选择互感电压的参考方向与互感磁通的参考方向符合右手螺旋法则，则根据电磁感应定律，有

$$\begin{cases} u_{21} = M\dfrac{\mathrm{d}i_1}{\mathrm{d}t} \\[2mm] u_{12} = M\dfrac{\mathrm{d}i_2}{\mathrm{d}t} \end{cases} \qquad (5\text{-}3)$$

由此可见，互感电压与产生它的相邻线圈电流变化率成正比.

　　互感电压可用相量表示为

$$\begin{cases} \dot{U}_{21} = \mathrm{j}\omega M \dot{I}_1 = \mathrm{j}X_M \dot{I}_1 \\[2mm] \dot{U}_{12} = \mathrm{j}\omega M \dot{I}_2 = \mathrm{j}X_M \dot{I}_2 \end{cases} \qquad (5\text{-}4)$$

式中，$X_M = \omega M$ 称为互感抗，单位为欧［姆］（Ω）.

知识链接二　互感线圈同名端的检测

　　在研究自感现象时，考虑到线圈的自感磁链是由流过线圈本身的电流产生的，只要选择其自感电压 u_L 与电流 i_L 为关联参考方向，则有 $u_L = L\dfrac{\mathrm{d}i_1}{\mathrm{d}t}$，而无须考虑线圈的实际绕行方向. 这样，当线圈电流增加 $\left(\dfrac{\mathrm{d}i_1}{\mathrm{d}t} > 0\right)$ 时，自感电压的实际极性与电流实际方向一致；当线圈电流减小 $\left(\dfrac{\mathrm{d}i_1}{\mathrm{d}t} < 0\right)$ 时，自感电压的实际极性与电流实际方向相反.

（一）同名端的标记原则及测定

　　线圈中的互感电动势的参考方向与线圈自身电流的参考方向无关，而是取决于另一个线圈电流引起的磁通的参考方向，即需要按照两个线圈的绕行方向，根据右手螺旋法则才能确定. 如图 5-2（a）所示，线圈 1 的绕行方向与线圈 2 的绕行方向相同，根据已知电流 i_1 的方向，按右手螺旋法则，磁通 Φ_{11} 和 Φ_{21} 的参考方向是由右向左的，Φ_{21} 引起互感电压 u_{21}，它们的参考方向之间符合右手螺旋法则，因此可判定 u_{21} 的参考方向应由 c 端指向 d 端；在图 5-2（b）中，由于两个线圈绕向相反，可判定 u_{21} 的参考方向应由 d 端指向 c 端.

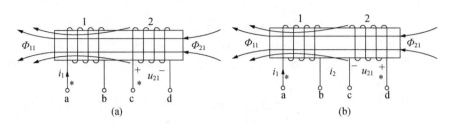

图5-2 互感电压的方向与线圈绕向的关系

但是实际的线圈往往是密封的，因此难以根据磁通方向来确定互感电动势的参考方向. 如果在电路图中不画出具体的线圈，就无法辨别磁通的方向. 为了解决这个问题，要在线圈的端子上标出"＊"或"△"等符号，用以表示两个线圈绕向的关系. 标注方法是：当两个线圈的电流 i_1 和 i_2 都是从"＊"端流入（或流出）线圈时，它们所产生的磁通应相互增强，这样，图5-2（a）中a端与c端应标"＊"；图5-2（b）中a端与d端应标"＊". 带有"＊"的一对端子称为两个耦合线圈的同名端. 其实不带"＊"的另一对端子也互为同名端，不对应的两个端子称为异名端.

同名端总是成对出现的，如果有两个以上的线圈彼此间都存在磁耦合时，同名端应一对一对地加以标记，每一对需要用不同的符号标出，如图5-3所示.

对于难以知道实际绕向的两个线圈，可以采用实验的方法来测定同名端. 在图5-4所示的测量电路中，a、b是线圈1的两端，c、d是线圈2的两端，当开关S闭合的瞬间，线圈1中的电流 i_1 在增大，即 $\dfrac{\mathrm{d}i_1}{\mathrm{d}t} > 0$，若此瞬间直流毫伏表正偏，说明c端相对于d端是高电位，则a和c为同名端；如果电压表指针反偏，则a和d是同名端.

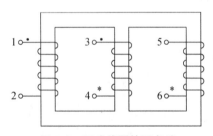

图5-3 互感线圈的同名端

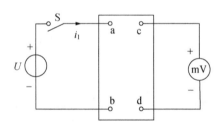

图5-4 测定同名端的实验电路

（二）同名端原则

同名端确定后，互感电压的极性就可以从电流对同名端的方向来确定，即互感电压的极性与产生它的变化电流的参考方向对于同名端是一致的，此为同名端原则. 在图5-5（a）中，电流 i_2 从c端流入，则互感电压 u_{12} 的"＋"极性在与c为同名端的a端.

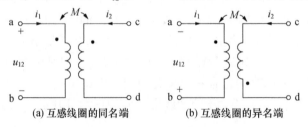

(a) 互感线圈的同名端   (b) 互感线圈的异名端

图5-5 互感线圈的符号

154

同理，在图 5-5（b）中，电流 i_2 从 c 端流入，互感电压 u_{12} 的"+"极性在与 c 为同名端的 b 端.

在互感电路中，线圈端电压是自感电压与互感电压的代数和，即

$$\begin{cases} u_1 = u_{1自感} + u_{1互感} = \pm L_1 \dfrac{\mathrm{d}i_1}{\mathrm{d}t} \pm M \dfrac{\mathrm{d}i_2}{\mathrm{d}t} \\[2mm] u_2 = u_{2自感} + u_{2互感} \pm L_2 \dfrac{\mathrm{d}i_2}{\mathrm{d}t} \pm M \dfrac{\mathrm{d}i_1}{\mathrm{d}t} \end{cases} \tag{5-5}$$

若电流为正弦交流电，则可用相量表示为

$$\begin{cases} \dot{U}_1 = \pm \mathrm{j}\omega L_1 \dot{I}_1 \pm \mathrm{j}\omega M \dot{I}_2 \\[2mm] \dot{U}_2 = \pm \mathrm{j}\omega L_2 \dot{I}_2 \pm \mathrm{j}\omega M \dot{I}_1 \end{cases} \tag{5-6}$$

自感电压的正负与线圈本身的电压和电流有关，当该线圈的自感电压和电流为关联参考方向时，该线圈的自感电压为正；反之为负.

互感电压的正负与两个线圈的同名端有关，要遵守同名端原则.

【例 5-1】 电路如图 5-6 所示，写出互感线圈端电压 u_1 和 u_2 的表达式及相量式.

解：在图 5-6 中，对于线圈 1，由于自感电压 u_{11} 与 i_1 的参考方向是关联方向，故其自感电压 $u_{11} = L_1 \dfrac{\mathrm{d}i_1}{\mathrm{d}t}$，取正号；由于 i_2 从 c 端流入，c 端与线圈 1 的 b 端是同名端，而 b 端是"−"极性，此极性与端电压 u_{12} 的参考极性相反，故互感电压为负，即 $u_{12} = -M\dfrac{\mathrm{d}i_2}{\mathrm{d}t}$. 同理，对于线圈 2，由于 u_{22} 与 i_2 的参考方向是关联方向，故其自感电压 $u_{22} = L_2 \dfrac{\mathrm{d}i_2}{\mathrm{d}t}$，取正号；由于 i_1 从 a 端流入，a 端与线圈 2 的 d 端为同名端，d 端是"−"极性，此极性与端电压 u_{21} 的参考极性相反，故互感电压为负，即 $u_{21} = -M\dfrac{\mathrm{d}i_1}{\mathrm{d}t}$.

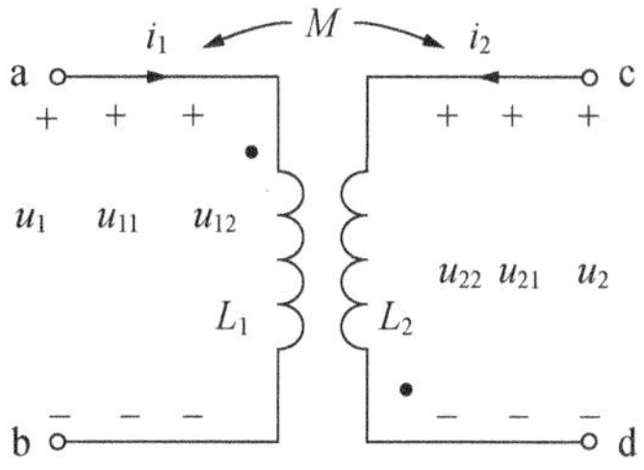

图 5-6 例 5-1 电路图

得

$$\begin{cases} u_1 = u_{11} + u_{12} = L_1 \dfrac{\mathrm{d}i_1}{\mathrm{d}t} - M \dfrac{\mathrm{d}i_2}{\mathrm{d}t} \\[2mm] u_2 = u_{22} + u_{21} = L_2 \dfrac{\mathrm{d}i_2}{\mathrm{d}t} - M \dfrac{\mathrm{d}i_1}{\mathrm{d}t} \end{cases}$$

其相量式为

$$\begin{cases} \dot{U}_1 = \dot{U}_{11} + \dot{U}_{12} = \mathrm{j}\omega L_1 \dot{I}_1 - \mathrm{j}\omega M \dot{I}_2 \\[2mm] \dot{U}_2 = \dot{U}_{22} + \dot{U}_{21} = \mathrm{j}\omega L_2 \dot{I}_2 - \mathrm{j}\omega M \dot{I}_1 \end{cases}$$

知识链接三　互感线圈的连接及等效电路

（一）互感线圈的串联

当电路中有互感时，仍然可用基尔霍夫电压定律列出方程求解．但是在列电压方程时，除了要计入电阻电压、自感电压和电容电压外，还必须计入互感电压．为了正确地判定互感电压的极性，最好在耦合电感上标明互感电压的参考方向．

两个已知同名端的互感线圈相串联的接法有两种，即顺向串联和反向串联，如图 5-7 所示．在图 5-7（a）中，两个线圈的异名端相接，这种接法称为顺向串联；在图 5-7（b）中，两个线圈的同名端相接，这种接法为反向串联．由此可见，顺向串联时电流是从两个线圈的同名端流入，而反向串联时电流是从异名端流入．

1）互感线圈的顺向串联

在图 5-7（a）所示的顺向串联电路中，由于电流从两个线圈对应的同名端流入，因此线圈上的自感电压和互感电压极性相同，根据 KVL 可得线圈两端的总电压

$$\dot{U} = \dot{U}_1 + \dot{U}_2 = j\omega L_1 \dot{I} + j\omega M \dot{I} + j\omega L_2 \dot{I} + j\omega M \dot{I}$$

$$= j\omega \dot{I}(L_1 + L_2 + 2M) \tag{5-7}$$

在式（5-7）中，令 $L_F = L_1 + L_2 + 2M$，L_F 称为顺向串联的等效电感，则图 5-7（a）所示电路可以用一个等效电感 L_F 来替代．

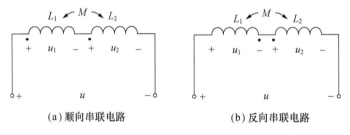

（a）顺向串联电路　　　　　　　　　（b）反向串联电路

图 5-7　互感线圈的串联

2）互感线圈的反向串联

在图 5-7（b）所示的反向串联电路中，电流从两个线圈的异名端流入，在每个线圈上，自感电压和互感电压极性相反，线圈上的电压为两者之差．串联电路的总电压为

$$\dot{U} = \dot{U}_1 + \dot{U}_2 = j\omega L_1 \dot{I} - j\omega M \dot{I} + j\omega L_2 \dot{I} - j\omega M \dot{I}$$

$$= j\omega \dot{I}(L_1 + L_2 - 2M) \tag{5-8}$$

在式（5-8）中，令 $L_R = L_1 + L_2 - 2M$，L_R 称为反向串联的等效电感．

根据 L_F 和 L_R 可以求出两线圈的互感系数 M 为

$$M = \frac{L_F - L_R}{4} \tag{5-9}$$

【例 5-2】　将两个线圈串联接到 50 Hz、110 V 的工频正弦电源上，电路如图 5-7 所示，

顺向串联时的电流为 $I_F = 6\,\text{A}$，总功率为 $360\,\text{W}$；反向串联时的电流为 $I_R = 10\,\text{A}$，求互感系数 M.

解： 正弦交流电路中，当计入线圈的电阻时，互感系数为 M 的串联磁耦合线圈的复阻抗顺向串联时，有

$$Z = (R_1 + R_2) + j\omega(L_1 + L_2 \pm 2M)$$

$$R_1 + R_2 = \frac{P}{I_F^2} = \frac{360\,\text{W}}{(6\,\text{A})^2} = 10\,\Omega$$

电路等效电感为

$$L_F = L_1 + L_2 + 2M = \frac{X_L}{\omega} = \frac{1}{\omega} \times \sqrt{Z^2 - (R_1 + R_2)^2}$$

$$= \frac{1}{100\pi}\sqrt{\left(\frac{U}{I_F}\right)^2 - (10\,\Omega)^2} = 48.9\,\text{mH}$$

当反向串联时，线圈电阻不变，故

$$L_R = L_1 + L_2 - 2M = \frac{X_L}{\omega} = \frac{1}{\omega} \times \sqrt{Z^2 - (R_1 + R_2)^2}$$

$$= \frac{1}{100\pi}\sqrt{\left(\frac{U}{I_R}\right)^2 - (10\,\Omega)^2} = 14.6\,\text{mH}$$

互感系数为

$$M = \frac{L_F - L_R}{4} = \frac{(48.9 - 14.6)\,\text{mH}}{4} = 8.58\,\text{mH}$$

（二）互感线圈的并联

互感线圈的并联也有两种接法：一种是同侧并联；另一种是异侧并联.

1）互感线圈同侧并联

如图 5-8（a）所示，两个线圈的同名端接在同一点上，此电路称为同侧并联电路. 两个线圈的电压、电流参考方向在关联方向下，有

$$\begin{cases} \dot{U} = j\omega L_1 \dot{I}_1 + j\omega M(\dot{I} - \dot{I}_1) = j\omega(L_1 - M)\dot{I}_1 + j\omega M \dot{I} \\ \dot{U} = j\omega L_2 \dot{I}_2 + j\omega M(\dot{I} - \dot{I}_2) = j\omega(L_2 - M)\dot{I}_2 + j\omega M \dot{I} \end{cases} \tag{5-10}$$

根据式（5-10），按照等效的概念，图 5-8（a）所示具有互感的电路就可以用图 5-8（b）所示无互感的电路来等效，这种处理互感电路的方法称为互感消去法.

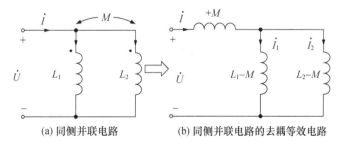

(a) 同侧并联电路　　　　(b) 同侧并联电路的去耦等效电路

图 5-8　互感线圈同侧并联及其去耦等效电路

图 5-8（b）称为图 5-8（a）的去耦等效电路. 由图 5-8（b）可以直接求出两个互感线圈同侧并联时的等效电感为

$$L = \frac{L_1 L_2 - M^2}{L_1 + L_2 - 2M} \tag{5-11}$$

2）互感线圈异侧并联

如图 5-9（a）所示，两线圈的异名端接在同一点上，此电路为异侧并联电路. 图 5-9（b）所示的电路为图 5-9（a）所示电路的去耦等效电路. 可以推出互感线圈异侧并联的等效电感为

$$L = \frac{L_1 L_2 - M^2}{L_1 + L_2 + 2M} \tag{5-12}$$

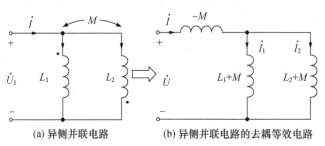

(a) 异侧并联电路　　　　　　(b) 异侧并联电路的去耦等效电路

图 5-9　互感线圈异侧并联及其去耦等效电路

（三）一端相接的互感线圈

在实际的互感电路中，经常会遇到具有互感的两个线圈仅一端相接的电路，同样，这种电路有同名端相接和异名端相接两种连接方式.

1）同名端相接

如图 5-10 所示，两个互感线圈同名端相接，图 5-10（b）为图 5-10（a）的去耦等效电路.

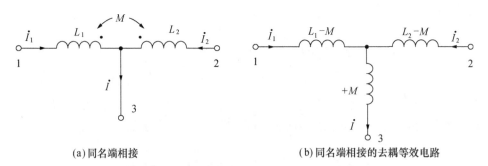

(a)同名端相接　　　　　　　　(b)同名端相接的去耦等效电路

图 5-10　同名端相接的互感线圈及去耦等效电路

2）异名端相接

如图 5-11 所示，两个互感线圈异名端相接，图 5-11（b）为图 5-11（a）的去耦等效电路.

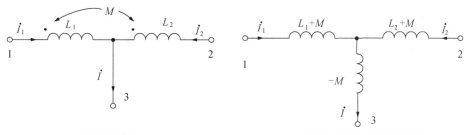

(a) 异名端相接

(b) 异名端相接的去耦等效电路

图5-11 异名端相接的互感线圈及去耦等效电路

【例5-3】 在图5-12 (a) 中，已知$L_1 = 60\,\text{mH}$，$L_2 = 90\,\text{mH}$ $M = 30\,\text{mH}$，$C = 0.33\,\mu\text{F}$，$R = 1\,\text{k}\Omega$，求该电路谐振时的频率.

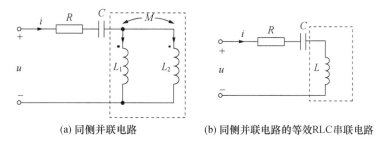

(a) 同侧并联电路

(b) 同侧并联电路的等效RLC串联电路

图5-12 例5-3 电路图

解：图5-12 (a) 中的电路是两个线圈同侧并联，根据式 (5-11) 可将线圈等效成单个电感元件，其等效电感为

$$L = \frac{L_1 L_2 - M^2}{L_1 + L_2 - 2M} = \frac{(60 \times 90 - 30^2)\ \text{m}^2\text{H}^2}{(60 + 90 - 2 \times 30)\ \text{mH}} = 50\,\text{mH}$$

可将电路等效为 RLC 串联电路，如图5-12 (b) 所示，其谐振频率为

$$f = \frac{1}{2\pi\sqrt{LC}} = \frac{1}{2\pi\sqrt{50 \times 10^{-3}\,\text{H} \times 0.33 \times 10^{-6}\,\text{F}}}$$
$$= 1\,240\,\text{Hz}$$

【例5-4】 电路如图5-13 所示，已知电压 $u_S = 20\sqrt{2}\sin t\,\text{V}$，电感 $L_1 = 7\,\text{H}$，$L_2 = 4\,\text{H}$，互感 $M = 2\,\text{H}$，电阻 $R = 8\,\Omega$，求电流 i_2.

解：图5-13 (a) 去耦后的等效电路如图5-13 (b) 所示，由此可得电路的总阻抗为

$$Z = R + \text{j}\omega\,(L_1 - M) + \frac{\text{j}\omega M \times \text{j}\omega\,(L_2 - M)}{\text{j}\omega M + \text{j}\omega\,(L_2 - M)} = \left(8 + \text{j}5 + \frac{\text{j}2 \times \text{j}2}{\text{j}2 + \text{j}2}\right)\Omega = 10\,\underline{/36.9^\circ}\,\Omega$$

可得总电流 $\dot{I}$ 为

$$\dot{I} = \frac{\dot{U}_S}{Z} = \frac{20\,\underline{/0^\circ}\,\text{V}}{10\,\underline{/36.9^\circ}\,\Omega} = 2\,\underline{/-36.9^\circ}\,\text{A}$$

由分流公式可求出 $\dot{I}_2$

$$\dot{I}_2 = \frac{\mathrm{j}\omega M}{\mathrm{j}\omega M + \mathrm{j}\omega(L_2 - M)}\dot{I} = \frac{\mathrm{j}2}{\mathrm{j}2 + \mathrm{j}2} \times 2 \underline{/-36.9°}\ \mathrm{A} = 1 \underline{/-36.9°}\ \mathrm{A}$$

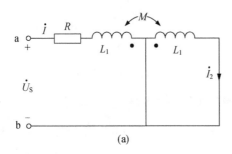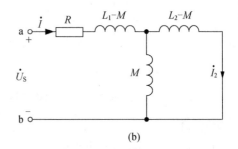

图5-13　例5-4电路图

知识链接四　互感电路的分析和计算

在以前讨论过的正弦交流电路中，电感的电压为自感电压，没有互感电压，而在互感电路中，电感的电压既有自感电压，又有互感电压．所以，以前讨论过的电路分析方法都可引用来分析具有互感的电路．

互感电路的分析有两种方法：一种方法是按以前学过的电路分析方法，只是在算到电感的电压时，要考虑其有自感和互感两个电压，称为直接求法；另一种方法是将含互感线圈的电路化为去耦等效电路，称为去耦等效电路法．

下面通过具体例题说明互感电路的计算．

【例5-5】　电路如图5-14所示，已知 $u_s = 100\sqrt{2}\sin(100\pi t + 30°)$ V，$L_1 = 3$ H，$L_2 = 4$ H，$M = 1.5$ H，$R_1 = R_2 = 1$ kΩ，试求电流 i．

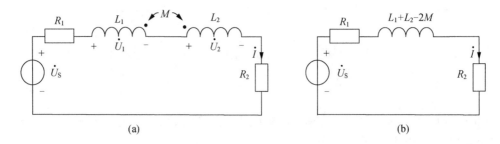

图5-14　例5-5电路图

解：（1）直接求法．

电压的相量为 $\dot{U}_s = 100\underline{/30°}$ V，$\dot{U}_1$、$\dot{U}_2$ 都有自感和互感两个电压，自感电压的符号取决于电压和电流的方向是否关联，关联用正号的公式；互感电压的符号取决于同名端原则．所以

$$\dot{U}_1 = \mathrm{j}\omega L_1 \dot{I} - \mathrm{j}\omega M \dot{I}$$

$$\dot{U}_2 = \mathrm{j}\omega L_2 \dot{I} - \mathrm{j}\omega M \dot{I}$$

整理，得

$$\dot{U}_{\mathrm{s}} = \dot{I}R_1 + \dot{U}_1 + \dot{U}_2 + \dot{I}R_2 = \dot{I}R_1 + (\mathrm{j}\omega L_1 - \mathrm{j}\omega M)\dot{I} + (\mathrm{j}\omega L_2 - \mathrm{j}\omega M)\dot{I} + \dot{I}R_2$$

故，可得

$$\dot{I} = \frac{\dot{U}_{\mathrm{s}}}{R_1 + R_2 + \mathrm{j}\omega(L_1 + L_2 - 2M)} = \frac{100\angle 30° \text{ V}}{1\,000\,\Omega + 1\,000\,\Omega + \mathrm{j}100\pi(3 + 4 - 2 \times 1.5)\text{ H}}$$

$$= 42.3\angle -2° \text{ mA}$$

最后得 $$i = 42.3\sqrt{2}\sin(100\pi t - 2°)\text{ mA}$$

（2）去耦等效电路法.

由于线圈为反向串联连接，图 5-14（a）所示的可等效为图 5-14（b），故有

$$Z = R_1 + R_2 + \mathrm{j}\omega(L_1 + L_2 - 2M) = 1\,000\,\Omega + 1\,000\,\Omega + \mathrm{j}100\pi(3 + 4 - 2 \times 1.5)\text{ H}$$

$$= 2\,000\,\Omega + \mathrm{j}400\pi = 2\,362\angle 32°\,\Omega$$

电流为 $$\dot{I} = \frac{\dot{U}_{\mathrm{s}}}{Z} = \frac{100\angle 30° \text{ V}}{2\,362\angle 32° \text{ V}} = 42.3\angle -2° \text{ mA}$$

最后得 $$i = 42.3\sqrt{2}\sin(100\pi t - 2°)\text{ mA}$$

【例 5-6】 电路如图 5-15 所示，已知工频下电源电压 $\dot{U} = 5\angle 0°$ V，电感 $L_1 = 0.6$ H，$L_2 = 0.8$ H，互感 $M = 0.4$ H，电阻 $R = 62.8\,\Omega$，求电阻上所消耗的功率.

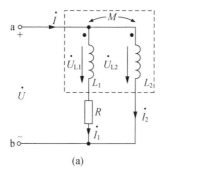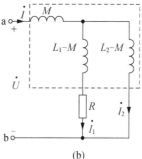

（a）　　　　　　　　　　　　（b）

图 5-15　例 5-6 电路图

解：（1）直接求法.

$\dot{U}_{\mathrm{L1}}$、$\dot{U}_{\mathrm{L2}}$ 都有自感和互感两个电压，自感电压的符号取决于电压和电流的方向是否关联，关联用正号的公式；互感电压的符号取决于同名端原则. 所以

$$\dot{U}_{\mathrm{L1}} = \mathrm{j}\omega L_1 \dot{I}_1 + \mathrm{j}\omega M \dot{I}_2$$
$$\dot{U}_{\mathrm{L2}} = \mathrm{j}\omega L_2 \dot{I}_2 + \mathrm{j}\omega M \dot{I}_1$$

根据 KVL，可得

$$\begin{cases} \dot{U} = \dot{U}_{\mathrm{L1}} + \dot{I}_1 R = \mathrm{j}\omega L_1 \dot{I}_1 + \mathrm{j}\omega M \dot{I}_2 + \dot{I}_1 R = (\mathrm{j}\omega L_1 + R)\dot{I}_1 + \mathrm{j}\omega M \dot{I}_2 \\ \dot{U} = \dot{U}_{\mathrm{L2}} = \mathrm{j}\omega L_2 \dot{I}_2 + \mathrm{j}\omega M \dot{I}_1 \end{cases}$$

解得

$$\dot{I}_1 = 141.6\angle -24.8° \text{ mA}$$

电阻上的功率为 $$P = I_1^2 R = 1.23\text{ W}$$

（2）去耦等效电路法.

图 5-15（a）去耦后的等效电路如图 5-15（b）所示，由此可得电路的总阻抗为

$$Z = j\omega M + \frac{[j\omega(L_1-M)+R]\times j\omega(L_2-M)}{[j\omega(L_1-M)+R]+j\omega(L_2-M)} = 223.7\underline{/96.4°}\ \Omega$$

可得总电流

$$\dot{I} = \frac{\dot{U}}{Z} = \frac{5\text{ V}}{19.95\underline{/0.11°}\ \Omega} = 22.3\underline{/-96.4°}\text{ mA}$$

$$\dot{I}_1 = \dot{I}\times\frac{j\omega(L_2-M)}{j\omega(L_1-M)+R+j\omega(L_2-M)} = 141.6\underline{/-24.8°}\text{ mA}$$

电阻上的功率为 $P = I_1^2 R = 1.23\text{ W}$

想一想　练一练

1. 什么是同名端？测定线圈的同名端有什么意义？如何测定两个线圈的同名端？

2. 自感电压和互感电压公式的符号由什么确定？

3. 写出如图 5-16 所示的电路 u_1、u_2 的瞬时表达式及相量式

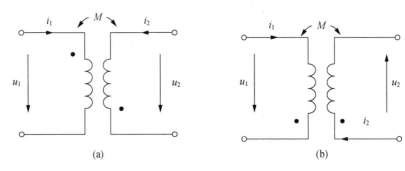

图 5-16　第 3 题电路图

4. 电路如图 5-17 所示，两个耦合线圈 A、B，其额定电压为 110 V，当电源电压为 220 V 和 110 V 两种情况时，问 A、B 两线圈应如何正确接入电源？

5. 电路如图 5-18 所示，试确定开关 S 闭合和断开瞬间 a、b 间电压的实际极性.

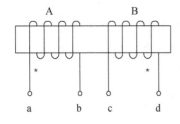

图 5-17　第 4 题电路图

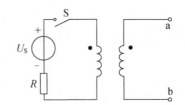

图 5-18　第 5 题电路图

6. 什么是耦合电路的去耦法？有什么实际意义？

任务二 变压器的检测

知识链接一 变压器的功能

变压器是一种常见的电气设备,其用途非常广泛.在电力系统中通常采用高压输电,因此,在输电前,必须用变压器把电压升高到所需的数值.工业和民用不同大小的电压都是通过变压器降压后得到的.在电子线路中除变压以外,变压器还可以用来耦合电路、传递信号,并实现阻抗匹配.变压器是一种静止电器,它能实现变压、变流、变换阻抗及电隔离作用,根据应用场所不同又有各种不同的类型.

(一)理想变压器

1)变压器的分类

按冷却方式分类,变压器可分为干式(自冷)变压器、油浸(自冷)变压器、氟化物(蒸发冷却)变压器;按防潮方式分类,变压器可分为开放式变压器、灌封式变压器、密封式变压器;按铁芯或线圈结构分类,变压器可分为心式变压器(插片铁芯、C形铁芯、铁氧体铁芯)、壳式变压器(插片铁芯、C形铁芯、铁氧体铁芯)、环形变压器、金属箔变压器;按电源相数分类,变压器可分为单相变压器、三相变压器、多相变压器;按用途分类,变压器可分为电源变压器、调压变压器、音频变压器、中频变压器、高频变压器、脉冲变压器.常见的小型变压器结构,如图5-19所示.

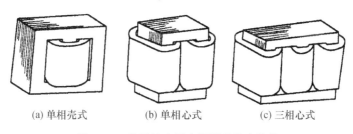

(a) 单相壳式   (b) 单相心式   (c) 三相心式

图5-19 常见的小型变压器的基本结构

变压器的电路符号如图5-20所示.

2)变压器的组成

变压器是由铁芯及绕在铁芯上的两个或多个绕组(又称为线圈)组成.

(1)铁芯.

铁芯是变压器的磁路部分,也是变压器绕组的支撑骨架.铁芯由铁芯柱和铁芯轭两部分构成,铁芯柱上装有绕组,为了减少铁芯内磁滞损耗和涡流损耗,铁芯多采用含硅量约为5%、厚度为0.35 mm或0.5 mm,两平面涂绝缘漆或氧化处理的硅钢片叠装而成;对于特殊要求的变压器,还可采用坡莫合金、铁氧体等材料作为铁芯.

单相变压器的铁芯的基本结构形式有心式和壳式两种,心式结构特点是绕组包围铁芯,适用于高电压大容量变压器;壳式结构特点是铁芯包围绕组,多采用小型干式变压器.铁芯一般采用交叠方式进行叠装,应使上下层叠片的接缝互相错开,如图5-21所示.

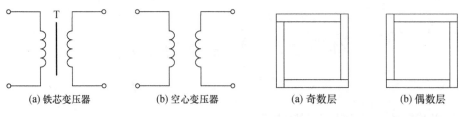

| (a) 铁芯变压器 | (b) 空心变压器 | (a) 奇数层 | (b) 偶数层 |

图 5-20　变压器电路符号　　　　图 5-21　单相变压器铁芯叠装方式

（2）绕组.

绕组是变压器的电路部分，常由漆包铜线或铝线绕制而成. 绕组结构有同心式和交叠式两种，如图 5-22 所示.

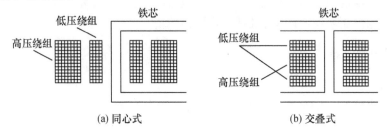

(a) 同心式　　　　　　　　(b) 交叠式

图 5-22　单相变压器的绕组

通常把与电源相连接的一边绕组称为一次侧绕组或原绕组、初级绕组；把与负载相连接的一边绕组称为二次侧绕组或副绕组、次级绕组. 当变压器一次侧绕组高于二次侧绕组时，称为降压变压器；反之，称为升压变压器.

为了便于绝缘，一般低压绕组放在里面，高压绕组套在外面. 高压和低压绕组之间、低压绕组与铁芯之间必须绝缘良好. 为获得良好的绝缘性能，除选用规定的绝缘材料外，还需要利用浸漆、烘干、密封等生产工艺.

（二）变压器的工作原理

变压器的工作过程是电产生磁，磁又生电的过程，是依靠"磁耦合"，把能量从一次侧绕组传到二次侧绕组上，如图 5-23 所示.

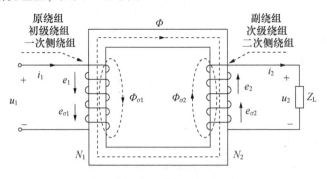

图 5-23　变压器的工作原理

图 5-23 中的电磁关系如下：

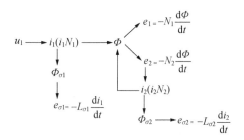

（三）变压器的作用

1）空载运行和电压变换

如图 5-24（a）所示，变压器的一次侧绕组接于电源，二次侧绕组开路（即不与负载接通），此时，称为变压器空载运行.

$$\frac{U_1}{U_2} = \frac{E_1}{E_2} = \frac{N_1}{N_2} = K \tag{5-13}$$

在式（5-13）中，K 称为是变压器一、二次侧绕组匝数比，亦称为变压器的额定电压比，俗称变比：当 $K > 1$ 时，该变压器是降压变压器；当 $K < 1$ 时，该变压器是升压变压器；当 $K = 1$ 时，常用作隔离变压器.

2）变压器负载运行和电流变换

如图 5-24（b）所示，变压器一次侧绕组接电源，二次侧绕组接上负载，在感应电动势 e_2 的作用下，二次侧绕组就有电流 i_2 通过，即有电流输出，此时，为变压器负载运行.

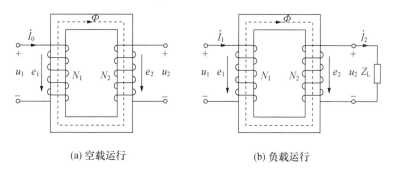

(a) 空载运行　　　　　　　　(b) 负载运行

图 5-24　变压器的原理图

变压器工作时有一定的损耗（铜损和铁损），但与变压器传输的功率相比较则是小得多，可以近似认为变压器输入功率和输出功率相等，即

$$U_1 I_1 = U_2 I_2$$

所以

$$\frac{I_1}{I_2} = \frac{U_2}{U_1} = \frac{N_2}{N_1} = \frac{1}{K} \tag{5-14}$$

3）阻抗变换

理想变压器的等效电路如图 5-25（a）所示. 从一次侧绕组 a、b 端看进去的输入阻抗，如图 5-25（b）所示.

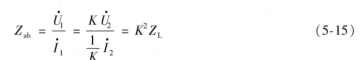

$$Z_{ab} = \frac{\dot{U}_1}{\dot{I}_1} = \frac{K\dot{U}_2}{\frac{1}{K}\dot{I}_2} = K^2 Z_L \qquad (5\text{-}15)$$

由式（5-15）可以看出，负载阻抗 Z_L 为输入阻抗的 K^2 倍. 这样就起到了阻抗变换的作用.

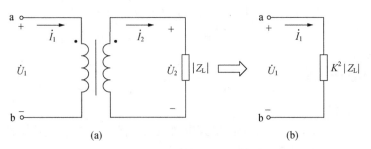

图 5-25　变压器的等效电路

变压器负载阻抗的等效变换是很有用的，在电子线路中常常对负载阻抗的大小有要求，以使负载获得较大的功率. 但是，一般情况下，负载阻抗很难达到匹配要求，所以在电子线路中，常利用变压器进行阻抗变换.

负载获得最大功率的条件是负载 R_L 等于电源的内阻 R_0，如图 5-26 所示. 在收音机中，如果把收音机除去扬声器以外的部分看成一个有源二端网络，那么，作为负载的扬声器电阻 R_L 一般不等于这个有源二端网络的等效内阻，这就需要用一个变压器来进行阻抗变换，使之满足 $R_0 = K^2 R_L$. 此时，扬声器才能获得最大的功率，这种现象称为阻抗匹配.

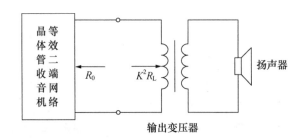

图 5-26　阻抗变换的一个应用

【例 5-7】　有一台电压为 220/36 V 的降压变压器，二次侧接一个"36 V、40 W"的灯泡. 试求：（1）若变压器的一次侧绕组 $N_1 = 1\,100$ 匝，二次侧绕组匝数应是多少？（2）灯泡点亮后，一次侧绕组、二次侧绕组的电流各为多少？

　　解：（1）由变压比的公式

$$\frac{U_1}{U_2} = \frac{N_1}{N_2} = K$$

可以求出二次侧绕组的匝数 N_2 为

$$N_2 = \frac{U_2}{U_1}N_1 = \frac{36}{220} \times 1\,100 \text{ 匝} = 180 \text{ 匝}$$

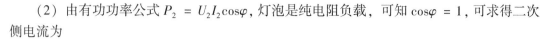

（2）由有功功率公式 $P_2 = U_2 I_2 \cos\varphi$，灯泡是纯电阻负载，可知 $\cos\varphi = 1$，可求得二次侧电流为

$$I_2 = \frac{P_2}{U_2} = \frac{40 \text{ V} \cdot \text{A}}{36 \text{ V}} \approx 1.11 \text{ A}$$

由变流公式可求得一次侧电流为

$$I_1 = I_2 \frac{N_2}{N_1} = 1.11 \text{ A} \times \frac{180}{1100} \approx 0.18 \text{ A}$$

【例 5-8】 在晶体管收音机输出电路中，晶体管所需的最佳负载电阻 $R' = 600 \ \Omega$，而变压器二次侧所接扬声器的阻抗 $R_L = 16 \ \Omega$. 试求变压器的匝数比.

解：根据题意，要求二次侧电阻等效到一次侧后的电阻刚好等于晶体管所需最佳负载电阻，以实现阻抗匹配，输出最大功率.

根据变压器阻抗变换公式

$$\frac{R'}{R_L} = K^2 = \left(\frac{N_1}{N_2}\right)^2$$

得

$$K = \frac{N_1}{N_2} = \sqrt{\frac{R'}{R_L}} = \sqrt{\frac{600}{16}} \approx 6$$

即一次绕组匝数应为二次绕组匝数的 6 倍.

（四）变压器的外特性

变压器的二次侧是负载的电源，负载获得的电压如何，即变压器的输出电压如何很重要.

变压器运行时主要有外特性和效率特性.

1）变压器的外特性及电压变化率

变压器的外特性是指一次侧绕组加额定电压后，负载功率因数 $\cos\varphi_2$ 一定时，二次侧绕组端电压 U_2 随负载电流 I_2 的变化关系，即 $U_2 = f(I_2)$ 曲线，如图 5-27 所示.

由图 5-27 可知，当负载为电阻性负载时，端电压下降较慢；当负载为感性负载时，端电压下降较快，且功率因数越低下降得越快；当负载为容性负载时，端电压升高.

变压器运行时，端电压 U_2 变化的程度，可以用电压变化率 ΔU 来表示. 在 U_{2N} 和 $\cos\varphi_2$ 不变时，二次侧电压 U_2 与额定电压之间的差与额定电压的百分比称为电压变化率，即

$$\Delta U = \frac{U_{2N} - U_2}{U_{2N}} \times 100\% \tag{5-16}$$

电压变化率是变压器的主要性能指标之一，它表示了变压器二次侧供电电压的稳定程度，一定程度上反映了电能的质量. 电力变压器一般为 5% 左右.

2）变压器的效率特性

变压器的效率特性是指当负载的功率因数 $\cos\varphi_2$ 不变时，效率 η 和输出功率 P_2 间的关系，即 $\eta = f(P_2)$ 曲线，其特性曲线如图 5-28 所示.

由图 5-28 可知：当空载时，输出为零，$\eta = 0$；当负载较小时，效率 η 很低；当负载逐渐增加时，η 上升；当负载超过一定值后，由于铜损与电流平方成正比例增大，效率 η 反而下降.

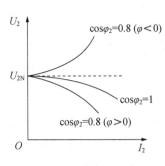

图 5-27　变压器的外特性

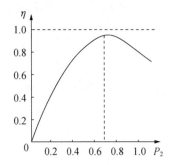

图 5-28　变压器的效率特性

（五）变压器铭牌数据

为了使变压器安全、经济、合理地运行，同时让用户对变压器性能有所了解，制造厂家对每一台变压器安装一块铭牌，标明变压器的型号及各种额定数据. 表 5-1 为某一三相变压器的铭牌.

1）变压器的型号说明

以"SJL-560/10"为例. 其中"S"表示三相（单相用 D 表示），"J"表示油浸自冷式，"L"表示铝导线（不标注铜导线），"560"表示容量为 560 kV·A（即 560 kW），"10"表示高压侧电压等级为 10 kV. 目前，国产的变压器系列产品有 SJL1（三相油浸自冷式铝线电力变压器）、SFPL2（三相强油风冷铝线电力变压器）、SFPSL1（三相强油冷三绕组铝线电力变压器）等. 近年来，全国统一设计的更新换代产品系列 SL7、S7、S9、S11、S13、SCL1，以及 SF7、SZ7、SZL7 等系列.

表 5-1　变压器的铭牌

铝线变压器					
产品标准			型号		SJL-560
额定容量	560 kV·A（kW）	相数	3	额定频率	50 Hz
额定电压	高压	10 000 V	额定电流	高压	32.3 A
	低压	400~230 V		低压	808 A
使用条件		户外式	绕组温升 65 ℃		油面温升 55 ℃
阻抗电压 4.94%			冷却方式		油浸自冷式
油重 370 kg		器身重 1 040 kg		总重 1 900 kg	
绕组连接图		相量图		连接组标号	开关位置	分接电压
高压	低压	高压	低压			
U_1 V_1 W_1 / U_2 V_2 W_2	U V W N	U W V	U N W V	Y/Y_0	I	10 500 V
					II	10 000 V
					III	9 500 V

2）变压器的额定值

使用任何电气设备或元件时，其工作电压、电流、功率等都是有一定限度的. 为了确保电器产品安全、可靠、经济、合理地运行，生产厂家为用户提供其在给定的工作条件下能正常运行而规定的允许工作数据，称为额定值. 额定值通常标注在电气的铭牌和使用说明书上，并用下标"N"表示，如额定电压 U_N、额定电流 I_N、额定功率 P_N 等.

变压器的额定值介绍如下：

（1）额定电压 U_{1N}、U_{2N}. U_{1N} 是指加在一次侧绕组上交流电压的额定值；U_{2N} 是指在一次侧绕组上加额定电压，二次侧绕组不带负载时的开路电压. 对于三相变压器，U_{1N}、U_{2N} 均指线电压.

由于变压器绕组及线路上有电压降存在，变压器二次侧绕组的输出额定电压比负载所需的额定电压高 5% 左右，如 400 V 或 230 V.

（2）额定电流 I_{1N}、I_{2N}. I_{1N}、I_{2N} 均是指在允许的发热条件下而规定的一次侧绕组、二次侧绕组允许长期通过的最大电流值. 对于三相变压器均指线电流.

（3）额定容量 S_N. S_N 是指变压器次级的最大视在功率. 由于变压器效率很高，通常把一次侧绕组、二次侧绕组的额定容量视为相等，即

三相变压器 $\qquad S_N = \sqrt{3} U_{1N} I_{1N} = \sqrt{3} U_{2N} I_{2N}$

单相变压器 $\qquad S_N = U_{1N} I_{1N} = U_{2N} I_{2N}$

（4）额定频率 f_N. 我国规定的工农业用电频率为 50 Hz.

（5）额定温升. 变压器的额定温升是在额定运行状态下指定部位允许超出标准环境温度之值. 我国以 40℃ 作为标准环境温度. 大容量变压器油箱顶部的额定温升用水银温度计测量，定为 55℃.

【例5-9】 一台变压器的额定容量 $S_N = 100 \text{ kV} \cdot \text{A}$（即 100 kW），额定电压为 10 000 V/230 V，负载 $R = 0.412\ \Omega$，$X_L = 0.309\ \Omega$. 当变压器向负载供电时正好满载，求变压器一次侧绕组和二次侧绕组的额定电流和电压变化率.

解：（1）由额定容量 S_N 和二次侧绕组电压（$U_{2N} = 230 \text{ V}$），可求得二次侧绕组的额定电流

$$I_{2N} = \frac{S_N}{U_{2N}} = \frac{100 \times 10^3 \text{V} \cdot \text{A}}{230 \text{ V}} = 434.8 \text{ A}$$

一次侧绕组的额定电流为

$$I_{1N} = I_{2N} \frac{U_{2N}}{U_{1N}} = 434.8 \text{ A} \times \frac{230 \text{ V}}{10\,000 \text{ V}} = 10 \text{ A}$$

（2）负载阻抗

$$|Z_L| = \sqrt{R^2 + X_L^2} = \sqrt{(0.412\ \Omega)^2 + (0.309\ \Omega)^2} = 0.52\ \Omega$$

二次侧绕组电压

$$U_2 = I_{2N}|Z_L| = 434.8 \text{ A} \times 0.52\ \Omega = 226 \text{ V}$$

电压变化率

$$\Delta U = \frac{U_{2N} - U_2}{U_{2N}} \times 100\% = \frac{230 - 226}{230} \times 100\% = 1.74\%$$

【例5-10】 额定容量 $S_N = 50\,kV \cdot A$（即 $50\,kW$），额定电压 $6\,000\,V/230\,V$ 的电力变压器，满载时的铜损为 $300\,W$，铁损为 $300\,W$，这台变压器在满载的情况下向功率因数为 0.82 的负载供电，这时二次侧绕组的端电压为 $220\,V$，求它的效率 η.

解： 满载时，二次侧绕组的额定电流为

$$I_{2N} = \frac{S_N}{U_{2N}} = \frac{50 \times 10^3\,V \cdot A}{230\,V} = 217\,A$$

满载时的输出功率

$$P_2 = U_2 I_2 \cos\varphi_2 = 220\,V \times 217\,A \times 0.82 = 39\,147\,W$$

变压器满载的效率

$$\eta = \frac{P_2}{P_2 + \Delta P_{Cu} + \Delta P_{Fe}} \times 100\% = \frac{39\,147\,W}{(39\,147 + 900 + 300)\,W} \times 100\%$$
$$= 97\%$$

知识链接二　特殊变压器工作原理及使用方法

变压器的种类很多，除了上面讨论的双绕组变压器外，还有一些特殊用途的变压器.例如，多绕组变压器，可以得到多种不同的输出电压；实验室里常用的原、副绕组共用一相绕组的自耦变压器；工业上具有陡峭外特性的电焊变压器；测量用的电压互感器和电流互感器等. 这些特殊用途的变压器都是按照电磁感应的原理制造的，它们的工作原理同前述的一般变压器类似，但又各有自己的特点.

下面对其中几种变压器进行简单介绍.

（一）三相变压器

在现代生产中，通常采用三相交流电，为了变换三相电压，可用三台同样的变压器组成三相变压器组，根据电源电压和各原、副绕组的额定电压，可把 3 个原、副绕组接成星形或三角形，如图 5-29 所示.

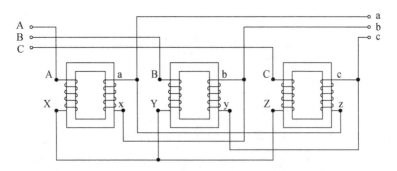

图 5-29　三台单相变压器 Y/△连接而成的三相变压器组

目前使用最广泛的是用一台三相变压器来变换三相电压. 如图 5-29 所示，是心式三相变压器的原理图，它的铁芯上有 3 个铁芯柱，每个铁芯柱上都套装着原、副绕组. 原、副绕组可以接成星形或三角形. 原绕组同电源相连，副绕组同负载相连. 因此，三相变压器的第一相，都相当于一个单独的单相变压器. 前述单相变压器所用的分析方法和得出的

一些基本公式，也都适用于三相变压器的任一相. 三相变压器主要应用于三相电力系统的升压和降压，是电力工业中常用的变压器.

常用的三相电力变压器绕组的接法有 Y/Y₀、Y/△、Y₀/△ 三种，这些符号分子表示的是三相高压绕组的接法，分母表示三相低压绕组的接法，Y₀ 表示三相绕组接成星形并有中线.

Y/Y₀ 接法应用于容量不大的三相配电变压器上，供动力照明混合负载使用，其低压为 400 V，高压不超过 35 kV，最大容量为 1 800 kVA 左右；Y/△接法用于低压为 3～10 kV，高压不超过 60 kV 的线路中，最大容量为 5 600 kVA 左右；Y₀/△主要用在高压或超高压且输电容量很大的变压器中.

三相变压器组的每一台单相变压器的体积小、重量轻、搬运方便，因此大容量的变压往往采用三相变压器组. 使用三相变压器组还可以当某一相单相变压器有故障时，只需断开这个变压器的连接，而其他部分的变压器可以继续工作，直到有新的变压器取代有故障的变压器为止.

三相变压器具有体积小、成本低、效率高等优点，而中、小容量的变压则采用三相变压器.

(二) 自耦变压器

如图 5-30 所示，变压器的原、副绕组有一部分是共用的，彼此并不绝缘，这种变压器称为自耦变压器. 自耦变压器的原理与普通变压器原理相同.

设变压器一次侧绕组的匝数为 N_1，输入电压为 U_1，电流为 I_1；二次侧绕组的匝数为 N_2，输出电压为 U_2，电流为 I_2. 则一次侧绕组、二次侧绕组的电压比为

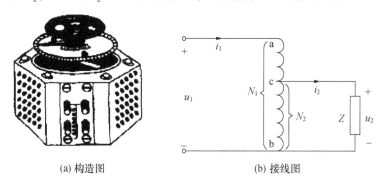

(a) 构造图　　　　　　　　(b) 接线图

图 5-30　自耦变压器

$$\frac{U_1}{U_2} = \frac{N_1}{N_2} = K$$

若 N_1 和 U_1 固定不变，把活动接触点向上或向下移动，可以改变 N_2 的大小，从而可以改变二次侧绕组电压 U_2. 在满载或接近满载时，有

$$\frac{I_1}{I_2} \approx \frac{N_2}{N_1} = \frac{1}{K}$$

$$I_1 \approx \frac{1}{K}I_2$$

由此可见，和同样额定值的普通变压器比较，自耦变压器用铜量较少，从而重量轻、体积小；绕组内铜损较小，从而具有较高的效率.

但在使用中应注意如下两点.

（1）自耦变压器的一次侧绕组和二次侧绕组不可接错，即不能将电源接在二次侧；若接错，则可能把自耦变压器烧坏，也可能造成电源短路.

（2）接通电源前，应将滑动触点旋至零位，然后接通电源，逐渐转动手柄，将电压调至所需的数值.

【例5-11】 有一台容量为 $18\,kV \cdot A$ 自耦变压器，已知 $U_1 = 220\,V$，$N_1 = 600$ 匝. 如果要想得到输出电压 $U_2 = 189\,V$，应该在绕组的什么地方抽头？满载时的额定电流 I_{1N}、I_{2N} 为多少？

解：（1）由式（5-13）可求得抽头处的匝数为

$$N_2 = \frac{U_2}{U_1}N_1 = \frac{189\,V}{220\,V} \times 600 \text{ 匝} \approx 516 \text{ 匝}$$

即应在绕组 516 匝处抽出一个出线头，可得 $U_2 = 189\,V$.

（2）由于自耦变压器的效率很高，可以近似认为

$$U_{1N}I_{1N} \approx U_{2N}I_{2N} = S_N$$

满载时的电流为

$$I_{1N} \approx \frac{S_N}{U_{1N}} = \frac{18 \times 10^3\,V \cdot A}{220\,V} = 81.8\,A$$

$$I_{2N} = \frac{S_N}{U_{2N}} = \frac{18 \times 10^3\,V \cdot A}{189\,V} = 95.2\,A$$

自耦变压器也可以做成三相的，三相自耦变压器在电动机启动控制中得到应用. 三相自耦变压器的三个绕组一般都接成星形，如图 5-31 所示. 三相自耦变压器的图形符号如图 5-32 所示.

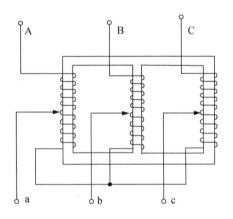

图 5-31　三相自耦变压器连接图

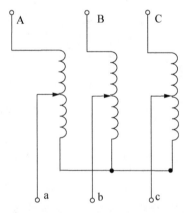

图 5-32　三相自耦变压器的图形符号

（三）仪表互感器

专供测量仪表使用的变压器称为仪表互感器，简称互感器. 采用互感器的主要目的是

172

扩大测量仪表的量程，并使测量仪表与高压电路绝缘，以保证工作安全.

根据用途的不同，互感器可分为电压互感器和电流互感器两类；根据应用场合的不同还可以分为交流互感器与直流互感器.

1) 电压互感器

电压互感器的构造及接线图如图 5-33 所示，可用它扩大交流伏特表的量程. 电压互感器的工作原理与普通变压器的空载情况相类似，在使用时，匝数较多的一次侧绕组与被测高压线路并联，匝数较少的低压绕组则与伏特表相连.

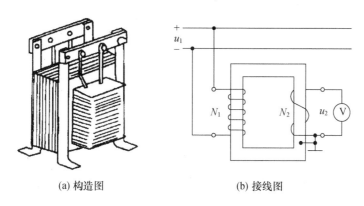

(a) 构造图　　　　　　　　　(b) 接线图

图 5-33　电压互感器

由于电压表的电阻很大，因此电压互感器的二次绕组侧电流很小，可视作开路. 若设一次侧绕组、二次侧绕组的电压为 U_1 与 U_2、匝数为 N_1 与 N_2，则

$$\frac{U_1}{U_2} = \frac{N_1}{N_2} = K_u$$

$$U_1 = K_u U_2$$

式中的 K_u 为电压比. 因此，高压线路的电压等于二次侧绕组所测得的电压与电压比的乘积. 当伏特表与一个专用的电压互感器配套使用时，伏特表的标尺就可按电压互感器高压侧的电压刻度. 这样就可直接从该伏特表上读出高压线路上的电压值.

通常，电压互感器副绕组的额定电压均设计为同一标准值 100 V，这样方便伏特表的配套. 因此，在不同电压等级的电路中所用的电压互感器，其电压比是不同的，如 10 000 V/100 V、35 000 V/100 V 等.

为了正确安全地使用电压互感器，应注意如下几点：

(1) 互感器的负载功率不要超过其额定容量，以免造成电压比与输出电压的相对误差过大.

(2) 其铁芯、二次侧绕组及外壳都要接地. 这样，万一绝缘损坏，仍可保护人身安全.

(3) 一次侧绕组与二次侧绕组都要接熔断器，以便当电路被短路时起保护作用，使互感器免遭损坏.

如图 5-34 所示的电路是测量三相交流电路中的三个线电压的连接方法.

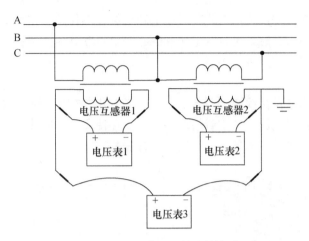

图 5-34　交流电压间接连接方法

2）电流互感器

电流互感器是根据变压器的原理制成的，它主要是用来扩大测量交流电流的量程. 因为在测量交流电路的大电流时（如测量容量较大的电动机、工频炉、焊机等的电流时），通常安培表的量程是不够的.

此外，使用电流互感器也是为了使测量仪表与高压电路隔开，以保证人身与设备安全.

电流互感器的构造及接线图如图 5-35 所示. 一次侧绕组的匝数很少（只有一匝或几匝），它串联在被测电路中；二次侧绕组的匝数较多，它与安培表或其他仪表及继电器的电流线圈相连接.

根据变压器原理，可认为

$$\frac{I_1}{I_2} = \frac{U_2}{U_1} = \frac{N_2}{N_1} = K_i$$

$$I_1 = \frac{N_2}{N_1}I_2 = K_i I_2$$

式中，K_i 为电流互感器的变换系数.

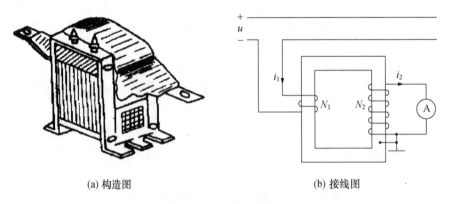

(a) 构造图　　　　　　　　(b) 接线图

图 5-35　电流互感器

由上式可见，利用电流互感器可将大电流变换为小电流. 安培表的读数 I_2 乘以变换系数 K_i 即为被测的大电流 I_1，在安培表的刻度上可直接标出被测电流值. 通常，电流互感器副绕组的额定电流都规定为 5 A 或 1 A.

为了正确安全地使用电流互感器，应注意以下几点：

（1）所选用的电流互感器的一次侧绕组额定电流 I_{1N} 应大于被测电流，并且其额定电压应与被测电路的电压相适应.

（2）负载功率不要超过电流互感器的额定容量，以免交流比和电流误差过大.

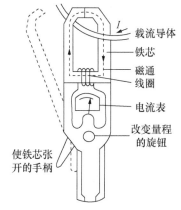

（3）在工作中不允许二次侧绕组开路，因为原绕组电流 I_1 由被测电路的负载决定，而与互感器副边所接阻抗无关. 当二次侧绕组开路，I_2 减至零，互感器的磁动势猛增至 $N_1 I_1$，磁通剧增，副边会产生高压，危及人身安全，同时，铁损耗剧增，会使互感器过热损坏.

（4）互感器二次侧绕组的一端、铁芯及外壳应接地，以保证使用时安全.

实际工作中，经常使用的钳形电流表，就是把电流互感器和电流表装在一起，如图 5-36 所示. 电流互感器的铁芯像把钳子，在测量时可用手柄将铁芯张开，把被测电流的导线套在铁芯内，被测电路的导线就是电流互感器的二次侧

图 5-36　钳形电流表

绕组，只有一匝，二次侧绕组绕在铁芯上并与电流表接通，这样就可从电流表中直接读出被测电流的大小. 利用钳形电流表可以很方便地测量线路中的电流，而不用断开被测电路.

在使用钳形表时应注意以下几点：

① 在实际的测量中，钳形表常常被用来判断导线中是否有交流电，来寻找故障，所以，钳形表不能用于测量精度要求很高的电流.

② 测电流时，必须让被测导线置于钳口中部，钳口要紧闭.

③ 如在测量过程中需要换量程，必须要先打开钳形表，调整量程，再重新把被测导线放进钳口，不允许在测量过程中变换量程.

④ 钳形表只能测量一根导线内的电流，不能同时将两根或多根导线放置在钳口中去测量电流.

如图 5-37 所示的电路为应用钳形表测量三相交流电动机的线电流.

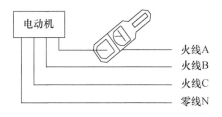

图 5-37　三相交流电路电流的测量

（四）电焊变压器

交流弧焊机在工程技术中应用广泛，其构造实际上是一台特殊的降压变压器，称为电焊变压器. 其工作原理图如图 5-38 所示. 电焊变压器一般由 220 V/380 V 降压到约为

60～80 V 的空载点火，形成电弧.

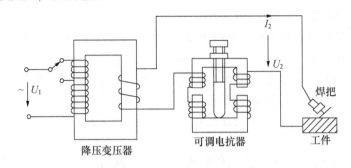

图5-38　电焊变压器原理图

焊接时，焊条与焊件之间的电弧相当于一个电阻，要求副边电压能急剧下降，这样当焊条与焊件接触时短路电路不会过大，而焊条提起后焊条与焊件之间所产生的电弧压降约为 30 V. 为了适应不同焊件和不同规格的焊条，焊接电流的大小要能调节，因此在电焊变压器的二次侧绕组中串联一个可调铁芯电抗器，改变电抗器空气隙的长度，就可调节焊接电流的大小.

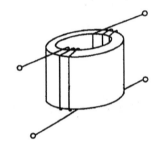

图5-39　脉冲变压器

(五) 脉冲变压器

脉冲数字技术已广泛应用于计算机、雷达、电视、数字显示器和自动控制等许多领域. 在脉冲电路中，常用变压器进行电路之间的耦合、放大及阻抗变换等，这种变压器称为脉冲变压器，如图 5-39 所示.

脉冲变压器主要是用来传递脉冲电压信号，因此其铁芯截面应做得大一些，要选用导磁性能好的铁氧体材料.

　想一想　练一练

1. 变压器是根据什么原理工作的？它在电路中起着什么作用？

2. 变压器的铁芯是起什么作用的？不用铁芯行不行？为什么变压器的铁芯要用硅钢片叠成，而不用整块铸铁？

3. 变压器能否用来变换直流电压？

4. 如果把自耦变压器的滑动触点接到电源上，会有什么后果？为什么？

综合技能训练　变压器的测试

(一) 训练目的

(1) 认识变压器.

(2) 理解变压器的一次侧绕组、二次侧绕组的电压关系.

(3) 理解变压器的一次侧绕组、二次侧绕组的电流关系.

（4）掌握变压器同名端的测试法.

（二）训练要求

（1）正确使用测试仪器、仪表.
（2）正确测试电压与电流等相关数据并进行数据分析.
（3）撰写安装与测试报告.

（三）测试设备

（1）电工电路综合实训 1 台.
（2）白炽灯（9 只, 220 V、100 W）.
（3）交流电流表（1 只），交流电压表（1 只），万用表（1 只）.
（4）变压器 1 台.
（5）连接导线若干.

（四）测试电路

测试电路如图 5-40 与图 5-41 所示.

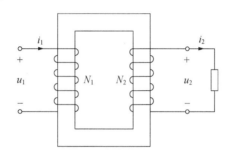

图 5-40　电源变压器测试电路图

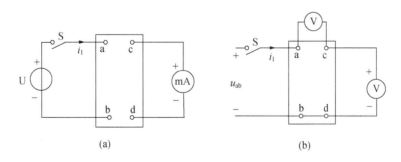

图 5-41　变压器同名端测试电路图

（五）测试内容

按图 5-40 所示的电路，正确搭接线路.
（1）用交流电压表测量一次侧绕组电压和二次侧绕组电压，将测试数据填入表 5-2 中.
（2）用交流电流表测量一次侧绕组电流和二次侧绕组电流，将测试数据填入表

5-2 中.

（3）观察变压器的一次侧绕组和二次侧绕组的匝数，将观察结果填入表 5-2 中.

表 5-2　测试数据结果

一次侧绕组		二次侧绕组	
电压 U_1/V		电压 U_2/V	
电流 I_1/A		电流 I_2/A	
匝数 N_1		匝数 N_2	

（4）直流判别法. 按照图 5-41（a）所示的电路，正确搭接电路，依据同名端定义与互感电动势参考方向标注原则来判定两个线圈的同名端. 当两个耦合线圈的绕向未知时，如果 S 闭合，电流表正偏，则 a 和 c 为同极性端；如果 S 闭合，电流表反偏，则 a 和 d 为同极性端.

（5）交流判别法. 按照图 5-41（b）所示的电路，正确搭接电路，将两个线圈各取一个接线端连接在一起，如图中的 b 和 d. 并在一个线圈上加一个较低的交流电压 U_{ab}，再用交流电压表分别测量 U_{ab}、U_{ac}、U_{cd} 各值，如果测量结果为 $U_{ac} = U_{ab} - U_{cd}$，则说明两线圈为反极性串联，故 a 和 c 为同名端；如果 $U_{ac} = U_{ab} + U_{cd}$，则 a 和 d 为同名端.

学生工作页

5.1　上网查阅科学家法拉第的生平和科学成就.

5.2　利用图书馆资源和网络资源，查一查变压器的种类有哪些？

5.3　将两个互感线圈串联起来接到"50 Hz，220 V"的正弦交流电上，顺向串联时测得电流为 2.7 A，吸收的功率为 218.7 W；反向串联时测得电流为 7 A，求互感系数 M.

5.4　某单位单相变压器由于铭牌脱落，仅能见到 4 个接线端. 现有万用表和交流电源及一些导线，试想办法判定变压器绕组的同名端.

5.5　判断图 5-42 中电路互感线圈的同名端.

5.6　计算图 5-43 中电路的等效电感.

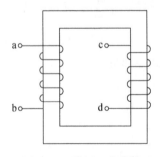

图 5-42　题 5.5 电路图

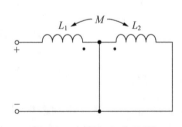

图 5-43　题 5.6 电路图

5.7　一个理想变压器匝数比为 40，一次侧绕组的电流为 0.1 A，负载电阻为 100 Ω，试求一次侧绕组、二次侧绕组的电压和负载获得的功率.

5.8 一个理想变压器一次侧绕组、二次侧绕组的匝数分别为 2 000 匝和 50 匝, 负载电阻 $R_0 = 10\,\Omega$, 负载获得的功率为 160W, 试求二次侧绕组的电流 I_2 和电压 U_2.

5.9 某晶体管收音机原配有 $4\,\Omega$ 的扬声器负载, 想要改接 $8\,\Omega$ 的扬声器, 已知输出变压器的一次侧绕组、二次侧绕组匝数分别为 250 匝和 60 匝, 若一次侧绕组匝数不变, 问二次侧绕组的匝数应如何变动, 才能使阻抗重新匹配?

5.10 电流互感器和电压互感器在结构和接法上有什么区别? 在使用时各要注意什么问题?

5.11 某电流互感器电流比 400 A/50 A. 问: (1) 若二次侧绕组电流为 3. 5A, 一次侧绕组电流为多少? (2) 若原绕组电流为 350 A, 则副绕组电流为多少?

5.12 一个带有 3 个副绕组的电源变压器, 电路如图 5-44 所示, 试问能得出多少种电压?

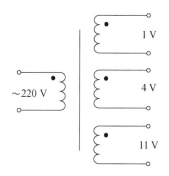

图 5-44 题 5. 12 电路图

项目 **6** 延时照明电路的设计、安装及调试

项目教学目标

职业知识目标

- 了解过渡过程的应用及换路定则.
- 熟悉 RC 电路、RL 电路的过渡过程.
- 理解时间常数的意义.
- 熟练掌握一阶线性电路的三要素分析方法.

职业技能目标

- 学会使用示波器、万用表对 RC 充电、放电电路进行观察和测试.
- 学会设计和装接简单的延时电路,并能调试电路.

职业道德与情感目标

- 培养学生的自主性,提高学生的研究性学习兴趣.
- 在项目学习过程中逐步形成团队合作的工作意识.
- 在项目工作过程中,逐步培养良好的职业道德、安全生产意识、质量意识和效益意识.

任务一　过渡过程的测试

知识链接一　过渡过程概述

在一定条件下，事物的运动会处于一定的稳定状态．当条件改变时，其状态就会发生变化，过渡到另一种新的稳定状态．例如，地铁到站停车，转速为零，处于一种稳定状态，启动后逐渐加速，最后在匀速运行，处于另一种新的稳定状态．

事物从一种稳定状态转到另一种稳定状态，往往不能跃变，而是要经过一个物理过程，这个物理过程称为过渡过程．

电路也存在着过渡过程，几个相关术语介绍如下．

（一）动态元件

在实际的生产和生活中，电容元件和电感元件应用相当广泛，如电风扇中的定时器、触摸延时开关等，都有电容或电感的存在．由于电容的伏安特性是 $i = C\dfrac{\mathrm{d}u}{\mathrm{d}t}$，电感的伏安特性是 $u = L\dfrac{\mathrm{d}i}{\mathrm{d}t}$，它们的伏安特性呈动态特点，因此把电容元件和电感元件称为动态元件．

（二）稳定状态

当电路中的电压、电流在给定的条件下已经达到某一稳定数值，即对直流电路来说，电压和电流恒定不变；对交流电路来说，电压和电流的幅值不变，这种状态为电路的稳定状态．例如，当电风扇不工作时，其转速为零，电压和电流也均为零，这是一种稳态；当电风扇匀速转动时，其电压和电流为额定值，就是另一种稳态．

（三）过渡过程（暂态过程）

电路从一种稳定状态向另一种稳定状态转变时，能量不能跃变，使得一些元件的电压和电流往往不能跃变，要经过一个过程，这个过程为过渡过程．由于这个过渡过程非常短暂，因此也把过渡过程称为暂态过程．例如，打开电风扇，电风扇从转速为零到匀速转动，要经过一个转速上升的过程，这实际上是能量的连续变化过程，也是某些电流、电压的连续变化过程，这个过程就是过渡过程．

过渡过程一般来说是很短暂的，但其应用却很广泛．例如，在电子设备和计算机中常利用 RC 电路的暂态特性获得所需的锯齿波扫描电压．电路的过渡过程也有不利的一面，由于在过渡过程中，电路中有可能产生很大的冲击电流或电压，出现过电流、过电压等，严重时可能对电气设备损坏和人身安全造成伤害，因此要认识和掌握这种客观存在的物理现象和规律，在生产上既要充分利用过渡过程的特性，同时也必须预防它所产生的危害．

（四）换路

通常把电路状态的改变（如电路的接通、断开、电压改变、电路的参数的变化等）统称为换路.

（五）过渡过程的起因

过渡过程的起因有两个：电路中有电容或电感元件；电路发生了换路. 两者缺一不可.

因为电容和电感都是储能元件，一旦电路发生换路，它们的能量会发生变化，但能量是不能跃变的，所以电路从一种状态跳到另一种状态，必须要经历一个能量逐渐变化的过程.

 知识链接二 初始值的确定

（一）换路定则

当电路发生换路时，电路中的能量将发生变化，但这种能量的变化也不是瞬间完成的. 在换路的瞬间，电感和电容存储的能量没有变化，随着过渡过程，能量才逐渐变化.

把 $t = 0$ 时刻设为换路的瞬间，再把这个瞬间一分为二，$t = 0_-$ 表示换路前的最后一个瞬间，$t = 0_+$ 表示换路后过渡过程的初始瞬间.

在电感元件中，储存的磁能 $W_L = \frac{1}{2}Li_L^2$，在换路瞬间不能突变，所以电感的电流 i_L 不能突变. 在电容元件中，储存的磁能 $W_C = \frac{1}{2}Cu_C^2$，在换路瞬间不能突变，所以电容的电压 u_C 不能突变.

换路定则：在换路瞬间，电容上的电压和电感上的电流不能突变，即

$$u_C(0_+) = u_C(0_-) \qquad i_L(0_+) = i_L(0_-) \qquad (6\text{-}1)$$

式中，$u_C(0_-)$——换路前稳态的最后一个瞬间电容的电压，是前稳态值；$u_C(0_+)$——换路后过渡过程的初始瞬间电容的电压，是初始值；$i_L(0_-)$——换路前稳态的最后一个瞬间电感的电流，是前稳态值；$i_L(0_+)$——换路后过渡过程的初始瞬间电感的电流，是初始值.

需要注意的是，电路在换路时，只有电容的电压和电感的电流不能突变，电路中其余的电流和电压（如电容的电流、电感的电压、电阻的电流和电压）都是会突变的.

（二）初始值的确定

电路中初始瞬间（$t = 0_+$ 时刻）的各元件的电流和电压为初始值.

求初始值的步骤如下：

（1）先求出 $u_C(0_+)$ 和 $i_L(0_+)$，根据换路定则可知，$u_C(0_+) = u_C(0_-)$、$i_L(0_+) = i_L(0_-)$，所以只要求出 $u_C(0_-)$ 和 $i_L(0_-)$ 即可.

（2）以 $u_C(0_+)$ 和 $i_L(0_+)$ 为已知量，画出换路瞬间的电路图，求电路其余初始值.

【例 6-1】 电路如图 6-1（a）所示，开关 S 一直处在断开状态，此时电路已处于稳定状态，当 $t = 0$ 时刻，开关 S 闭合，求换路瞬间电路中各量的初始值.

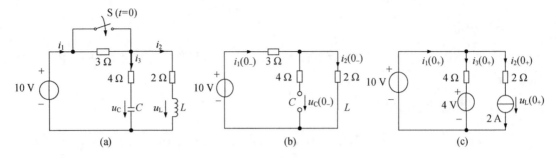

图6-1　例6-1电路图

解：（1）求电容的电压初始值 $u_C(0_+)$ 和电感电流的初始值 $i_L(0_+)$.

开关 S 闭合前电路处于稳态，电容 C 相当于开路、电感 L 相当于短路. 根据换路定则可知，$u_C(0_+) = u_C(0_-)$，$i_L(0_+) = i_L(0_-)$，$u_C(0_-)$ 是换路前稳态的最后一个瞬间电容的电压，$i_L(0_-)$ 是换路前稳态的最后一个瞬间电感的电流，是前稳态值，在本电路里是 $i_2(0_-)$. 所以，换路前稳态电路如图 6-1（b）所示.

由欧姆定律可知

$$i_1(0_-) = i_2(0_-) = \frac{10\,\text{V}}{(3+2)\,\Omega} = 2\,\text{A} \qquad u_C(0_-) = 2i_2(0_-) = 2\,\text{A} \times 2\,\Omega = 4\,\text{V}$$

由换路定则，可得

$$u_C(0_+) = u_C(0_-) = 4\,\text{V} \qquad i_2(0_+) = i_2(0_-) = 2\,\text{A}$$

（2）求其余初始值.

以 $u_C(0_+) = 4\,\text{V}$、$i_2(0_+) = 2\,\text{A}$ 为已知量，将电路中的电容用理想电压源 $u_C(0_+) = 4\,\text{V}$ 替代，将电路中的电感用理想电流源 $i_L(0_+) = 2\,\text{A}$ 替代，画出 $t = 0$ 时刻的电路图如图 6-1（c）所示.

$$i_3(0_+) = \frac{(10-4)\,\text{V}}{4\,\Omega} = 1.5\,\text{A}$$

$$i_1(0_+) = i_2(0_+) + i_3(0_+) = (2+1.5)\,\text{A} = 3.5\,\text{A}$$

$$u_L(0_+) = 10\,\text{V} - 2i_2(0_+) = 10\,\text{V} - 2\,\text{A} \times 2\,\Omega = 6\,\text{V}$$

由上述结果可以看出，除了电容上的电压和电感上的电流不能突变以外，其余各量都发生了突变，包括电容的电流和电感的电压.

【例6-2】　电路如图 6-2（a）所示，电压表的内阻为 $R_V = 2.5\,\text{k}\Omega$，电源电压为 $u_S = 10\,\text{V}$，$R = 2\,\Omega$. 当 $t = 0$ 时刻，开关 S 打开，求开关 S 打开的瞬间，电压表两端的电压.

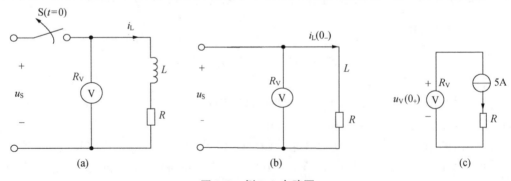

图6-2　例6-2电路图

解: （1）求电感的电流初始值 $i_L(0_+)$.

根据换路定则可知，$i_L(0_+) = i_L(0_-)$，而 $i_L(0_-)$ 就换路前稳态的最后一个瞬间电感的电流，是前稳态值. 电感在稳态电路中是处于短路的，所以，换路前稳态电路如图 6-2（b）所示.

$$i_L(0_-) = \frac{u_S}{R} = \frac{10\,\text{V}}{2\,\Omega} = 5\,\text{A}$$

所以

$$i_L(0_+) = i_L(0_-) = 5\,\text{A}$$

（2）求其余初始值.

在如图 6-2（c）所示的电路中，可得

$$u_V(0_+) = -i_L(0_+) \times R_V = -5\,\text{A} \times 2.5 \times 10^3\,\Omega = -12.5\,\text{kV}$$

由本例可知，当正在用仪表进行测量的时候，如果突然断开电路，会使仪表产生非常高的电压冲击，使得仪表损坏，严重的可能会造成人身伤害，所以在实际使用时要加保护措施.

技能训练　过渡过程的测试

（一）训练内容

（1）用示波器观察各元器件的电压.
（2）了解动态元器件动态特性.

（二）训练要求

（1）正确使用仪器、仪表.
（2）根据给定电路，正确布线，使电路正常运行.
（3）撰写安装与测试报告.

（三）测试设备

（1）电工电路综合实训台 1 套.
（2）示波器 1 台.
（3）函数信号发生器 1 台.
（4）灵敏电流计 1 只.

（四）测试电路

测试电路如图 6-3 所示.

（五）测试内容

（1）按图 6-3 所示连接电路.
（2）合上开关 S，观察 3 个灯泡的亮度变化，并填写在表 6-1 中.

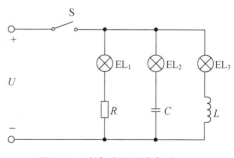

图 6-3　过渡过程测试电路

表6-1　过渡过程测试

灯　　泡	灯光是否立即发光	亮度是否变化	说明是否经历过渡过程
1			
2			
3			

（3）用双踪示波器观察 R、L、C 元件的电压波形，观察波形变化趋势，并记录下来，填入表6-2中，判断元件是否经历过渡过程.

表6-2　过渡过程起因测试

元　　件	电路波形	说明是否经历过渡过程
电阻		
电容		
电感		

 想一想　练一练

1. 电路中出现过渡过程的条件是什么？产生过渡过程现象的根本原因是什么？研究过渡过程有什么意义？

2. 在换路瞬间，电容器上的电压和电感器上的电流为什么不跃变？电阻的电压和电流能跃变吗？

3. 说明电容元件和电感元件在什么情况下可以看成开路？什么情况下可以看成短路？

4. 如图6-4所示的电路在换路前均已经处于稳定状态，当 $t=0$ 时，电路发生换路，试求各图中标出的各电压和电流的初始值.

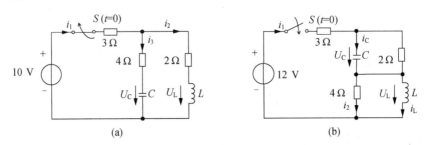

图6-4　第4题电路图

任务二　RC 电路的过渡过程的测试

 知识链接一　零输入响应

零输入响应是指电路换路后，当外加激励为零，即电压源和电流源都为零时，仅由 $u_C(0_+)$ 和 $i_L(0_+)$ 作用所产生的响应. 这种响应是换路后由于没有外接电压激励，电路仅

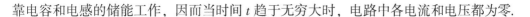
靠电容和电感的储能工作,因而当时间 t 趋于无穷大时,电路中各电流和电压都为零.

(一)电容的放电过程

电容的放电过程就是零输入响应过程. 换路前电容已充电,$u_C(0_-) = u_C(0_+) \neq 0$,当 $t = 0$ 时刻,电路换路,电容没有外接电压激励,电容开始放电,电容极板上原先聚集的电荷便经过一定的路径放电.

在电容放电过程中,电容电压和电流分别为

$$u_C(t) = u_C(0_+)\mathrm{e}^{-\frac{t}{RC}} = u_C(0_+)\mathrm{e}^{-\frac{t}{\tau}} \qquad t \geq 0$$
(6-2)

$$i_C(t) = C\frac{\mathrm{d}u_C}{\mathrm{d}t} = -\frac{u_C(0_+)}{R}\mathrm{e}^{-\frac{t}{\tau}} \qquad t \geq 0$$
(6-3)

u_C、i_C 随时间变化的曲线如图 6-5 所示. 它们都是 从放电开始的初始最大值随时间按指数规律衰减变化,最后为零. 电路中其他量可通过 u_C、i_C 推导.

图 6-5 电容放电过程随时间变化曲线

(二)时间常数 τ

电路过渡过程的快慢,可用时间常数 τ 来衡量,它是一个重要的物理量(单位是秒),它反映了电路电压衰减的快慢程度. 式(6-2)中可知,RC 电路的时间常数

$$\tau = RC \tag{6-4}$$

式中,R 为换路后从电容两端所求的戴维南等效电路的等效电阻.

一般情况下,过渡过程经过 3~5 τ 后,电容电压就已衰减到其初始值的 5% 以下,可近似忽略不计. 当电路的过渡过程结束后,将进入到新的稳定状态.

在实际工作中,通过调整电路参数 R 和 C 的数值,来改变过渡过程的长短,以控制过渡过程速度的快慢.

【例 6-3】 电路如图 6-6(a)所示,开关 S 闭合,电路已处于稳态. 当 $t = 0$ 时,S 打开,求 $t \geq 0$ 时,电容电压 u_C 和电流 i_C 的变化规律.

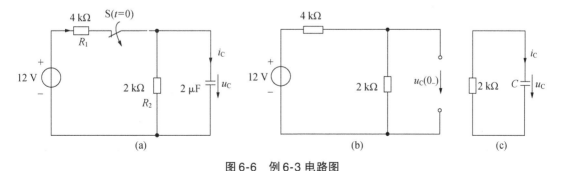

图 6-6 例 6-3 电路图

解:(1)计算电容电压的初始值 $u_C(0_+)$.

由于换路前开关 S 闭合,电路已处于稳态,电路如图 6-6(b)所示,此时电容相当于断路. 可求得

$$u_{\mathrm{C}}(0_-) = \frac{R_2}{R_1 + R_2} \times 12\,\mathrm{V} = \frac{2}{4+2} \times 12\,\mathrm{V} = 4\,\mathrm{V}$$

根据换路定则，可得

$$u_{\mathrm{C}}(0_+) = u_{\mathrm{C}}(0_-) = 4\,\mathrm{V}$$

（2）求电路的时间常数 τ.

换路后（$t \geq 0$）的电路如图 6-6（c）所示，得

$$R = 2\,\mathrm{k\Omega}$$

则

$$\tau = RC = 2 \times 10^3\,\Omega \times 2 \times 10^{-6}\frac{\mathrm{C}}{\mathrm{V}} = 4\,\mathrm{ms}$$

（3）根据式（6-2）可计算出电容的电压 $u_{\mathrm{C}}(t)$.

$$u_{\mathrm{C}}(t) = u_{\mathrm{C}}(0_+)\mathrm{e}^{-\frac{t}{\tau}} = 4\,\mathrm{V} \times \mathrm{e}^{-\frac{t}{4 \times 10^{-3}}} = 4\mathrm{e}^{-250t}\,\mathrm{V} \qquad t \geq 0$$

电容放电电流

$$i_{\mathrm{C}}(t) = C\frac{\mathrm{d}u_{\mathrm{C}}}{\mathrm{d}t} = 2 \times 10^{-6}\frac{\mathrm{C}}{\mathrm{V}} \times 4\,\mathrm{V} \times (-250)\mathrm{e}^{-250t} = -2\mathrm{e}^{-250t}\,\mathrm{mA} \qquad t \geq 0$$

 知识链接二 零状态响应

零状态响应是指电路在换路前，储能元件初始储能为零的条件下，电路仅由外加激励作用引起的响应.

（一）电容的充电过程

电容的充电过程也是零状态响应过程. 电容充电前没有储能，$u_{\mathrm{C}}(0_-) = 0\,\mathrm{V}$，在 $t = 0$ 时刻，电路换路，电容开始充电. 当电容充电结束，达到新的稳态时，电容电压为 $u_{\mathrm{C}}(\infty)$，把 $u_{\mathrm{C}}(\infty)$ 称为换路后电容电压的新的稳态值.

电容电压和电流的变化过程可由式（6-5）与式（6-6）描述.

充电电压 $\quad u_{\mathrm{C}}(t) = u_{\mathrm{C}}(\infty)(1 - \mathrm{e}^{-\frac{t}{RC}}) = u_{\mathrm{C}}(\infty)(1 - \mathrm{e}^{-\frac{t}{\tau}}) \qquad t \geq 0 \qquad$ （6-5）

充电电流 $\quad i_{\mathrm{C}}(t) = C\frac{\mathrm{d}u_{\mathrm{C}}}{\mathrm{d}t} = \frac{u_{\mathrm{C}}(\infty)}{R}\mathrm{e}^{-\frac{t}{\tau}} \qquad t \geq 0 \qquad$ （6-6）

u_{C}、i_{C} 随时间变化的曲线如图 6-7 所示.

电路中其他各量的变化过程，在求得电容电压后，可以推导出来.

（二）时间常数 τ

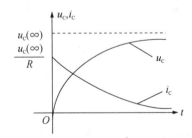

图 6-7 电容充电过程随时间变化曲线

$$\tau = RC$$

τ 的大小决定电容充电过程的快慢，R 为换路后从电容两端所求的戴维南等效电路的等效电阻. 当 $t = 0$ 时，按式（6-5），电容电压 u_{C} 从零值上升到

$$u_{\mathrm{C}}(\tau) = u_{\mathrm{C}}(\infty)(1 - \mathrm{e}^{-1}) = 0.632u_{\mathrm{C}}(\infty)$$

所以，从电容充电过程来看，时间常数 τ 可以理解为 u_{C} 从零上升到 $0.632u_{\mathrm{C}}(\infty)$ 时所需的时间. 同

样，在实际工程中，一般可以认为 $3 \sim 5\tau$ 时间时，充电过程就已经结束，电路达到稳态．

【例6-4】 RC 电路如图6-8（a）所示，电源电压 $U_S = 12\,\mathrm{V}$，$C = 1\,\mu\mathrm{F}$，$R_1 = 300\,\Omega$，$R_2 = 600\,\Omega$，$u_C(0_-) = 0\,\mathrm{V}$．当 $t = 0$ 时刻，开关 S 闭合，电路换路．求 $t \geqslant 0$ 时，u_C、i_C、i_1、i_2．

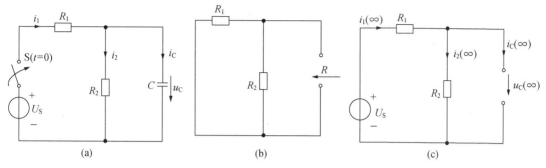

图6-8　例6-4 电路图

解：（1）时间常数 τ．

首先，求 R．由于本例换路后的电路较复杂，可以先画出换路后的戴维南等效电路，如图6-8（b）所示；其次，从电容两端求电阻 R，得

$$R = \frac{R_1 \times R_2}{R_1 + R_2} = \frac{300\,\Omega \times 600\,\Omega}{(300 + 600)\,\mathrm{C/V}} = 200\,\Omega$$

最后，求 τ

$$\tau = RC = 200\,\Omega \times 1 \times 10^{-6}\,\mathrm{C/V} = 2 \times 10^{-4}\,\mathrm{s}$$

（2）电容电压 $u_C(t)$．

首先，求 $u_C(\infty)$．由于 $u_C(\infty)$ 是换路后电容电压在新的稳态下的稳态值，电容又处于断路状态，电路如图6-8（c）所示．所以

$$u_C(\infty) = \frac{R_2}{R_1 + R_2} U_S = \frac{600\,\Omega}{(300 + 600)\,\Omega} \times 12\,\mathrm{V} = 8\,\mathrm{V}$$

根据式（6-5），可以得到电容电压

$$u_C(t) = u_C(\infty)\left(1 - \mathrm{e}^{-\frac{t}{\tau}}\right) = 8\,\mathrm{V} \times \left(1 - \mathrm{e}^{-\frac{t}{2 \times 10^{-4}}}\right) = 8\left(1 - \mathrm{e}^{-5 \times 10^3 t}\right)\,\mathrm{V}$$

电容电流

$$i_C(t) = C\frac{\mathrm{d}u_C}{\mathrm{d}t} = \frac{u_C(\infty)}{R}\mathrm{e}^{-\frac{t}{\tau}} = \frac{8\,\mathrm{V}}{200\,\Omega}\mathrm{e}^{-\frac{t}{2 \times 10^{-4}}} = 40\mathrm{e}^{-5 \times 10^3 t}\,\mathrm{mA}$$

$u_C(t)$ 和 $i_C(t)$ 变化曲线如图6-9（a）所示．

（3）求 $i_1(t)$．

$$i_1(t) = \frac{U_S - u_C(t)}{R_1} = \frac{\left[12 - 8 \times \left(1 - \mathrm{e}^{-5 \times 10^3 t}\right)\right]\mathrm{V}}{300\,\Omega} = \left[40 - \frac{80}{3}\left(1 - \mathrm{e}^{-5 \times 10^3 t}\right)\right]\mathrm{mA}$$

$$= \left(13.3 + 26.7\mathrm{e}^{-5 \times 10^3 t}\right)\mathrm{mA}$$

$i_1(t)$ 变化曲线如图6-9（b）所示．

（4）求 $i_2(t)$．

$$i_2(t) = \frac{u_C}{R_2} = \frac{8\,\mathrm{V} \times \left(1 - \mathrm{e}^{-5 \times 10^3 t}\right)}{600\,\Omega} = \left(13.3 - 13.3\mathrm{e}^{-5 \times 10^3 t}\right)\mathrm{mA}$$

$i_2(t)$ 变化曲线如图 6-9 （c）所示. 本例中，$i_2(t)$ 也可由 $i_2(t) = i_1(t) - i_C(t)$ 求出.

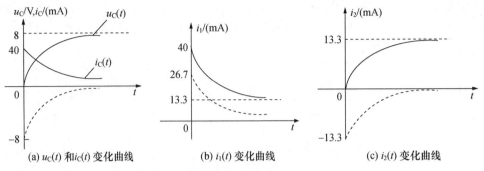

(a) $u_C(t)$ 和 $i_C(t)$ 变化曲线   (b) $i_1(t)$ 变化曲线   (c) $i_2(t)$ 变化曲线

图 6-9　例 6-4 各量随时间变化曲线

想一想　练一练

1. 什么叫零输入响应？什么叫零状态响应？

2. 说明时间常数 τ 的意义，它与过渡过程的快慢有何关系？如何确定电路的时间常数？

3. 理解电容、电感的充电、放电过程.

4. 电路如图 6-10 （a）所示，换路前电路处于稳态，电容没有储能，在 $t = 0$ 时刻开关 S 闭合，当电容的值分别为 10 μF、20 μF、30 μF 时，得到三条电容电压响应 $u_C(t)$ 曲线，如图 6-10 （b）所示；同时也得到三条电容电流响应 $i_C(t)$ 曲线，如图 6-10 （c）所示，别指出 10 μF 和 30 μF 的电容对应的电压曲线和电流曲线.

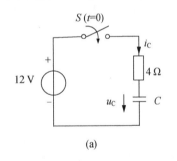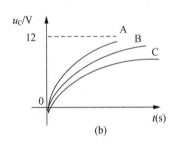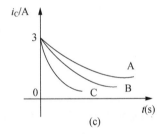

(a)   (b)   (c)

图 6-10　第 4 题电路图和波形图

任务三　RL 电路的过渡过程的测试

知识链接一　零输入响应

（一）RL 电路的放电过程

RL 电路的放电过程也是零输入响应过程. 换路前电感已由电源充电，电感储存了一定的磁场能量，并处于稳态，$i_L(0_-) = i_L(0_+) \neq 0$，当 $t = 0$ 时刻，电路换路，电感没有外接电压激励，释放出所储存的磁场能量，开始放电过程.

在电感放电过程中，电感的电流和电压分别如式（6-7）和式（6-8）所示.

$$i_{\mathrm{L}}(t) = i_{\mathrm{L}}(0_+)\mathrm{e}^{-\frac{Rt}{L}} = i_{\mathrm{L}}(0_+)\mathrm{e}^{-\frac{t}{\tau}}t \geqslant 0 \tag{6-7}$$

$$u_{\mathrm{L}}(t) = L\frac{\mathrm{d}i_{\mathrm{L}}}{\mathrm{d}t} = -Ri_{\mathrm{L}}(0_+)\mathrm{e}^{-\frac{t}{\tau}}t \geqslant 0 \tag{6-8}$$

i_{L}、u_{L} 随时间变化的曲线如图 6-11 所示. 它们都是从放电开始的初始最大值随时间按指数规律衰减变化，最后为零. 电路中其他量可通过 i_{L}、u_{L} 推导.

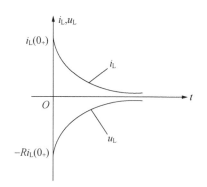

（二）时间常数 τ

电感电路过渡过程的快慢，也可用时间常数 τ 来衡量.

$$\tau = \frac{L}{R} \tag{6-9}$$

式中，R 为换路后从电感两端所求的戴维南等效电路的等效电阻.

图6-11　电容放电过程随时间变化曲线

在实际工作中，通过调整电路参数 R 和 L 的数值，改变 RL 电路过渡过程时间的长短，以控制过渡过程速度的快慢.

【例6-5】　电路如图 6-12（a）所示，开关 S 闭合，电路已处于稳态. 当 $t=0$ 时，S 打开，求 $t \geqslant 0$ 时，电感电流 i_{L} 和电压 u_{L} 的变化规律.

解：（1）计算电感电流的初始值 $i_{\mathrm{L}}(0_+)$.

换路前，由于开关 S 闭合，电路已处于稳态，如图 6-12（b）所示，这时电感相当于短路. 根据式（6-7），可求得

$$i_{\mathrm{L}}(0_-) = \frac{10}{R_1} = \frac{10\,\mathrm{V}}{20\,\Omega} = 0.5\,\mathrm{A}$$

根据换路定则，可得

$$i_{\mathrm{L}}(0_+) = i_{\mathrm{L}}(0_-) = \frac{10\,\mathrm{V}}{20\,\Omega} = 0.5\,\mathrm{A}$$

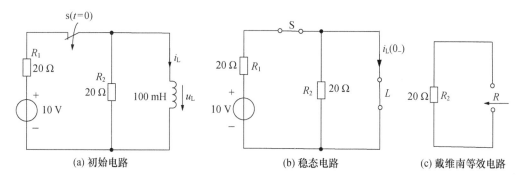

图6-12　例6-5电路图

（2）电路的时间常数 τ.

换路后（$t \geqslant 0$）的戴维南等效电路，如图 6-12（c）所示，则

$$\tau = \frac{L}{R} = \frac{100 \times 10^{-3} \text{ V} \cdot \text{s/A}}{R_2} = \frac{100 \times 10^{-3} \text{ V} \cdot \text{s/A}}{20 \text{ } \Omega} = 5 \text{ ms}$$

（3）根据式（6-7）可计算出电感的电流 i_L (t).

$$i_L(t) = i_L(0_+) e^{-\frac{t}{\tau}} = 0.5 \text{ A} \times e^{-\frac{t}{5 \times 10^{-3}}} = 0.5 e^{-200t} \text{A} \qquad t \geqslant 0$$

电感电压 $u_L(t)$

$$u_L(t) = L\frac{di_L}{dt} = 100 \times 10^{-3} \text{ V} \cdot \text{s/A} \times 0.5 \text{ A} \times (-200 e^{-200t}) = -10 e^{-200t} \text{V} \qquad t \geqslant 0$$

 ## 知识链接二　零状态响应

（一）RL 电路的充电过程

RL 电路的充电过程是零状态响应过程. 电感充电前没有储能, $i_L(0_-) = 0$ A, 在 $t = 0$ 时刻, 电路换路, 有电源激励, 电感开始储能. 当电感储能结束, 达到新的稳态时, 电感电流为 $i(\infty)$, 把 $i(\infty)$ 称为换路后电路达到新的稳态时的电感的电流.

电感电流和电压的变化过程可由式（6-10）与式（6-11）描述.

$$i_L(t) = i_L(\infty)(1 - e^{-\frac{t}{RC}}) = i_L(\infty)(1 - e^{-\frac{t}{\tau}}) \qquad t \geqslant 0 \qquad (6\text{-}10)$$

$$u_L(t) = L\frac{di_L}{dt} = Ri_L(\infty) e^{-\frac{t}{\tau}} \qquad t \geqslant 0 \qquad (6\text{-}11)$$

电感电流和电压随时间变化的曲线如图 6-13 所示. 电路中其他各量的变化过程, 在求得电感电流和电压后, 可以推导出来.

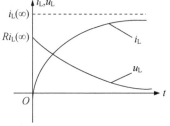

图 6-13　电感充电过程随时间变化曲线

（二）时间常数 τ

$$\tau = \frac{L}{R}$$

τ 的大小决定电感充电过程的快慢, R 为换路后从电感两端所求的戴维南等效电路的等效电阻. 当 $t = 0$ 时, 按式（6-10）, 电感电流 i_L 从零值上升到

$$i_L(\tau) = i_L(\infty)(1 - e^{-1}) = 0.632 i_L(\infty)$$

所以, 从电感充电来看, 时间常数可以理解为 i_L 从零上升到 $0.632 i_L(\infty)$ 时所需的时间. 在实际工程中, 一般可以认为 $3 \sim 5\tau$ 时间时, 充电过程就已经结束, 电路达到稳态.

【例 6-6】　电路如图 6-14（a）所示, 当 $t = 0$ 时刻, 开关 S 闭合, 求 $t \geqslant 0$ 时, 电流 i_L 和电压 u_L.

解：（1）求时间常数 τ.

首先, 求 R. 由于本例换路后的电路较复杂, 可以先画出换路后的戴维南等效电路, 如图 6-14（b）所示；其次, 求电感两端的等效电阻, 得

$$R = R_2 + \frac{R_1 \times R_3}{R_1 + R_3} = 3 \text{ } \Omega + \frac{6 \text{ } \Omega \times 6 \text{ } \Omega}{(6 + 6) \text{ } \Omega} = 6 \text{ } \Omega$$

最后, 求 τ

$$\tau = \frac{L}{R} = \frac{3 \text{ V} \cdot \text{s/A}}{6 \text{ } \Omega} = 0.5 \text{ s}$$

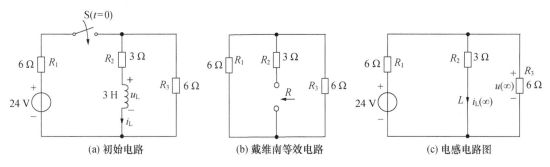

(a) 初始电路　　　　(b) 戴维南等效电路　　　　(c) 电感电路图

图6-14　例6-6电路图

（2）电感电流 $i_L(t)$.

电路如图6-14（c）所示，当 $t = \infty$ 时，电路处于新的稳态下，电感处于短路，有

$$u(\infty) = \frac{R_2 /\!/ R_3}{(R_2 /\!/ R_3) + R_1} \times 24\,\mathrm{V} = \frac{(3 /\!/ 6)\,\Omega}{(3 /\!/ 6)\,\Omega + 6\,\Omega} \times 24\,\mathrm{V} = 6\,\mathrm{V}$$

$$i(\infty) = \frac{u(\infty)}{3\,\Omega} = 2\,\mathrm{A}$$

所以

$$i_L(t) = i_L(\infty)(1 - \mathrm{e}^{-\frac{t}{\tau}}) = 2\,\mathrm{A} \times (1 - \mathrm{e}^{-\frac{t}{0.5}}) = (2 - 2\mathrm{e}^{-2t})\,\mathrm{A}$$

（3）求 u_L.

$$u_L(t) = L\frac{\mathrm{d}i_L}{\mathrm{d}t} = Ri_L(\infty)\mathrm{e}^{-\frac{t}{\tau}} = 6\,\frac{\mathrm{V} \cdot \mathrm{s}}{\mathrm{A}} \times 2\,\mathrm{A} \times \mathrm{e}^{-\frac{t}{0.5}} = 12\mathrm{e}^{-2t}\,\mathrm{V}$$

 想一想　练一练

1. 含有电感、电阻元件的电路和含有电容、电阻元件的电路时间常数相同吗？其中是指某一个电阻吗？

2. 怎样计算 RL 电路中的时间常数？当 L 越大且 R 越小时，过渡过程越长还是越短？

3. 如图6-15所示，在输电系统中，通常用继电器作为短路保护. 当通过继电器的电流达到某一数值时，继电器动作，使输电线与电源脱离. 含有负载电阻 $R_L = 45\,\Omega$，输电线电阻 $R_2 = 2\,\Omega$，继电器电阻 $R_1 = 3\,\Omega$，电感 $L = 0.2\,\mathrm{H}$，电源电压为 $U_S = 220\,\mathrm{V}$ 的输电系统，当 $t = 0$ 时刻，电路发生了短路，继电器将在 $0.02\,\mathrm{s}$ 就切断电源，此时通过继电器的电流是多少？

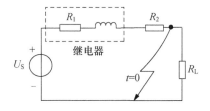

图6-15　第3题电路图

任务四 一阶电路的分析

当电路中只含有一个等效电容或一个等效电感时，这种电路称为一阶电路.

(一) 几个相关术语

1) 全响应

当电路换路时，一阶电路外加激励源和初始状态都不为零，由此产生的电路响应为全响应.

前面讨论了只由外加激励源产生的电路响应为零状态响应；只由初始状态值产生的电路响应为零输入响应，因此，全响应是由零状态响应和零输入响应叠加而成的，也可以说零状态响应和零输入响应分别是全响应中的一部分响应，是全响应的特殊情况. 即

$$全响应 = 零输入响应 + 零状态响应$$

2) 三要素

三要素是指电路中任一电流或电压变量 f 的初始值 $f(0_+)$、过渡过程达到新的稳态值 $f(\infty)$、时间常数 τ.

(二) 一阶电路的三要素分析法

电路中的响应都可以用一个由三要素组成的一般公式来表达，即

$$f(t) = f(\infty) + [f(0_+) - f(\infty)]e^{-\frac{t}{\tau}} \tag{6-12}$$

在求解一阶电路过渡过程中的电压、电流时，只要求出三要素，就可以用式 (6-12) 直接写出电路的响应. 这种方法称为求解一阶电路过渡过程的三要素法. 应当注意的是式 (6-12) 只适用于一阶线性电路.

(三) 三要素法的步骤

三要素法是分析直流激励下，一阶电路过渡过程的重点分析方法. 一般情况下，利用三要素法先求出电路中电容的电压表达式 $u_C(t)$ 和电感的电流表达式 $i_L(t)$，其他各量的表达式可以根据已求出的 $u_C(t)$ 和 $i_L(t)$ 推导出来.

三要素法归纳分析步骤如下：

(1) 求初始值 $u_C(0_+)$ 或 $i_L(0_+)$. 根据换路定则，$u_C(0_+) = u_C(0_-)$、$i_L(0_+) = i_L(0_-)$，$u_C(0_-)$ 或 $i_L(0_-)$ 实际是换路前稳态电路的稳态值，此时，电容处于断路，电感处于短路，把换路前稳态电路画出来，就可求出 $u_C(0_-)$ 或 $i_L(0_-)$.

(2) 求稳态值 $u_C(\infty)$ 或 $i_L(\infty)$. $u_C(\infty)$ 或 $i_L(\infty)$ 是换路后稳态电路的稳态值，此时，电容又处于断路，电感又处于短路，把换路后稳态电路画出来，就可求出 $u_C(\infty)$ 或 $i_L(\infty)$.

(3) 求时间常数 τ. 时间常数取决于电路本身的条件，与激励无关.

对于储能元件是电容的 RC 电路，则时间常数 $\tau = RC$.

对于储能元件是电感的 RL 电路，则时间常数 $\tau = \dfrac{L}{R}$.

R 为换路后的电路从储能元件两端所求的戴维南等效电路的等效电阻.

（4）将三要素代入公式 $f(t) = f(\infty) + [f(0_+) - f(\infty)] \mathrm{e}^{-\frac{t}{\tau}}$，求出 $u_\mathrm{C}(t)$ 和 $i_\mathrm{L}(t)$.

（5）如果电路需求其他量的表达式，可以把 $u_\mathrm{C}(t)$ 和 $i_\mathrm{L}(t)$ 作为已知条件，利用电路的定律、定理推导出来.

【例6-7】 如图 6-16（a）所示，开关 S 在 "1" 位已处于稳态，当 $t = 0$ 时刻，开关 S 换接到 "2" 位，试求换路后的 u_C、i_C、i_1.

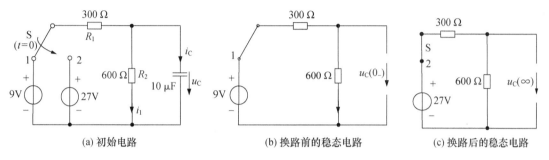

(a) 初始电路　　　　　　　(b) 换路前的稳态电路　　　　　　　(c) 换路后的稳态电路

图 6-16　例 6-7 电路图

解：用三要素法求解.

（1）求初始值 $u_\mathrm{C}(0_+)$.

画出换路前的稳态电路，如图 6-16（b）所示，电容处于断路状态，求出

$$u_\mathrm{C}(0_-) = \frac{600}{300 + 600} \times 9\,\mathrm{V} = 6\,\mathrm{V}$$

根据换路定则，可得

$$u_\mathrm{C}(0_+) = u_\mathrm{C}(0_-) = 6\,\mathrm{V}$$

（2）求稳态值 $u_\mathrm{C}(\infty)$.

画出换路后的稳态电路，如图 6-16（c）所示，电容处于断路状态，求出

$$u_\mathrm{C}(\infty) = \frac{600}{300 + 600} \times 27\,\mathrm{V} = 18\,\mathrm{V}$$

（3）求 τ.

根据图 6-16（c）所示的电路，将电源零值处理后，可求出

$$R = \frac{300\,\Omega \times 600\,\Omega}{(300 + 600)\,\Omega} = 200\,\Omega$$

所以

$$\tau = RC = 200\,\Omega \times 10 \times 10^{-6}\,\frac{\mathrm{C}}{\mathrm{V}} = 2\,\mathrm{ms}$$

（4）将三要素代入式（6-12）中，得

$$u_\mathrm{C}(t) = u_\mathrm{C}(\infty) + [u_\mathrm{C}(0_+) - u_\mathrm{C}(\infty)] \mathrm{e}^{-\frac{t}{\tau}}$$

$$= \left[18 + (6 - 18)\mathrm{e}^{-\frac{t}{2 \times 10^{-3}}}\right]\mathrm{V} = [18 - 12\mathrm{e}^{-500t}]\,\mathrm{V}$$

（5）求其他各量

$$i_\mathrm{C}(t) = C\frac{\mathrm{d}u_\mathrm{C}(t)}{\mathrm{d}t} = C\frac{\mathrm{d}(18\,\mathrm{V} - 12\mathrm{e}^{-500t})}{\mathrm{d}t}$$

$$= 10 \times 10^{-6} \frac{C}{V} \times [-12\,V \times (-500)]e^{-500t} = 60e^{-500t}\,mA$$

$$i_1(t) = \frac{27 - u_C(t)}{R_1} = \frac{27\,V - (18 - 12e^{-500t})\,V}{300\,\Omega} = \frac{(9 + 12e^{-500t})\,V}{300\,\Omega} = (30 + 40e^{-500t})\,mA$$

电路的波形图如图 6-17 所示.

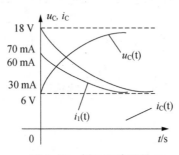

图 6-17　例 6-7 波形图

【例 6-8】　电路如图 6-18（a）所示，RL 为电磁铁线圈，R_1 为泄放电阻，R_2 为限流电阻，KT 是继电器的触点. 当电磁铁线圈没通电，电磁铁没吸合时，KT 是闭合的；当 $t = 0$ 时刻，电磁铁线圈通电，电磁铁吸合，KT 断开. 求触点 KT 断开后，线圈中的电流 i_L 的变化规律和泄放电压 u_1.

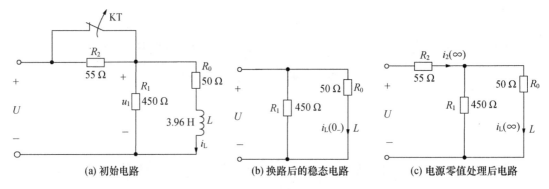

图 6-18　例 6-8 电路图

解： 用三要素求解.

（1）求初始值 $i_L(0_+)$. 画出换路前的稳态电路，如图 6-18（b）所示，电感处于短路状态，求出

$$i_L(0_-) = \frac{U}{R_0} = \frac{220\,V}{50\,\Omega} = 4.4\,A$$

根据换路定则，可得　　　$i_L(0_+) = i_L(0_-) = 4.4\,A$

（2）求稳态值 $i_L(\infty)$. 画出换路后的稳态电路，如图 6-18（c）所示，电感处于短路状态，求出

$$i_2(\infty) = \frac{U}{R_2 + R_1 /\!/ R_0} = \frac{220\,V}{(55 + 45)\,\Omega} = 2.2\,A$$

$$i_L(\infty) = \frac{R_1}{R_1 + R_0} \times i_2(\infty) = \frac{450\,\Omega}{(450 + 50)\,\Omega} \times 2.2\,A = 1.98\,A$$

（3）求 τ. 根据图 6-18（c）所示的电路，将电源零值处理后，可求出

$$R = R_0 + R_1 /\!/ R_2 = (50 + 450 /\!/ 55)\,\Omega = 99\,\Omega$$

$$\tau = \frac{L}{R} = \frac{3.96\ \text{V}\cdot\text{s/A}}{99\ \Omega} = 0.04\ \text{s}$$

（4）将三要素代入式（6-12）中，得

$$i_{\mathrm{L}}(t) = i_{\mathrm{L}}(\infty) + [\,i_{\mathrm{L}}(0_+) - i_{\mathrm{L}}(\infty)\,]\,\mathrm{e}^{-\frac{t}{\tau}}$$

$$= (1.98 + (4.4 - 1.98)\,\mathrm{e}^{-\frac{t}{0.04}})\,\text{A} = (1.98 + 2.42\mathrm{e}^{-25t})\,\text{A}$$

（5）求 $u_1(t)$.

$$u_{\mathrm{L}}(t) = L\frac{\mathrm{d}i_{\mathrm{L}}(t)}{\mathrm{d}t} = L\frac{\mathrm{d}(1.98 + 2.42\mathrm{e}^{-25t})}{\mathrm{d}t}$$

$$= 3.96\ \text{V}\cdot\text{s/A} \times [\,2.42 \times (-25)\,]\mathrm{e}^{-25t} = -239.6\mathrm{e}^{-25t}\,\text{V}$$

$$u_1(t) = u_{\mathrm{R}}(t) + u_{\mathrm{L}}(t) = R_0 i_{\mathrm{L}}(t) + u_{\mathrm{L}}(t)$$

$$= 50\ \Omega \times (1.98 + 2.42\mathrm{e}^{-25t})\,\text{A} + (-239.6\mathrm{e}^{-25t})\,\text{V}$$

$$= (99 - 118.6\mathrm{e}^{-25t})\,\text{V}$$

 想一想　练一练

1. 什么是一阶电路？一阶电路的全响应与零输入响应、零状态响应的关系是怎样的？

2. 一阶电路的三要素是什么？如何求取？

3. 利用三要素公式求电容的电压、电感的电流时，$u_{\mathrm{C}}(\infty)$ 和 $i_{\mathrm{L}}(\infty)$ 是换路后的稳态值，那么 $u_{\mathrm{C}}(0_+)$ 和 $i_{\mathrm{L}}(0_+)$ 是不是换路前的稳态值呢？

综合技能训练　延时照明电路的设计与制作

（一）训练目的

（1）掌握延时电路的工作原理，熟悉 RC 电路中，电容在充、放电过程中所起的延时作用.

（2）掌握 RC 电路的时间常数的确定方法.

（3）通过学生自主进行电路搭接，培养学生观察和实际操作能力.

（二）训练要求

（1）正确计算所选元器件的参数及型号.

（2）正确选用装接工具，并能合理规范布设线路.

（三）实训器材

（1）电工实训台 1 台.

（2）常用电工工具 1 套.

（3）"12 V，10 W" 灯珠若干.

（四）训练内容

（1）采用阻容元件形成延时电路，延时时间在 20 s 内可调.
（2）对电路进行断电测试，并对关键参数进行测量.
（3）电路安装后，如果出现故障，则通过检测加以排除.

（五）设计报告要求

（1）设计原理、设计方法及电路图.
（2）电路中元件参数的计算及元件的选择.
（3）电路的安装步骤、测试方法及测试数据.
（4）电路故障的查找方法及排除方法.
（5）总结学习和设计体会.

学生工作页

6.1 电路如图 6-19 所示，电路原已处于稳定，$R = 2\,\text{k}\Omega$，$R_1 = 1\,\text{k}\Omega$，$R_2 = 4\,\text{k}\Omega$，$t = 0$ 时刻换路. 求各支路电流和各元件电压的初始值.

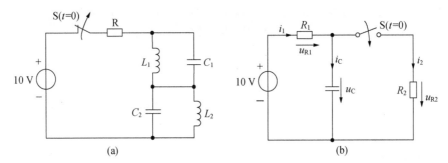

图 6-19 题 6.1 电路图

6.2 RC 电路如图 6-20 所示，当 $t = 0$ 时，开关 S 由"1"端打到"2"端. 求开关闭合后的电容电压 $u_C(t)$、电容电流 $i_C(t)$ 及 $u_R(t)$，并画出它们的变化曲线.

6.3 RL 电路如图 6-21 所示，已知，$R_1 = 6\,\Omega$，$R_2 = 3\,\Omega$，$R_3 = 8\,\Omega$，$L = 20\,\text{mH}$；当 $t = 0$ 时，开关 S 由"1"端打到"2"端. 求换路后的电感电流 $i_L(t)$、电感电压 $u_L(t)$ 及 $u_2(t)$，并画出它们的变化曲线.

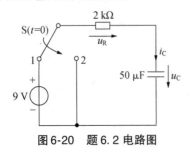

图 6-20 题 6.2 电路图

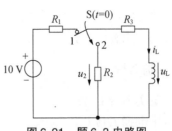

图 6-21 题 6.3 电路图

6.4　RC 电路如图 6-22 所示，当 $t = 0$ 时，开关 S 闭合. 求换路后的电容电压 $u_C(t)$、电容电流 $i_C(t)$ 及 $i_1(t)$，并画出它们的变化曲线.

6.5　RC 电路如图 6-23 所示，当 $t = 0$ 时，开关 S 闭合. 求换路后的 $i(t)$，并画出它的变化曲线.

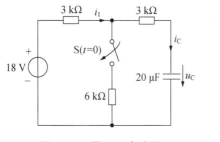

图 6-22　题 6.4 电路图

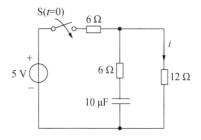

图 6-23　题 6.5 电路图

6.6　RL 电路如图 6-24 所示，当 $t = 0$ 时，开关 S 断开. 求换路后的电感电流 $i_L(t)$、电感电压 $u_L(t)$ 及 $u_1(t)$，并画出它们的变化曲线.

6.7　RC 电路如图 6-25 所示，$C_1 = 6\ \mu F$，$C_2 = 3\ \mu F$；当 $t = 0$ 时，开关 S 闭合. 求换路后的电容电压 $u_C(t)$、电容电流 $i_C(t)$ 及 $i_1(t)$.

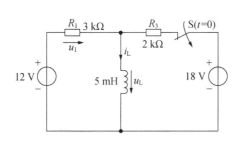

图 6-24　题 6.6 电路图

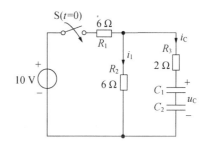

图 6-25　题 6.7 电路图

非正弦周期电流电路分析

项目教学目标

职业知识目标

- 了解非正弦周期信号的概念与傅里叶级数的方法.
- 熟练掌握非正弦周期电流电路的分析和计算.
- 熟练掌握非正弦周期交流电路的有效值、平均功率的计算.

职业技能目标

- 学会使用示波器观测非正弦周期信号的波形.
- 学会使用 EWB 软件对非正弦周期电路进行测量.

职业道德与情感目标

- 培养理论联系实际的学习习惯与实事求是的哲学思想.
- 培养学生的自主性、研究性学习方法与思想.
- 在项目学习过程中逐步形成团队合作的工作意识.
- 在项目工作过程中, 逐步培养良好的职业道德、安全生产意识、质量意识和效益意识.

任务一　非正弦周期信号及其分解

前面讨论的是正弦交流电路，电路的激励、响应都随时间按正弦规律变化. 但是在实际工程中，电流和电压信号并不全是按正弦规律变化的，而是非正弦周期信号. 例如，在无线电工程及通信技术中，由语言、音乐、图像等转换过来的电信号、自动控制技术以及电子计算机使用的脉冲信号；在非电量技术中，由非电量变换过来的电信号，都不是按正弦规律变化的信号. 所以，对非正弦信号的分析和利用是十分必要的.

1）工程中比较常见的几种非正弦信号

非正弦信号可分为周期和非周期的，工程中比较常见的几种非正弦信号，如尖顶脉冲、矩形脉冲、三角波、锯齿波等，如图 7-1 所示. 它们都是随时间呈周期性变化，所以，这些信号是非正弦周期信号.

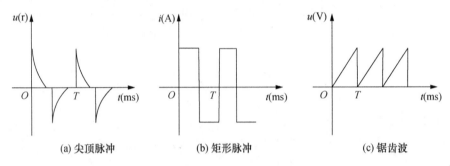

(a) 尖顶脉冲　　　　　(b) 矩形脉冲　　　　　(c) 锯齿波

图 7-1　几种常见的非正弦波

电工技术中所遇到的非正弦周期信号都可以用周期函数来表示，而这些函数都可以分解成含有一系列谐波的傅里叶级数. 傅里叶级数包含非正弦周期信号的原频率的波形（基波）函数和一系列基频率的整数倍的正弦信号波形（谐波）.

傅里叶级数的数学形式为

$$f(t) = A_0 + \sum_{k=1}^{\infty} A_{km}\sin(k\omega t + \varphi_k) \tag{7-1}$$

式中，常数项 A_0 称为恒定分量或直流分量，它是信号 $f(t)$ 个周期内的平均值，$A_0 = \frac{1}{T}\int_0^T f(\omega t)\mathrm{d}(\omega t)$；当 $k=1$ 时，$A_{1m}\sin(1\omega t + \varphi_1)$ 称为基波或一次谐波，其频率与原信号相同；当 $k=2$ 时，$A_{2m}\sin(2\omega t + \varphi_2)$ 称为二次谐波，其频率为基波频率的 2 倍，以此类推. 通常把二次及二次以上的谐波都称为高次谐波.

2）实际电路问题

在实际电路问题中，非正弦周期电压、电流都可以分解为直流分量及各次谐波分量的叠加，即

$$u(t) = U_0 + \sum_{k=1}^{\infty} U_{km}\sin(k\omega t + \varphi_{uk}) \tag{7-2}$$

$$i(t) = I_0 + \sum_{k=1}^{\infty} I_{km}\sin(k\omega t + \varphi_{ik}) \tag{7-3}$$

式中，U_0 和 I_0 分别为非正弦周期电压 u 和电流 i 中的直流分量；U_{km} 和 I_{km} 分别是非正弦周期电压 u 和 i 上的第 k 次谐波分量的幅值.

表 7-1 为几种典型的周期函数的傅里叶级数. 工程上经常采用查表的方法来获得周期函数的傅里叶级数.

表 7-1　常见非正弦周期信号

名称	波　形	傅里叶级数展开式	有效值	平均值
矩形波形		$f(t)=\dfrac{4A_m}{\pi}\left(\sin\omega t+\dfrac{1}{3}\sin3\omega t+\dfrac{1}{5}\sin5\omega t\right.$ $\left.+\cdots+\dfrac{1}{k}\sin k\omega t+\cdots\right)$ $(k=1,3,5,7\cdots)$	A_m	A_m
三角波形		$f(t)=\dfrac{8A_m}{\pi}\left(\sin\omega t-\dfrac{1}{9}\sin3\omega t+\dfrac{1}{25}\sin5\omega t\right.$ $\left.-\cdots+\dfrac{(-1)^{\frac{k-1}{2}}}{k^2}\sin k\omega t+\cdots\right)$ $(k=1,3,5,7\cdots)$	$\dfrac{A_m}{\sqrt{3}}$	$\dfrac{A_m}{2}$
锯齿波形		$f(t)=A_m\left[\dfrac{1}{2}-\dfrac{1}{\pi}\left(\sin\omega t+\dfrac{1}{2}\sin2\omega t+\dfrac{1}{3}\sin3\omega t\right.\right.$ $\left.\left.+\cdots+\dfrac{1}{k}\sin k\omega t+\cdots\right)\right]$ $(k=1,2,3,4\cdots)$	$\dfrac{A_m}{\sqrt{3}}$	$\dfrac{A_m}{2}$
半波整流波形		$f(t)=\dfrac{2A_m}{\pi}\left[\dfrac{1}{2}+\dfrac{\pi}{4}\cos\omega t+\dfrac{1}{3}\cos2\omega t-\dfrac{1}{15}\cos4\omega t\right.$ $\left.+\cdots-\dfrac{\cos(k\pi)/2}{k^2-1}\cos k\omega t+\cdots\right]$ $(k=1,2,3,4\cdots)$	$\dfrac{A_m}{2}$	$\dfrac{A_m}{\pi}$
全波整流波形		$f(t)=\dfrac{4A_m}{\pi}\left[\dfrac{1}{2}+\dfrac{1}{3}\cos2\omega t-\dfrac{1}{15}\cos4\omega t+\dfrac{1}{35}\cos6\omega t\right.$ $\left.+\cdots-\dfrac{\cos(k\pi)/2}{(k-1)(k+1)}\cos k\omega t+\cdots\right]$ $(k=2,4,6,8\cdots)$	$\dfrac{A_m}{\sqrt{2}}$	$\dfrac{2A_m}{\pi}$
梯形波形		$f(t)=\dfrac{4A_m}{\omega t_0\pi}\left(\sin\omega t_0\sin\omega t+\dfrac{1}{9}\sin3\omega t_0\sin3\omega t\right.$ $+\dfrac{1}{25}\sin5\omega t_0\sin5\omega t+\cdots$ $\left.+\dfrac{1}{k^2}\sin k\omega t_0\sin k\omega t+\cdots\right)$ $(k=1,3,5,7\cdots)$	$A_m\sqrt{1-\dfrac{4\omega t_0}{3\pi}}$	$A_m\left(1-\dfrac{\omega t_0}{\pi}\right)$

想一想　练一练

1. 什么叫周期性的非正弦波？你能举出几个实际中的非正弦周期波的例子吗？

2. 一个非正弦周期波可分解为无限多项谐波成分，这个分解的过程称为谐波分析，其数学基础是什么？

3. 什么是基波？什么是高次谐波？什么是奇次谐波和偶次谐波？

任务二　非正弦周期电路的分析与计算

知识链接一　线性非正弦周期交流电路的计算

通过表 7-1 可以看出，将非正弦周期的函数分解为傅里叶级数后，变成了一系列正弦谐波分量，如果把这样的函数的电源加到线性电路上，相当于有多个不同频率的正弦电源对电路产生激励，要先求出各频率的正弦电源在电路中分别产生的电压或电流，然后应用叠加定理，求出总电流或电压．非正弦周期信号对线性电路作用的结果等于它的各次谐波对该线性电器所作用的结果的总和．

（一）线性非正弦周期交流电路的分析步骤

（1）首先对非正弦周期电压或电流进行傅里叶级数分解．

（2）根据叠加原理将电路进行分解，分别分析计算直流分量作用的电路和各次正弦谐波分量作用的电路．

（3）将计算出的各次谐波电流瞬时值进行叠加，同时计算总有效值及总平均功率．

（二）具体计算时需要注意的事项

（1）不同频率的谐波下，电容的容抗、电感的感抗是不同的．例如，基波的角频率为 ω_1，则电容的容抗为 $X_{C1}=\dfrac{1}{\omega_1 C}$，电感的感抗为 $X_{L1}=\omega_1 L$；而 k 次谐波的角频率为 $k\omega_1$，则电容的容抗为 $X_{C1}=\dfrac{1}{k\omega_1 C}$，电感的感抗为 $X_{L1}=k\omega_1 L$．谐波频率越高，容抗越小，感抗越大．

（2）不同频率的复数不能直接进行相加减，不同频率的相量也不能画在同一相量图中，也不能进行相加减．

（3）在计算直流分量时，要将电容开路处理，电感短路处理．

下面将以几个实例进行说明．

【例 7-1】波形图如图 7-2（a）所示，电压源 u 为方波信号，并加在一个电阻元件的两端，电路如图（b）所示，已知 $T=0.02$ s．求通过电阻的电流，并画出电流的波形图．

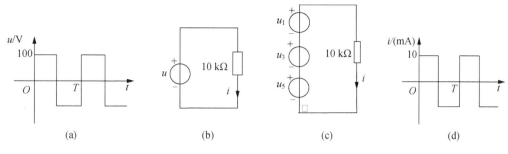

图 7-2　例 7-1 电路图和波形图

解：本题电压波形与表 7-1 中的矩形波形相一致，故矩形波形电压 u 可用谐波分量表示为

$$u\,(t) = \frac{4A_m}{\pi}\left(\sin\omega t + \frac{1}{3}\sin 3\omega t + \frac{1}{5}\sin 5\omega t + \cdots\right)$$

即非正弦周期电压源可等效为图 7-2（c）所示的多个电压源的串联组合. 其中：

$$A_m = U_m = 100\ \text{V},\quad u_1 = \frac{4\times 100}{\pi}\sin\omega t\ \text{V},\quad u_3 = \frac{1}{3}\times\frac{4\times 100}{\pi}\sin 3\omega t\ \text{V},\quad u_5 = \frac{1}{5}\times\frac{4\times 100}{\pi}\sin 5\omega t\ \text{V}$$

由于负载是电阻，电阻在每一个谐波分量的电源作用下，电阻的电流和电压都是同相的.

所以

$$i_1 = \frac{4\times 100\ \text{V}}{\pi R}\sin\omega t = \frac{4\times 100\ \text{V}}{\pi\times 10\times 10^3 0\ \Omega}\sin\omega t = \frac{4\times 10}{\pi}\sin\omega t\ \text{mA}$$

$$i_3 = \frac{4\times 100\ \text{V}}{3\pi R}\sin 3\omega t = \frac{1}{3}\times\frac{4\times 100\ \text{V}}{\pi\times 10\times 10^3\ \Omega}\sin 3\omega t = \frac{1}{3}\times\frac{4\times 10}{\pi}\sin 3\omega t\ \text{mA}$$

$$i_5 = \frac{4\times 100\ \text{V}}{5\pi R}\sin 5\omega t = \frac{1}{5}\times\frac{4\times 100\ \text{V}}{\pi\times 10\times 10^3\ \Omega}\sin 5\omega t = \frac{1}{5}\times\frac{4\times 10}{\pi}\sin 5\omega t\ \text{mA}$$

得

$$i\,(t) = \frac{U}{R} = \frac{4\times 10}{\pi}\left(\sin\omega t + \frac{1}{3}\sin 3\omega t + \frac{1}{5}\sin 5\omega t + \cdots\right)\ \text{mA}$$

电流的波形如图 7-2（d）所示. 从此例题中，可以看出，电阻元件对电压的波形没有改变，这是因为电阻元件的阻抗不随频率变化而发生变化.

【例 7-2】 将图 7-3（a）所示的方波电压加在一个电感元件的两端，电路如图 7-3（b）所示，求通过电感元件的电流，并画出电流的波形图.

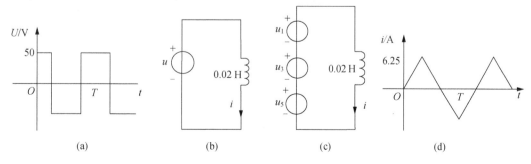

图 7-3　例 7-2 电路图和波形图

解：本题中方波电压的波形与表 7-1 中的矩形波形进行相比，只是纵坐标向左移了 $\dfrac{1}{4}$ 周期，弧度为 $\dfrac{\pi}{2}$. 所以，其谐波表达式可写为

$$u(t) = \frac{4A_m}{\pi}\left[\sin\left(\omega t + \frac{\pi}{2}\right) + \frac{1}{3}\sin 3\left(\omega t + \frac{\pi}{2}\right) + \frac{1}{5}\sin 5\left(\omega t + \frac{\pi}{2}\right) + \cdots\right]$$

$$= \frac{200}{\pi}\left[\sin\left(\omega t + \frac{\pi}{2}\right) + \frac{1}{3}\sin 3\left(\omega t + \frac{\pi}{2}\right) + \frac{1}{5}\sin 5\left(\omega t + \frac{\pi}{2}\right) + \cdots\right]$$

其中：

$$\omega = \frac{2\pi}{T} = \frac{2\pi}{10\times 10^{-3}} = 200\pi \quad (\text{rad/s}) \qquad A_m = U_m = 50\text{ V}$$

即非正弦周期电压源可等效为图 7-3（c）所示的多个电压源的串联组合.

其中：

$$u_1 = \frac{200}{\pi}\sin\left(\omega t + \frac{\pi}{2}\right)\text{V}$$

$$u_3 = \frac{1}{3}\times\frac{200}{\pi}\sin 3\left(\omega t + \frac{1}{2}\pi\right) = \frac{1}{3}\times\frac{200}{\pi}\sin\left(3\omega t + \frac{3}{2}\pi\right) = -\frac{1}{3}\times\frac{200}{\pi}\sin\left(3\omega t + \frac{\pi}{2}\right)\text{V}$$

$$u_5 = \frac{1}{5}\times\frac{200}{\pi}\sin\left(5\omega t + \frac{5}{2}\pi\right) = \frac{1}{5}\times\frac{200}{\pi}\sin\left(5\omega t + \frac{\pi}{2}\right)\text{V}$$

注意 在 u_3 和 u_5 中的角度及符号的变换过程.

下面对各次谐波分别计算.

当一次谐波电压 u_1 单独作用时，电感元件对基波所呈现的感抗为

$$Z_1 = j\omega_1 L = j\frac{2\pi}{T}\times L = j\frac{2\pi}{10\times 10^{-3}}\times 20\times 10^{-3} = j4\pi = 4\pi\ \underline{/90°}\ \Omega$$

所以

$$\dot{I}_1 = \frac{\dot{U}_1}{Z_1} = \frac{\dfrac{200}{\sqrt{2}\pi}\ \underline{/90°}\ \text{V}}{4\pi\ \underline{/90°}\ \Omega} = \frac{50}{\sqrt{2}\pi^2}\text{A}$$

即

$$i_1 = \frac{50}{\pi^2}\sin\omega t\ \text{A}$$

当三次谐波电压 u_3 单独作用时，电感元件对基波所呈现的感抗为

$$Z_3 = j3\omega L = j3\times\frac{2\pi}{T}\times L = j\frac{6\pi}{10\times 10^{-3}}\times 20\times 10^{-3} = j12\pi = 12\pi\ \underline{/90°}\ \Omega$$

所以

$$\dot{I}_3 = \frac{\dot{U}_3}{Z_3} = \frac{-\dfrac{1}{3}\times\dfrac{200}{\sqrt{2}\pi}\ \underline{/90°}\ \text{V}}{12\pi\ \underline{/90°}\ \Omega} = -\frac{50}{9\sqrt{2}\pi^2}\text{A}$$

最后得

$$i_3 = -\frac{50}{9\pi^2}\sin 3\omega t\ \text{A}$$

当五次谐波电压 u_5 单独作用时，电感元件对基波所呈现的感抗为

$$Z_5 = \mathrm{j}5\omega L = \mathrm{j}5 \times \frac{2\pi}{T} \times L = \mathrm{j}\frac{10\pi}{10 \times 10^{-3}} \times 20 \times 10^{-3}\frac{\mathrm{V} \cdot \mathrm{s}}{\mathrm{A}} = \mathrm{j}20\pi = 20\pi \underline{/90^\circ}\ \Omega$$

所以

$$\dot{I}_5 = \frac{\dot{U}_5}{Z_5} = \frac{\dfrac{1}{5} \times \dfrac{200}{\sqrt{2}\pi}\underline{/90^\circ}\ \mathrm{V}}{20\pi\underline{/90^\circ}\ \Omega} = \frac{2}{\sqrt{2}\pi^2}\ \mathrm{A} = \frac{50}{25\sqrt{2}\pi^2}\mathrm{A}$$

最后得

$$i_5 = \frac{50}{25\pi^2}\sin5\omega t\ \mathrm{A}$$

在这里也要同样注意 i_3 和 i_5 中的角度及符号的变换过程.

最后,电感元件上总的电流为

$$i = \frac{50}{\pi^2}\left(\sin\omega t - \frac{1}{9}\sin3\omega t + \frac{1}{25}\sin5\omega t + \cdots\right)\ \mathrm{A}$$

从图 7-3(d)所示的波形图中可以看出,电流是一个等腰三角波,其峰值电流为 $\dfrac{50}{8}\ \mathrm{A} = 6.25\ \mathrm{A}$.

此例说明,在非正弦周期信号中,电感两端电压与流过电感的电流具有不同波形. 原因是电感元件对各次谐波频率呈现的感抗各不相同,谐振频率越高,电感的感抗就越大,电流越小. 从图 7-3 中可以看出,电感元件电流的变化比电压的波形变化较平缓.

【例7-3】 将周期为 1 ms 方波电压信号源 u_S 加在 RLC 串联电路中,电路如图 7-4(d)所示,电压波形如图 7-4(a)所示. 求:(1)电压的函数 $u_S(t)$;(2)电路中的瞬时电流 i.

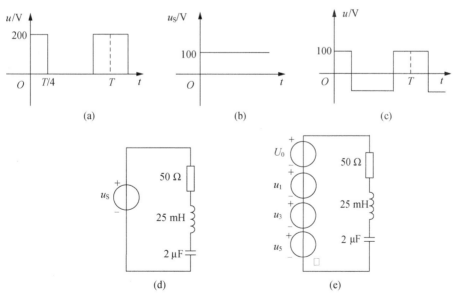

图 7-4 例 7-3 电路图和波形图

解：（1）求电压的函数.

此题电压源方波在表 7-1 中没有一致的波形对照，需要将图形进行适当的调整，可以将图 7-4（a）看做是图 7-4（b）和图 7-4（c）叠加的结果. 而图 7-4（b）中是一个直流分量，$U_0 = 100\text{ V}$，图 7-4（c）与表 7-1 中的波形相比，只是纵坐标向左移动了 $\dfrac{1}{4}$ 周期，弧度为 $\dfrac{\pi}{2}$，$U_\text{m} = 100\text{ V}$. 所以

$$u_\text{S}(t) = U_0 + \frac{4A_\text{m}}{\pi}\left[\sin\left(\omega t + \frac{\pi}{2}\right) + \frac{1}{3}\sin 3\left(\omega t + \frac{\pi}{2}\right) + \frac{1}{5}\sin 5\left(\omega t + \frac{\pi}{2}\right)\cdots\right]$$

$$= 100\text{ V} + \left[127.39\sin\left(\omega t + \frac{\pi}{2}\right) + 42.46\sin 3\left(\omega t + \frac{\pi}{2}\right) + 25.48\sin 5\left(\omega t + \frac{\pi}{2}\right) + \cdots\right]\text{V}$$

（2）求电路中的电流函数.

由电压源 u_S 的函数可知，非正弦周期电压源可等效为图 7-4（e）所示的多个电压源的串联组合. 其中：

直流电源

$$U_0 = 100\text{ V}$$

一次谐波电压源

$$u_1 = 127.39\sin\left(\omega t + \frac{\pi}{2}\right)\text{V}$$

三次谐波电压源

$$u_3 = \left[42.46\sin 3\left(\omega t + \frac{\pi}{2}\right)\right]\text{V} = 42.46\sin\left(3\omega t + \frac{3}{2}\pi\right)\text{V}$$

五次谐波电压源

$$u_5 = \left[25.48\sin 5\left(\omega t + \frac{\pi}{2}\right)\right]\text{V} = \left[25.48\sin\left(5\omega t + \frac{5}{2}\pi\right)\right]\text{V} = 25.48\sin\left(5\omega t + \frac{\pi}{2}\right)\text{V}$$

注意 在 u_3 和 u_5 中的角度及符号的变换过程.

下面对各次谐波分别计算：

直流分量 U_0 单独作用下，电容处于断路，电感处于短路，所以电路中没有电流.

当一次谐波电压 u_1 单独作用时，电感元件对基波所呈现的感抗为

$$Z_1 = R + \text{j}\left(\omega L - \frac{1}{\omega C}\right) = 50\ \Omega + \text{j}\left(\frac{2\pi}{1\times 10^{-3}}\times 25\times 10^{-3} - \frac{1}{\dfrac{2\pi}{1\times 10^{-3}}\times 2\times 10^{-6}}\right)$$

$$= (50 + \text{j}77.5)\ \Omega = 92.23\ \underline{/57.13°}\ \Omega$$

所以

$$\dot{I}_1 = \frac{\dot{U}_1}{Z_1} = \frac{\dfrac{127.39}{\sqrt{2}}\ \underline{/90°}\ \text{V}}{92.23\ \underline{/57.13°}\ \Omega} = \frac{1.38}{\sqrt{2}}\ \underline{/32.87°}\ \text{A}$$

得

$$i_1 = 1.38\sin(\omega t + 32.87°)\ \text{A}$$

当三次谐波电压 u_3 单独作用时，电感元件对基波所呈现的感抗为

$$Z_3 = R + j\left(3\omega L - \frac{1}{3\omega C}\right) = 50\ \Omega + j\left(\frac{6\pi}{1 \times 10^{-3}} \times 25 \times 10^{-3} - \frac{1}{\frac{6\pi}{1 \times 10^{-3}} \times 2 \times 10^{-6}}\right)\Omega$$

$$= (50 + j444.71)\ \Omega = 447.51 \underline{/83.59^\circ}\ \Omega$$

所以

$$\dot{I}_3 = \frac{\dot{U}_3}{Z_3} = \frac{\frac{42.46}{\sqrt{2}}\underline{/\frac{3\pi}{2}}\ \mathrm{V}}{447.51\underline{/83.59^\circ}\ \Omega} = \frac{0.095}{\sqrt{2}}\underline{/186.41^\circ}\ \mathrm{A}$$

得

$$i_3 = 0.095\sin(3\omega t + 186.41^\circ)\ \mathrm{A}$$

当五次谐波电压 u_5 单独作用时,电感元件对基波所呈现的感抗为

$$Z_5 = R + j\left(5\omega L - \frac{1}{5\omega C}\right) = 50\ \Omega + j\left(\frac{10\pi}{1 \times 10^{-3}} \times 25 \times 10^{-3} - \frac{1}{\frac{10\pi}{1 \times 10^{-3}} \times 2 \times 10^{-6}}\right)\Omega$$

$$= (50 + j769.48)\ \Omega = 777.11\underline{/88.85^\circ}\ \Omega$$

所以

$$\dot{I}_5 = \frac{\dot{U}_5}{Z_5} = \frac{\frac{25.48}{\sqrt{2}}\underline{/\frac{\pi}{2}}\ \mathrm{V}}{777.11\underline{/88.65^\circ}\ \Omega} = \frac{0.032}{\sqrt{2}}\underline{/1.15^\circ}\ \mathrm{A}$$

得

$$i_5 = 0.032\sin(5\omega t + 1.15^\circ)\ \mathrm{A}$$

在这里也要同样注意 i_3 和 i_5 中的角度及符号的变换过程.

最后,电感元件上总的电流为:

$$i = 1.38\sin(\omega t + 32.87^\circ) + 0.095\sin(3\omega t + 186.41^\circ) + 0.032\sin(5\omega t + 1.15^\circ)\ \mathrm{A}$$

注意 最后结果只能是瞬时值相加,绝对不能相量相加,因为它们的频率不同,不同频率的正弦值是不能用相量相加的.

知识链接二　线性非正弦周期交流电路的有效值及功率的计算

假设一个非正弦周期信号电路的电流和电压与各次谐波都是已知的,即

$$i = I_0 + \sqrt{2}I_1\sin(\omega t + \varphi_{i1}) + \sqrt{2}I_2\sin(2\omega t + \varphi_{i2}) + \cdots + \sqrt{2}I_k\sin(k\omega t + \varphi_{ik}) + \cdots$$

$$u = U_0 + \sqrt{2}U_1\sin(\omega t + \varphi_{u1}) + \sqrt{2}U_2\sin(2\omega t + \varphi_{u2}) + \cdots + \sqrt{2}U_k\sin(k\omega t + \varphi_{uk}) + \cdots$$

其中,I_0、U_0 为直流分量,$(I_1, I_2, \cdots, I_k\cdots)$,$(U_1, U_2, \cdots, U_k\cdots)$ 为各次谐波的有效值. 则非正弦周期的电流有效值为

$$I = \sqrt{I_0^2 + I_1^2 + I_2^2 + \cdots + I_k^2 + \cdots}$$

非正弦周期的电压有效值为

$$U = \sqrt{U_0^2 + U_1^2 + U_2^2 + \cdots + U_k^2 + \cdots}$$

非正弦周期的有功功率为

$$P = U_0 I_0 + \sum_{k=1}^{\infty} U_k I_k\cos\varphi_k = U_0 I_0 + U_1 I_1\cos\varphi_1 + U_2 I_2\cos\varphi_2 + \cdots + U_k I_k\cos\varphi_k$$

非正弦周期的无功功率为

$$Q = \sum_{k=1}^{\infty} U_k I_k \sin\varphi_k = U_1 I_1 \sin\varphi_1 + U_2 I_2 \sin\varphi_2 + \cdots + U_k I_k \sin\varphi_k$$

非正弦周期的视在功率为

$$S = UI = \sqrt{U_0^2 + U_1^2 + U_2^2 + \cdots + U_k^2 + \cdots} \times \sqrt{I_0^2 + I_1^2 + I_2^2 + \cdots + I_k^2 + \cdots}$$

【例 7-4】 一个负载的电压谐波函数为 $u = [40 + 100\sin(\omega t + 30°) + 60\sin(3\omega t + 45°)]$ V，电流谐波函数为 $i = [3 + 6\sin(\omega t - 30°) + 8\sin(3\omega t + 50°)]$ A. 求电压和电流的有效值及所消耗的功率.

解：电压和电流的直流分量为

$$U_0 = 40 \text{ V} \qquad I_0 = 3 \text{ A}$$

各次谐波电压和电流的有效值分别为：

$$U_1 = \frac{100}{\sqrt{2}} = 70.7 \text{ V} \qquad I_1 = \frac{3}{\sqrt{2}} = 2.12 \text{ A}$$

$$U_3 = \frac{60}{\sqrt{2}} = 42.43 \text{ V} \qquad I_3 = \frac{6}{\sqrt{2}} = 4.24 \text{ A}$$

电压的有效值为

$$U = \sqrt{U_0^2 + U_1^2 + U_3^2} = \sqrt{(40^2 + 70.7^2 + 42.43^2) \text{ V}^2} = 91.64 \text{ V}$$

电流的有效值为

$$I = \sqrt{I_0^2 + I_1^2 + I_3^2} = \sqrt{(3^2 + 2.12^2 + 4.24^2) \text{ A}^2} = 5.61 \text{ A}$$

所消耗的功率为

$$\begin{aligned}
P &= U_0 I_0 + U_1 I_1 \cos\varphi_1 + U_3 I_3 \cos\varphi_2 \\
&= \{40 \times 3 + 70.7 \times 2.12\cos[30° - (-30°)] + 42.43 \times 4.24\cos(45° - 50°)\} \text{ V} \cdot \text{A} \\
&= 429.02 \text{ W}
\end{aligned}$$

【例 7-5】 计算：（1）例 7-3 中电路的电压和电流的有效值；（2）平均功率 P、无功功率 Q、视在功率 S.

解：（1）求电压和电流的有效值.

在例 7-3 中已经求出电压和电流的谐波函数.

$$\begin{aligned}
u_s(t) &= U_0 + \frac{4A_m}{\pi}\left[\sin\left(\omega t + \frac{\pi}{2}\right) + \frac{1}{3}\sin 3\left(\omega t + \frac{\pi}{2}\right) + \frac{1}{5}\sin 5\left(\omega t + \frac{\pi}{2}\right)\cdots\right] \\
&= \left\{100 + 127.39\sin\left(\omega t + \frac{\pi}{2}\right) + 42.46\left(3\omega t + \frac{3\pi}{2}\right) + 25.48\sin\left(5\omega t + \frac{\pi}{2}\right) + \cdots\right\} \text{ V}
\end{aligned}$$

$$i = [1.38\sin(\omega t + 32.87°) + 0.095\sin(3\omega t + 186.41°) + 0.032\sin(5\omega t + 1.15°)] \text{ A}$$

则电压的有效值为

$$U_s = \sqrt{U_0^2 + U_1^2 + U_3^2 + U_5^2 + \cdots} = \sqrt{(100 \text{ V})^2 + \left(\frac{127.39}{\sqrt{2}} \text{V}\right)^2 + \left(\frac{42.46}{\sqrt{2}} \text{V}\right)^2 + \left(\frac{25.48}{\sqrt{2}} \text{V}\right)^2} = 139.1 \text{ V}$$

电流有效值为

$$I = \sqrt{I_0^2 + I_1^2 + I_3^2 + I_5^2 + \cdots} = \sqrt{\left(\frac{1.38}{\sqrt{2}} \text{A}\right)^2 + \left(\frac{0.095}{\sqrt{2}} \text{A}\right)^2 + \left(\frac{0.032}{\sqrt{2}} \text{A}\right)^2} = 0.98 \text{ A}$$

（2）求功率.

① 求平均功率 P

电路总的平均功率

$$P \approx P_0 + P_1 + P_3 + P_5$$

各次谐波信号下有功功率为

$$P_0 = U_0 I_0 = 0 \text{ W}$$

$$P_1 = U_1 I_1 \cos\left(\frac{\pi}{2} - 32.87°\right) = \frac{127.39}{\sqrt{2}}\text{V} \times \frac{1.38}{\sqrt{2}}\text{A} \times \cos 57.13 = 47.70 \text{ W}$$

$$P_3 = U_3 I_3 \cos\left(\frac{3\pi}{2} - 186.41°\right) = \frac{42.46}{\sqrt{2}}\text{V} \times \frac{0.092}{\sqrt{2}}\text{A} \times \cos 83.59° = 0.22 \text{ W}$$

$$P_5 = U_5 I_5 \cos\left(\frac{\pi}{2} - 1.15°\right) = \frac{25.48}{\sqrt{2}}\text{V} \times \frac{0.032}{\sqrt{2}}\text{A} \times \cos 88.85° = 0.008 \text{ W}$$

总的平均功率为

$$P \approx P_0 + P_1 + P_3 + P_5 = （47.70 + 0.22 + 0.008） \text{ W} = 47.93 \text{ W}$$

② 求无功功率 Q

电路总的无功功率

$$Q \approx Q_0 + Q_1 + Q_3 + Q_5$$

各次谐波信号下无功功率为

$$Q_0 = U_0 I_0 = 0 \text{ var}$$

$$Q_1 = U_1 I_1 \sin 57.13 = \frac{127.39}{\sqrt{2}}\text{V} \times \frac{1.38}{\sqrt{2}}\text{A} \times \sin 57.13 = 73.83 \text{ var}$$

$$Q_3 = U_3 I_3 \sin 83.59° = \frac{42.46}{\sqrt{2}}\text{V} \times \frac{0.092}{\sqrt{2}}\text{A} \times \sin 83.59° = 1.94 \text{ var}$$

$$Q_5 = U_5 I_5 \sin 88.85° = \frac{25.48}{\sqrt{2}}\text{V} \times \frac{0.032}{\sqrt{2}}\text{A} \times \sin 88.85° = 0.41 \text{ var}$$

总的无功功率为

$$Q \approx Q_0 + Q_1 + Q_3 + Q_5 = （73.83 + 1.94 + 0.41） \text{ var} = 76.18 \text{ var}$$

总的视在功率为

$$S \approx UI = 139.1 \text{ V} \times 0.98 \text{ A} = 136.32 \text{ V} \cdot \text{A}$$

 想一想　练一练

1. "只要电源是正弦的，电路中各部分电流与电压都是正弦的"说法对吗？为什么？举例说明

2. 周期性的非正弦线性电路分析计算步骤如何？其分析思想遵循电路的什么原理？

3. 如何求出谐波电路的电流和电压的有效值及电路的功率？

学生工作页

7.1 波形如图 7-5 所示，查表写出其傅里叶级数展开式，并求出各次谐波最大值.

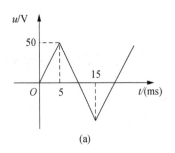 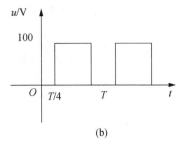

(a)   (b)

图 7-5 　题 7.1 电路图

7.2 电路如图 7-6 所示，已知 $R = 20\,\Omega$，$X_L = 20\,\Omega$，电路的电压函数为 $u_S(t) = [25 + 100\sqrt{2}\sin\omega t + 25\sqrt{2}\sin(2\omega t + 30°) + 10\sqrt{2}\sin(3\omega t - 30°)]$A，求电流的有效值及电路的消耗功率 P、无功功率 Q、视在功率 S.

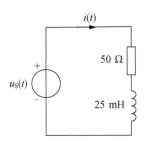

图 7-6 　题 7.3 电路图

7.3 电路如图 7-7（a）所示，已知电压 u 的谐波波形如图 7-7（b）所示，$R = 5\,\Omega$，$X_L = 5\,\Omega$，$X_C = 10\,\Omega$，求：$i(t)$、P、Q、S.

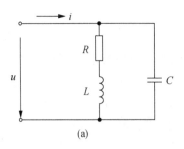 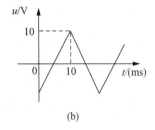

(a)   (b)

图 7-7 　题 7.3 电路图

项目 8 Multisim 10 电路仿真软件的使用

项目教学目标

职业知识目标
- 掌握 Multisim 10 软件使用的一般方法.
- 掌握软件中器件的选择方法.
- 能够根据电路原理图在软件中设计仿真电路.
- 能够对仿真的结果进行分析.

职业技能目标
- 熟练运用 Multisim 10 软件对电路进行仿真实验.
- 掌握一般电路仿真软件的使用方法.

职业道德与情感目标
- 培养良好的职业道德、安全生产意识、质量意识和效益意识.
- 具有实事求是、严肃认真的科学态度与工作作风.
- 初步培养学生的团队合作精神.

任务一　初识 Multisim 10 电路仿真软件

 知识链接一　Multisim 10 电路仿真软件简介

Multisim 10 是美国国家仪器（NI）有限公司推出的以 Windows 为基础的仿真工具，它包含了电路原理图的图形输入、电路硬件描述语言输入方式，具有丰富的仿真分析能力．Multisim 10 软件是一个专门用于电子电路仿真与设计的 EDA 工具软件．作为 Windows 下运行的个人桌面电子设计工具，Multisim 10 是一个完整的集成化设计环境，使用其中的计算机仿真与虚拟仪器技术可以很好地解决理论教学与实际动手实验相脱节的这一问题，使用者可以很方便地把刚刚学到的理论知识用计算机仿真的方法真实地再现出来，并且可以用虚拟仪器技术创造出真正属于自己的仪表．

Multisim 10 整个操作界面就像一个电子实验工作台，绘制电路所需的元器件和仿真所需的测试仪器均可直接拖放到屏幕上，轻点鼠标可用导线将它们连接起来，软件有一般实验用的通用仪器，如万用表、函数信号发生器、双踪示波器、直流电源，而且还有一般实验室少有或没有的仪器，如波特图仪、数字信号发生器、逻辑分析仪、逻辑转换器、失真仪、频谱分析仪和网络分析仪等，软件仪器的控制面板和操作方式都与实物相似，测量数据、波形和特性曲线如同在真实仪器上所看到的．另外，Multisim10 提供了世界主流元件提供商的超过 17 000 多种元件，同时能方便地对元件各种参数进行编辑修改，建库所需的元器件参数可以从生产厂商的产品使用手册中查到，因此也可以很方便地在工程设计中使用，而且可以利用模型生成器以及代码模式创建模型等功能，并创建自己的元器件．

Multisim 10 可以设计、测试和演示各种电子电路，包括电工学、模拟电路、数字电路、射频电路及微控制器和接口电路等．可以对被仿真的电路中的元器件设置各种故障，如开路、短路和不同程度的漏电等，从而观察不同故障情况下的电路工作状况．在进行仿真的同时，软件还可以存储测试点的所有数据，列出被仿真电路的所有元器件清单，以及存储测试仪器的工作状态、显示波形和具体数据等．该软件还具有较为详细的电路分析功能，可以完成电路的瞬态分析和稳态分析、时域和频域分析、器件的线性和非线性分析、电路的噪声分析和失真分析、离散傅里叶分析、电路零极点分析、交直流灵敏度分析等电路分析方法，以帮助设计人员分析电路的性能．

利用 Multisim 10 可以实现计算机仿真设计与虚拟实验，与传统的电子电路设计与实验方法相比，具有如下特点．

（1）设计与实验可以同步进行，可以边设计边实验，修改调试方便．

（2）设计和实验用的元器件及测试仪器仪表齐全，可以完成各种类型的电路设计与实验．

（3）可方便地对电路参数进行测试和分析；可直接打印输出实验数据、测试参数、曲线和电路原理图．

（4）实验中不消耗实际的元器件，实验所需元器件的种类和数量不受限制，实验成本低，实验速度快，效率高；设计和实验成功的电路可以直接在产品中使用．

Multisim 10 易学易用，便于电子信息、通信工程、自动化、电气控制类专业学生自学、便于开展综合性的设计和实验，有利于培养综合分析能力、开发和创新的能力．

知识链接二　Multisim 10 的安装与运行环境

Multisim 10 的安装方法和其他软件相类似，根据软件安装光盘在安装过程中的相关提示进行相应的设置即可．安装后会在桌面生成图 8-1 所示的图标.

为了使软件可靠地工作，运行 Multisim 10 的基本配置要求如下.

（1）操作系统 Windows XP/Windows 7.

（2）CPU：Pentium 4 以上.

（3）内存 512 MB 以上.

（4）显示器分辨率为 1 024 像素 ×768 像素.

图 8-1　Multisim 10 快捷方式图标

 想一想　练一练

1. Multisim 10 具有哪些基本功能？

2. 与传统的电子电路设计与实验方法相比，Multisim 10 有哪些特点？

3. Multisim 10 对计算机的配置要求有哪些？

任务二　Multisim 10 仿真软件的操作界面

 知识链接一　Multisim 10 仿真软件的启动与主界面

启动 Multisim 10 软件后会显示载入界面，并进行必要的器件载入和检查更新等操作，如图 8-2 所示.

图 8-2　Multisim 10 仿真软件的启动界面

启动后就进入 Multisim 10 仿真软件的主界面，如图 8-3 所示.

操作工具栏　视图工具栏　菜单栏　　主工具栏　　　　元器件工具栏　仿真开关

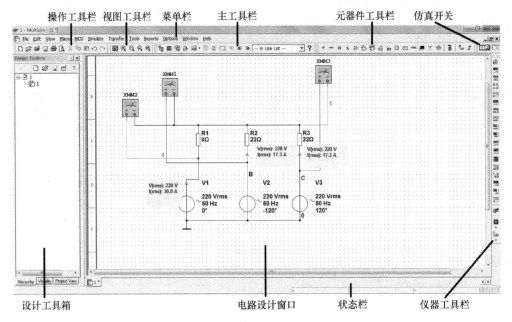

设计工具箱　　　　　　　　　电路设计窗口　　状态栏　　　仪器工具栏

图 8-3　Multisim 10 仿真软件主界面

知识链接二　Multisim 10 工具栏

Multisim 10 软件为用户提供了多种工具栏，下面对 4 个最常用工具栏的功能进行简单的介绍.

（一）主工具栏（Main）

Multisim 10 中的主工具栏从左到右依次为显示/隐藏设计工具箱、显示/隐藏数据表格工具栏、元器件库管理、创建元器件、图形/分析列表、后处理、电气规则检查、区域截图、跳转到父图样、Ultiboard 后标注、Ultiboard 前标注、电路元器件列表和帮助，如图 8-4 所示.

图 8-4　Multisim 10 主工具栏

（二）元器件工具栏（Components）

在 Multisim 10 中，按照元件的功能与特点将元器件分成了 18 个元器件库，并在工具栏上设置了单独的按钮，如图 8-5 所示.

图 8-5　Multisim 10 元器件工具栏

如图 8-5 所示的 18 个元器件库按钮从左至右分别是 Sources（电源库）、Basic（基本元件库）、Diodes（二极管库）、Transistors（晶体管库）、Analog（模拟集成元器件库）、

TTL（TTL 器件库）、CMOS（CMOS 器件库）、Misc Digital（杂项数字器件库）、Mixed（混合芯片器件库）、Indicators（指示器件库）、Power Components（电力器件库）、Misc（杂项器件库）、Advanced Peripherals（高级外围设备器件库）、RF（射频元器件库）、Electro-Mechanical（机电器件库）、MCU Module（微控制器元器件库）、Hierarchical Block（放置分层模块）和 Bus（放置总线）.

（三）仪器工具栏（Instruments）

除了提供了各种元件，Multisim 10 还提供了 21 种用于测量的虚拟仪器，如图 8-6 所示.

图 8-6　Multisim 10 仪器工具栏

这 21 种虚拟仪器从左至右分别是 Multimeter（数字万用表）、Function Generator（函数信号发生器）、Wattmeter（功率表）、Oscilloscope（示波器）、4 Channel Oscilloscope（四通道示波器）、Bode Plotte，（波特图示仪，与扫频仪类似）、Frequency Counter（频率计）、Word Generator（数字信号发生器）、Logic Analyzer（逻辑分析仪）、Logic Converter（逻辑转换仪）、IV- Analyzer（IV 分析仪）、Distortion Analyzer（失真分析仪）、Spectrum Analyzer（频谱分析仪）、Network Analyzer（网络分析仪）、Agilent Function Generator（安捷伦函数信号发生器）、Agilent Multimeter（安捷伦万用表）、Agilent Oscilloscope（安捷伦示波器）、Tektronix Oscilloscope（泰克示波器）、Measurement Probe（测量探针）、LabVIEW Instrument（labVIEW 测试仪）和 Current Probe（电流探针）等.

（四）仿真开关（Simulation Switch）

为了模拟真实的仿真环境，Multisim 10 提供了如图 8-7 所示的仿真开关，包含了"启动/停止"和"暂停/恢复"两个按钮，可以用于开始和停止电路仿真进程.

图 8-7　Multisim 10 仿真开关

知识链接三　Multisim 10 菜单栏

Multisim 10 的菜单栏一共有 12 项命令，大部分与其他软件相类似，下面就一些常用的、特殊的菜单和选项进行介绍.

（一）编辑（Edit）

（1）Graphic Annotation：图形注释选项.
（2）Order：改变电路图中所选元器件和注释的叠放次序.
（3）Assign Settings：层设置.
（4）Orientation：对选中的元件进行方向的调整，垂直翻转、水平翻转、旋转等.
（5）Title Block Position：设置电路图标题栏的位置.
（6）Edit Symbol/Title：编辑元件的符号或标题栏，可以编辑器件的引脚长短、引脚符号、名称方向和字体等.

    （7）Fonts：设置元器件的标识号、参数值的字体.

    （8）Comment：编辑仿真电路的注释.

（二）视图（View）

    （1）Zoom Fit to Page：显示完整电路图.

    （2）Zoom to Magnification：按所设倍数放大.

    （3）Zoom Selection：以所选电路部分为中心进行放大.

    （4）Show Grid：显示网格.

    （5）Show Border：显示电路边界.

    （6）Ruler Bars：显示标尺条.

    （7）Statusbar：显示状态栏.

    （8）Design Toolbox：显示设计工具箱.

    （9）Circuit Description Box：显示或隐藏电路窗口中的描述框.

    （10）Toolbars：包含多个下拉工具栏，选中某工具栏即显示，否则不显示.

    （11）Show Comment/Probe：显示或隐藏电路窗口中的用于解释电路全部功能或部分功能的文本框.

    （12）Grapher：显示或隐藏仿真结果图表.

（三）放置（Place）

    （1）Component：放置元器件.

    （2）Junction：放置节点.

    （3）Wire：放置导线.

    （4）Bus：放置总线.

    （5）Connectors：放置连接器.

    （6）New Hierarchical Block：建立一个新的层次电路模块.

    （7）Comment：为电路工作区或某个元器件增加功能描述等文本，当鼠标停留在元件上时显示该文本，以方便阅读.

    （8）Text：放置文本文件.

    （9）Graphics：放置圆弧、椭圆、直线、折线、不规则图形、矩形和图形等.

（四）仿真（Simulate）

    （1）Run：运行仿真.

    （2）Pause：暂停仿真.

    （3）Stop：停止仿真.

    （4）Instruments：其下拉菜单中包含各种仪器，可选择放置.

想一想 练一练

1. Multisim 10 的软件界面分为哪几个区域？

2. Multisim 10 常用的工具栏有哪些？分别具有什么功能？

3. 如何启动 Multisim 10 进行电路仿真？

4. Multisim 10 的菜单栏中主要有哪些？分别具有什么功能？

任务三　Multisim 10 仿真元器件库与虚拟仪器仪表

Multisim 10 为用户提供了 18 个元器件库（Component Toolbar），每个元器件库中又包含了不同系列的元器件，各种元器件依据它们的特性被分在不同的系列中供用户使用，这些仿真元器件的特性和功能与真实元器件相同，并且可以对它们的类型和参数进行设置，方便使用. 另外，在软件中提供了很多和真实仪器仪表相类似的虚拟仪器仪表，可以在仿真过程中对电压、电流、电阻和波形等进行测量. 虚拟的仪器仪表具有仿真面板，使用方法与真实仪器仪表相类似，在使用过程中可以反复、多次地使用，并且不会损坏.

 知识链接一　Multisim 10 的仿真元器件库

Multisim 10 中含有 18 个元器件库（即 Component Toolbar），每个元器件库中又含有数量不等的元器件系列（称为 Family），各种元器件分门别类地放在这些元器件系列中供用户使用，下面介绍两个常用的元器件库.

（一）电源（Source）

单击元器件工具栏中的 ![icon] 图标，将弹出如图 8-8 所示的"Sources"（电源库）对话框. 该对话框中各区域的功能如下.

（1）Database：元器件所属的数据库.

（2）Group：元器件库的分类，在其下拉列表中包括 18 种元器件库.

（3）Family：每种库中包含的不同元器件系列.

（4）Component：Family 栏中元器件系列所包含的所有元器件.

（5）Symbol：所选元器件的符号.

（6）Function：所选元器件的功能描述，包括元器件模型和封装等.

（7）OK：选择的元器件放到工作区.

（8）Close：关闭当前对话框.

（9）Search：查找元器件.

（10）Detail Report：列出元器件详细报告信息.

（11）Model：显示元器件模型信息.

（12）Help：提供帮助信息.

如图 8-8 所示，电源库中包含 6 个系列，分别为 POWER_SOURCES（电源）、SIGNAL_VOLTAGE_SOURCES（电压信号源）、SIGNAL_CURRENT_SOURCES（电流信号源）、CONTROLLED_VOLTAGE_SOURCES（受控电压源）、CONTROLLED_CURRENT_SOURCES（受控电流源）、CONTROL_FUNCTION_BLOCKS（控制功能模块）等，每一系列又包含多个电源和信号源.

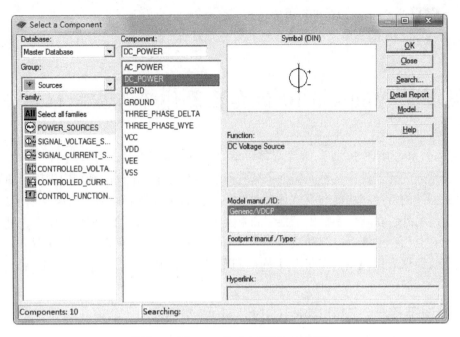

图 8-8　"Sources"（电源库）对话框

表 8-1 列举出本书中使用较多的电源和信号源.

表 8-1　部分电源和信号源

器　件	名　称	所属系列	软件符号
直流电压源	DC_POWER	POWER_SOURCES	
交流电压源	AC_POWER	POWER_SOURCES	
直流电流源	DC_CURRENT	SIGNAL_CURRENT_SOURCES	
交流电流源	AC_CURRENT	SIGNAL_CURRENT_SOURCES	
电流控制电压源	CURRENT_CONTROLLED_VOLTAGE_SOURCE	CONTROLLED_VOLTAGE_SOURCES	
电压控制电压源	VOLTAGE_CONTROLLED_VOLTAGE_SOURCE	CONTROLLED_VOLTAGE_SOURCES	

续表

器 件	名 称	所属系列	软件符号
电流控制 电流源	CURRENT_CONTROLLED_ CURRENT_SOURCE	CONTROLLED_CURRENT_SOURCES	
电压控制 电流源	VOLTAGE_CONTROLLED_ CURRENT_SOURCE	CONTROLLED_CURRENT_SOURCES	
三相电源 （三角形）	THREE_PHASE_DELTA	POWER_SOURCES	
三相电源 （星形）	THREE_PHASE_WYE	POWER_SOURCES	

（二）基本器件（Basic）

单击元器件工具栏中的 ⚡ 图标，将弹出如图 8-9 所示的"Basic"（基本器件库）对话框.

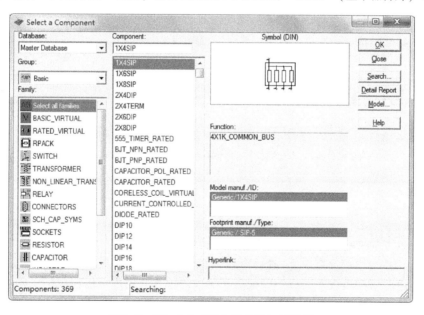

图 8-9 "Basic"（基本器件库）对话框

基本元器件库中包含 17 个系列（Family），分别是 BASIC_VIRTUAL（基本虚拟元器件）、RATED-VIRTUAL（额定虚拟元器件）、RPACK（排阻）、SWITCH（开关）、TRANS-FORMER（变压器）、NON-LINEAR_TRANSFORMER（非线性变压器）、RELAY（继电器）、CONNECTORS（连接器）、SOCKETS（插座）、SCH_CAP_SYMS（可编辑电路符号）、RESISTOR（电阻）、CAPACITOR（电容）、INDUCTOR（电感）、CAP_ELECTROLIT

（电解电容）、VARLABLE_CAPACITOR（可变电容）、VARLABLE_INDUCTOR（可变电感）和 POTENTLONMETER（电位器）等，每一系列又含有各种具体型号的元器件.

表 8-2 列举出本书中使用较多的基本器件.

表 8-2　部分基本器件

器　　件	名　　称	所属系列	软件符号
开关	DIPSW1	SWITCH	J1 Key=A
电阻	以电阻值命名（如 1kΩ）	RESISTOR	R₁ 1 kΩ
电容	以电容量命名（如 1μF）	CAPACITOR	C₃ 1 μF
电解电容	以电容量命名（如 1μF）	CAP_ELECTROLIT	C₁ 1 μF
电感	以电感量命名（如 1μH）	INDUCTOR	L₁ 1 H
非线性变压器	NLT_VIRTUAL	BASIC_VIRTUAL	T1 1 sq.m　1 m
电位器	以电位器最大阻值命名（如 100Ω）	POTENTLONMETER	R₁ 100 Ω　50% Key=A

 ## 知识链接二　Multisim 10 的虚拟仪器仪表

Multisim 10 为用户提供了 22 种虚拟仪器仪表，包括电压表、电流表、数字万用表和示波器等，这些仪器仪表的面板均模拟真实的仪器仪表，用户可以根据测量需要和实际操作规则进行选择、连接和测量. 在仿真时便可对电压、电流、电阻值及波形等物理量进行测量，测量数据准确、可靠，并可在一次测量中使用多块仪表同时测量，也不存在老化、损坏等问题，下面对一些常用的虚拟仪器仪表进行介绍.

（一）　电压表（Voltmeter）

单击元器件工具栏中的图图标，将弹出如图 8-10 所示的"Indicators"（指示器件库）对话框. 选择 VOLTMETER 系列，其中包含了上下、左右、正方向和反方向 4 种不同连接方式的电压表，如图 8-11 所示.

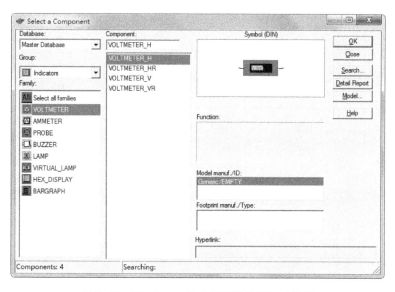

图 8-10 "Indicators"（指示器件库）对话框

使用这些电压表可以用于测量电路两点间的交流或直流电压，仪表将自动转换量程、且交直流两用，并可显示 4 位测量结果，而且在电路图中使用的数量不受限制．当测量直流电压时，电压表两个接线端有正负之分，使用时应按电路的正负极性相连接，否则读数将为负值．

图 8-11 不同连接方式的电压表

电压表在使用前，应对其属性进行设置．双击电压表图标，即可打开"电压表属性"对话框，如图 8-12 所示．电压表属性的设置方法如下．

（1）Label："标号"选项卡，在该选项卡中可以设置电压表在电路图中的参考编号、标号．

（2）Value："标称值"选项卡，在该选项卡中可以设置电压表的内阻（默认为 10 MΩ），另外，还可以根据被测电压的类型选择"直流"（DC）或"交流"（AC）．

（3）对话框中的另外 5 个选项卡，是对电压表的显示方式、故障模拟和引脚形式等进行设置，一般采用默认设置即可．

（二）电流表（Ammeter）

电流表的选择与电压表选择相类似，单击元器件工具栏中的 ▣ 图标，将弹出如图 8-10 所示的"指示器件库（Indicators）"对话框．选择 AMMETER 系列，其中包含了上下、左右、正方向和反方向 4 种不同连接方式的电压表，如图 8-13 所示．当测量直流电流时，电流表两个接线端有正负之分，使用时应按电路的正负极性相连接，否则读数将为负值．

电流表在使用前，应对其属性进行设置．双击电流表图标，即可打开"电流表属性"对话框，如图 8-14 所示．电流表属性的设置方法如下．

（1）Label："标号"选项卡，在该选项卡中可以设置电流表在电路图中的参考编号、标号．

图 8-12 "电压表属性"对话框

图 8-13 不同连接方式的电流表

（2）Value："标称值"选项卡，在该选项卡中可以设置电流表的内阻（默认为 $10^{-9}\ \Omega$），另外，还可以根据被测电流的类型选择"DC（直流）"或"AC（交流）".

（3）对话框中的另外 5 个选项卡，是对电流表的显示方式、故障模拟和引脚形式等进行设置，一般采用默认设置即可.

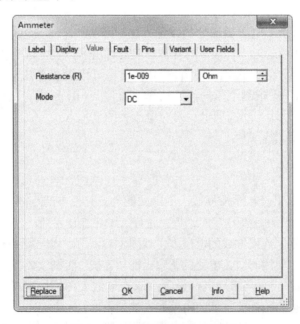

图 8-14 "电流表属性"对话框

(三) 数字万用表 (Multimeter)

单击工具栏上的 图标就能够弹出数字万用表符号, 如图 8-15 所示.

双击该图标即可出现数字万用表的面板, 如图 8-16 所示. 使用数字万用表时其量程将自动调整, 可测量电阻、交直流电压、交直流电流和电平等.

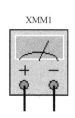

图 8-15 数字万用表的软件符号

图 8-16 数字万用表面板

数字万用表面板上部有一个数字显示窗口, 用来显示万用表的测量结果, 可显示 5 位测量结果. 面板的中部有两行按钮, 第一行为被测量类型选择, 包括电流 (A)、电压 (V)、电阻 (Ω)、电平 (dB); 第二行为交流 (～)、直流 (—). 此外, 在面板下部还有"设置 (Set)"按钮, 单击后可对万用表进行参数设置, 如图 8-17 所示.

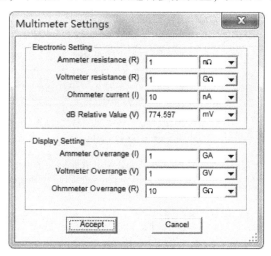

图 8-17 数字万用表参数设置

(四) 函数信号发生器 (Function Generator)

函数信号发生器是一个能产生正弦波、三角波和方波信号的电压源, 其图标如图 8-18 所示. 在函数信号发生器面板下部的三个接线端子中, 通常"Common"端连接电路的参考地点, "+"为正波形端, "–"为负波形端. 若连接"+"和"Common"端子, 输出信号为正极性信号, 峰-峰值等于 2 倍幅值; 若连接"Common"和"–"端子, 输出信号为

图 8-18 函数发生器的软件符号

225

负极性信号，峰-峰值等于 2 倍幅值；若连接 "＋" 和 "－" 端子，输出信号的峰-峰值等于 4 倍幅值.

双击函数信号发生器图标即可打开其面板，如图 8-19 所示. 可改变输出电压信号的波形类型、大小、占空比或偏置电压等，参数设置如表 8-3 所示.

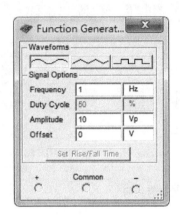

图 8-19　函数信号发生器面板

表 8-3　函数信号发生器参数说明

选　项	名　称	说　明
Waveforms	波形	可以选择输出信号的波形类型，包括正弦波、三角波和方波
Frequency	频率	设置信号频率（1 Hz～999 MHz）
Duty Cycle	占空比	设置所要产生信号的占空比，可调范围为 1%～99%
Amplitude	峰值	设置所要产生信号峰值，与信号直流偏置有关，设置范围为 0.00 lpV～1 000 kV
Offset	偏置电压	把正弦波、三角波、方波叠加在所设置的偏置电压上输出，其可选范围为 −999～999 kV
Set Rise/Fall Time	上升/下降时间	设置输出信号的上升时间与下降时间，但是只对方波有效

（五）双踪示波器（Oscilloscope）

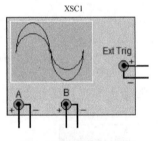

XSC1

图 8-20　双踪示波器的
软件符号

单击工具栏上的 图标就能够弹出双踪示波器符号，如图 8-20 所示.

双踪示波器可以用来观察和分析两路信号的波形情况，共有 6 个输入端，分别是 A 通道输入、A 通道接地、B 通道输入、B 通道接地、Ext Trig 外触发和接地. 双击软件符号可以弹出如图 8-21 所示的仪器面板，该面板和真实示波器的面板和操作基本相同.

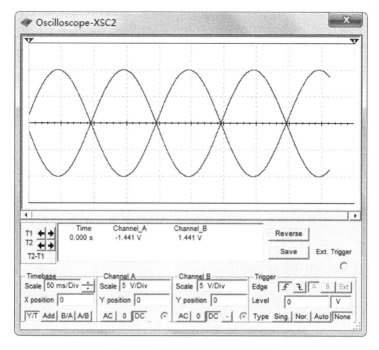

图 8-21　双踪示波器的设置面板

在仪器面板的上部窗口为波形显示区，信号波形的颜色可以通过双击 A、B 通道连接导线并改变其颜色来改变；屏幕背景颜色可通过面板右下方的 Reverse 按钮来改变；在动态显示时，利用指针拖动面板波形显示屏幕下方的滚动条可左右移动波形．在屏幕上有两条可以左右移动的读数指针，指针上方有三角形标志，通过鼠标左键可拖动读数指针左右移动．为了测量方便准确，单击暂停按钮使波形锁定.

 想一想　练一练

1. Multisim 10 中共有多少个元件库？
2. Multisim 10 元件库界面中包含了哪些信息？
3. 在 Multisim 10 软件中，电压表和电流表中设置包含哪些选项？
4. Multisim 10 函数信号发生器可以产生哪些信号？

任务四　Multisim 10 仿真设计实例

本任务将以图 8-22 所示的电路为例，逐步讲解如何使用 Multisim 10 软件建立电路原理图、连接仪器仪表、运行仿真电路、测量电路参数和保存电路文件等操作.

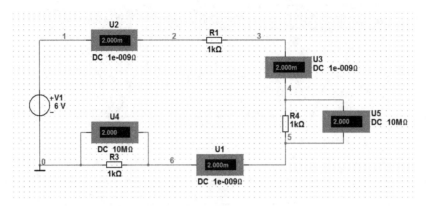

图 8-22　基尔霍夫电压定律验证仿真电路

 知识链接一　放置元器件

（一）新建电路原理图

双击 Multisim 10 软件图标启动软件，执行 File→New→Schematic Capture 菜单命令，就可以打开软件绘图窗口，建立一个"Circuits1"的电路原理图文件.

（二）选择并放置元器件

选择元器件有两种方法：可以在工具栏上单击基本器件（Basic）库按钮或选择 Place →Component 菜单命令打开元器件库后选择基本器件（Basic）类. 元器件系列的图标背景颜色有三种：红色衬底表示所有系列，绿色衬底表示虚拟元器件系列，灰色衬底表示实际的元器件系列. 虚拟元器件在现实中不一定存在，是泛指元器件，可以对虚拟元器件重新设置参数，使用起来比较方便，但为了达到最佳仿真效果，应该尽量选用实际的元器件系列.

1）放置电阻

在如图 8-23 所示的窗口上选择 1 kΩ、3 kΩ、6 kΩ 的电阻，单击鼠标左键或单击 OK 按钮，就可以将电阻选中，被选中的电阻会粘在鼠标指针上，当移动到合适的位置后再次单击鼠标左键即可完成放置电阻，为了方便，用户可以在选中后使用复制粘贴命令绘制多个电阻，并通过修改其属性的方法改变电阻阻值.

更改方法为放置后在电阻符号上单击鼠标左键完成选中，双击鼠标左键将弹出如图 8-24 所示的"电阻属性设置"对话框，也可以在该对话框中修改电阻的名称、阻值等.

另外，为了更改电阻设置方向还可在放置后的电阻上单击鼠标右键，并在快捷菜单中选取 90 Clockwise（快捷键 Ctrl + R）或 90 CounterCW（快捷键 Ctrl + Shift + R）命令使其旋转 90°，如图 8-25 所示.

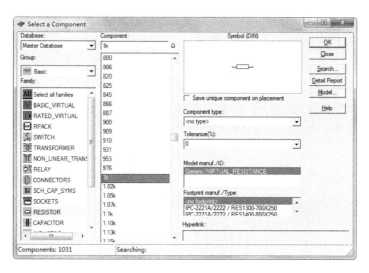

图 8-23　电阻选择窗口

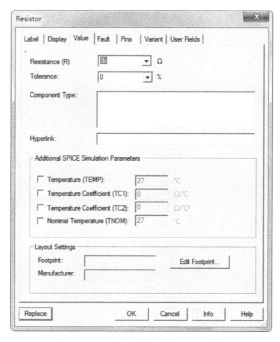

图 8-24　"电阻属性设置"对话框

↗ 90 Clockwise　　　　　　　　　　　Ctrl+R
↖ 90 CounterCW　　　　　　　　　　Ctrl+Shift+R

图 8-25　更改电阻设置方向操作

2）放置电压源

在电源库（Sources）中，选择 Power 类，再选择 DC_POWER 就可完成电压源的放置，其放置方法和电阻相同，当移动到合适的位置后，单击鼠标左键完成放置.选定后双击鼠标左键将弹出如图 8-26 所示的"电压源属性设置"对话框.图 8-22 所示的电压源为 6 V，而系统默认的电压源为 12 V，可以通过设置对话框对其进行修改，将 Voltage（V）修改为

6 V，另外，还可对其单位进行修改.

删除元器件操作可以通过将元器件选中后，按下 Delete 键，或执行 Edit→Delete 命令来完成.

3）放置电流表、电压表

单击工具栏上的放置指示器件（Place Indicator）图标或选择 Place→Component 菜单命令打开元器件库后选择电流表（AMMETER）和电压表（VOLTMETER），放置方法和电阻的放置方法相同.

放置好的器件如图 8-27 所示.

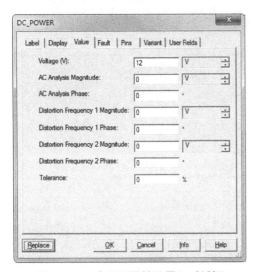

图 8-26 "电压源属性设置"对话框

图 8-27 放置好的器件

 知识链接二　连接元器件

Multisim10 具有非常方便的自动布线功能，只要将光标移动到元器件的引脚附近，就会自动吸引并形成一个带"十"字形的圆黑点，如图 8-28（a）所示；单击鼠标左键拖动光标，会自动拖出一条虚线，到达连线的拐点处单击一下鼠标左键，如图 8-28（b）所示；继续移动光标到下个拐点处再单击一下鼠标左键，如图 8-28（c）所示；接着移动光标到要连接的元器件引脚处再单击一下鼠标左键，完成连线，如图 8-28（d）所示.

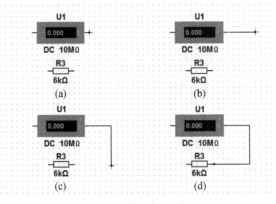

图 8-28 连接元器件

另外，对于导线与导线相连接的地方需要设置连接点，连接点在图中表示为一个小圆点. 可以选择 Place→Junction 菜单命令来选择放置节点，移动到合适的位置后单击鼠标左键即可完成放置，两条导线交叉处的节点还可以从元器件引脚引出导线至连接点，软件会自动在交叉处形成节点.

连接以后的电路图如图 8-29 所示.

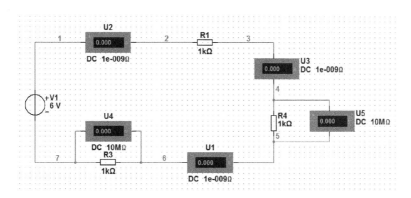

图 8-29　连接后的电路原理图

知识链接三　仿真和保存

（一）运行仿真

在电路图连接好后，可以用鼠标左键在工具栏上单击 [图标] 仿真或在菜单栏中选择 Simulate→Run 命令来执行仿真. 仿真开始后，电路中各仪表将显示测量所得到的结果，如图 8-30 所示. 此时，可以观察到干路上的电流为 2 mA，而 R_3 和 R_4 两端的电压为 2 V.

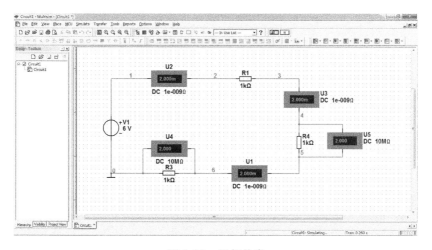

图 8-30　运行仿真

（二）保存

要保存电路文件，可以执行 File→Save 命令，并选择相应的位置进行保存. Multisim 10 文件的后缀名为".ms10"，文件图标如图 8-31 所示.

图 8-31　Multisim 10 文件图标

 想一想　练一练

1. 使用 Multisim 10 软件时，基本的操作流程分为哪几步？分别是什么？
2. Multisim 10 放置元器件时如何改变其放置方向？
3. 简述 Multisim 10 的元器件连接方法.
4. Multisim 10 设计文件保存后的文件类型是什么？

项目 9 安全用电

项目教学目标

职业知识目标

- 了解各种电气符号的含义，知道安全用电的要求并遵守安全用电的规定.
- 了解触电的种类和方式，尽量避免触电事故，会分析触电的原因.

职业技能目标

- 掌握安全用电常识.
- 熟悉安全接地的方法，会采用预防触电的措施.
- 能够对触电现场进行处理，会快速实施人工急救.

职业道德与情感目标

- 培养良好的职业道德，遵守操作规程，文明工作，确保供电系统、用电设备及人身安全.
- 在项目学习过程中逐步形成团队合作的工作意识.
- 在项目工作过程中，逐步培养良好的职业道德、安全生产意识、质量意识和效益意识.

任务一　安全用电及其防护措施

安全用电是一项非常重要的工作，它直接影响着企业生产任务的完成，经济效益的大小，影响人的生命安全．在生产中，每个人要充分认识安全用电的重要意义，自觉遵守安全用电操作规程，确保用电安全．对于电工来说，一定要树立安全第一的意识，养成良好规范的操作及其用电习惯，掌握具体的防护措施．

 知识链接　电工安全用电常识

电工安全用电常识是电工必须具备的基本技能，从事电气工作的人员为特种作业人员，必须经过专门的安全技术培训和考核，经考试合格取得安全生产综合管理部门核发的《特种作业操作证》后，才能独立作业．

电工作业人员要遵守电工作业安全操作规程，坚持维护检修制度，特别是高压检修工作的安全，必须坚持工作票、工作监护等工作制度．

（一）电工操作的防护措施

电工除了应具备安全用电的常识以外，还要针对不同的情况采取必要的防护措施，将安全操作落到实处．

1）操作前的防护措施

操作前的防护措施主要是针对具体的作业环境所采取的防护设备和防护方法．

（1）为确保人体和地面绝缘，电工在作业时必须穿着绝缘鞋、工作服，佩戴绝缘手套．对于维修或更换较小的电器而不便佩戴绝缘手套，需徒手操作时，要先切断电源，并确保检修人员与地面绝缘（如穿着绝缘鞋、站立在干燥的木凳或木板上等）．如果是户外高空作业，除必要的安全工具外，还要注意操作的规范性，尤其要注意两线触电的情况．

电工作业对设备工具的要求很高，一定要定期对作业使用检测设备、工具以及佩戴的绝缘物品进行严格检查，尤其是个人佩戴的绝缘物品（如绝缘手套、绝缘鞋等），一定要确保其性能良好，并且保证定期更换．因为在电工作业过程中，电工所使用的设备工具是电工人身安全的最后一道屏障，如果设备工具出现问题，很容易造成人员的伤亡事故发生．

（2）电工在进行设备检修前一定要先关断电源，即使是目前停电，也要将电源开关断开，以防止突然来电而造成损害．检修前应使用试电笔检测设备是否带电，确认没电后方可工作．

（3）检查设备环境是否良好．由于电力设备在潮湿的环境下极易引发短路或漏电的情况，因此在进行电工作业前一定要观察用电环境是否潮湿、地面有无积水等情况，如现场环境潮湿，有大量存水，一定要按规范操作，切勿盲目作业，否则极易造成触电．

（4）在进行电工作业前，一定要对电力线路的连接进行仔细检查，检查用电线路连接是否良好．例如，检查线路有无改动的迹象，检查线路有无明显破损、断裂的情况．如果发现电气设备或线路有裸露情况，则应先对裸露部位缠绕绝缘带或装设罩盖．如果按钮盒、闸刀开关罩盖、插头、插座及熔断器等有破损而使带电部分外露，如图 9-1 所示．则应及时更换，且不可继续使用．

（5）一定要确保检测设备周围的环境干燥、整洁.
如果杂物太多，要及时搬除，方可检修，以避免火灾事
故的发生.

（6）电工在电工作业过程中，一定要严格按照电工
操作规范进行. 操作过程中一定要穿着工作服、绝缘
鞋，佩戴绝缘手套、安全帽等.

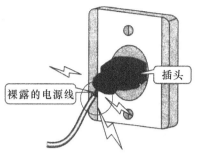

图9-1 插头电源线裸露示意图

2）操作中的防护措施

操作中的防护措施主要是指操作的规范以及具体的
处理原则.

（1）电工作业过程中，要使用专门的电工工具，如电工刀、电工钳等，不可以用湿手
接触带电体. 在使用手电钻、电砂轮等手持电动工具时，必须安装漏电保护器，工具外壳
要进行防护性接地或接零，并要防止移动工具时，导线被拉断，操作时应戴好绝缘手套并
站在绝缘板上.

（2）在合上或断开电源开关时，应首先检查设备的情况，然后再进行操作. 对于复杂
的操作，通常要由两个人执行，其中一个人负责操作，另一个人作为监护，如果发生突发
情况以便及时处理.

（3）绝不要带电移动电气设备. 一定要先拉闸停电，然后再移动设备，移动完毕后经
检查无误，方可继续通电使用.

（4）在进行电气设备的安装连接时，严禁采取将接地线代替零线或将接电线与零线短
路. 例如，在进行家用电器设备的连接时，将电气设备的零线和地线接在一起，这样容易
发生短路事故，并且火线和零线形成回路会使家用电器的外壳带电而造成触电. 再如在进
行照明设备安装连接时，若将铁丝等导电体接地代替零线也会造成短路和触电的事故.

（5）在户外进行电工作业时，如果发现有落地的电线，则一定要采取良好的绝缘保护
措施后（如穿着绝缘鞋）方可接近作业.

（6）电工在进行电力系统检修的过程中，除了确保自身和设备的安全外，还要确保他
人人身的安全. 在进行电工作业时，要采用必要的防护措施，对于临时搭建的线路要严格
按照电工操作规范处理，切忌不要沿地面随意连接电力线路；否则线路由于踩踏或磕拌极
易造成破损或断裂，从而诱发触电或火灾等事故.

对设备进行维修时，一定要切断电源，并在明显处放置"禁止合闸，有人工作"的警
示牌.

（7）在安装或维修高压设备（如变电站中的高压变压器、电力变压器等）与导线的
连接、封端、绝缘恢复、线路布线以及架线等基本操作时，要严格遵守相关的规章制度.

（8）在进行户外电力系统检修时，为确保安全要及时悬挂警示标志，并且对于临时连
接的电力线路要采用架高连接的方法. 图9-2是常见的警示标志.

图9-2 常见警示标志

3）操作后的防护措施

操作后的防护措施主要是指电工作业完毕后所采取的一种常规保护方法，以避免意外事故的发生.

（1）电工操作完毕后，要对现场进行清理. 保持电气设备周围的环境干燥、清洁. 禁止将材料和工具等导体遗留在电气设备中，并确保设备的散热通风良好. 对于重点和危险的场所和区域要妥善管理，并采用上锁或隔离等措施禁止非工作人员进入或接近，以免发生意外.

（2）除了要对当前操作设备的运行情况进行调试以外，同时还要对相关的电气设备和线路进行仔细检查. 重点检查有无元器件老化、电气设备运转是否正常等；此外，还要确保电气设备接零、接地的正确连接，防止触电事故的发生.

（3）雷电对电气设备和建筑物有极大的破坏力，这一点对于企业电工和农村电工来说十分重要. 所以，电工在作业施工时，一定要对建筑物和相关电气设备的防雷装置进行仔细检查，发现问题应及时处理.

（4）检查电气设备周围的消防设施是否齐全. 如果发现问题，则应及时上报.

（二）电工消防的具体措施

电气火灾前，都会有前兆，要特别引起重视，即电线因过热首先会烧焦绝缘外皮，散发出一种烧胶皮、烧塑料的难闻气味. 因此，当闻到此气味时，应首先想到可能是电气方面原因引起的，如查不到其他原因，应立即拉闸停电，直到查明原因、妥善处理后，才能合闸送电.

在发生电气设备火灾，或临近电气设备附近发生火灾时，应该运用正确的方法灭火.

当电工面临火灾事件时，一定要保持沉着、冷静. 及时拨打消防电话，并立即采取措施切断电源，以防电气设备发生爆炸，或者火灾蔓延和救火时造成的触电事故. 拉闸断电时，一定要佩戴绝缘手套，或使用绝缘拉杆等干燥绝缘器材拉闸断电.

在进行火灾扑救时尽量使用干粉灭火器，切忌不要用泼水的方式救火，否则可能引发触电危险.

对空中线路进行灭火时，人体应与带电物体最少保持45°安全角度，以防导线或其他设备掉落而危及人身安全. 利用灭火器灭火的操作示意图如图9-3所示.

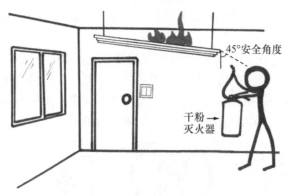

图9-3　灭火器灭火操作示意图

任务二　触电急救

知识链接一　触电的相关知识

（一）电流对人体的伤害

当人体触及带电体或电弧波及人体时，若人体与电源之间形成电流通路，就会发生触电．触电分为电击和电伤两种．电击是指电流通过人体时，造成人体内部的器官损伤．电击的危险性比较严重，如果被电击者不能迅速摆脱带电体，极易导致死亡事故．电伤主要是指对人体外部造成的局部伤害，如电弧作用下的烧伤等．

触电对人体的伤害程度根据电压、电流、频率等的不同而有所不同，具体如表 9-1 所示．不同大小的电流对人体的影响也不一样，如表 9-2 所示．

表 9-1　触电对人体的伤害程度

触电因素	说　　明
电流大小	人体触电时，流过人体的电流大小是决定人体伤害程度的主要因素之一．较小电流流过人体时，会有麻刺的感觉；若较大电流（超过 50 mA）流过人体时，就会造成较严重的伤害，甚至死亡
电流持续时间	触电电流流过人体的持续时间越长，对人体的伤害程度越高．触电时间越长，电流在心脏间歇期内通过心脏的可能性越大，因而造成心室颤动的可能性也越大．另外，触电时间越长，对人体组织的破坏也越严重
电流途径	电流通过人体的任一部位，都可能造成死亡．电流通过心脏、中枢神经（脑部和脊髓）、呼吸系统是最危险的．因此，从左手到前胸是最危险的电流路径，这时心脏、肺部、脊髓等重要器官都处于电路内，很容易引起心室颤动和中枢神经失调而死亡
电压高低	触电电压越高，对人体的危害越大．触电致死的主要因素是通过人体的电流，根据欧姆定律，电阻不变时电压越高，流过人体的电流就越大，受到的危害就越严重．这就是高压触电比低压触电更危险的原因．此外，高压触电往往产生极大的弧光放电，强烈的电弧可以造成严重的烧伤或致残
电流频率	电流频率的不同，触电伤害的程度也不一样，直流电对人体的伤害较轻，30～300 Hz 的交流电危害最大，频率在 100 kHz 以上的交流电对人体已无危害．因此，在医疗临床上利用高频电流做理疗，但电压过高（超过 10 000 V）的高频电流仍会使人触电死亡
人体身体状况	人体身体状况不同，触电时受到的伤害程度也不同．例如，患有心脏病、神经系统、呼吸系统疾病的人，在触电时受到的伤害程度要比正常人严重．一般来说，女性较男性对电流的刺激更为敏感，感知电流和摆脱电流的能力要低于男性．儿童触电比成人更严重．此外，人体的干燥或潮湿程度、人体健康状态等，都是影响触电时受到伤害程度的因素

表 9-2　不同大小的电流对人体的影响

交流电流/mA	对人体的影响程度
0.6～1.5	手指有微麻刺感觉
2～3	手指有强烈麻刺感觉
5～7	手部肌肉痉挛
8～10	手部有剧痛感，难以摆脱电源，但仍能脱离电源
20～25	手麻痹、不能摆脱电源，全身剧痛、呼吸困难
50～80	呼吸麻痹、心、脑震颤
90～100	呼吸麻痹，延续 3 s 以上心脏就会停止跳动
500 以上	延续 1 s 以上有死亡危险

（二）常见的触电形式

对于电工来说，常见的触电形式主要有单相触电、两相触电、跨步触电三种类型，下面通过实际案例对不同的触电状况进行说明. 这对于建立安全操作意识，掌握规范操作的方法都是十分重要的.

1）单相触电

人体的某一部位碰到三相线中的某一相线或绝缘性能不好的电气设备外壳时，电流从相线经人体流入大地的触电现象，如图 9-4（a）和图 9-4（b）所示.

通常情况下，家庭触电事故大多属于单相触电. 例如，在家用电器的绝缘线路老化的情况下，手触及有支路或漏电的地方，造成单相触电，如图 9-4（c）所示.

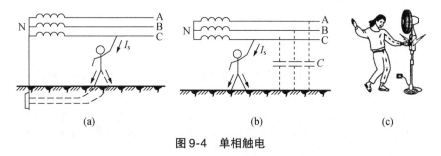

图 9-4　单相触电

2）两相触电

两相触电是指人体的两个部位同时触及三相线中的某两根相线所发生的触电事故.

两相触电示意图如图 9-5 所示. 这种触电形式，加在人体的电压是电源的线电压，电流将从一根导线经人体流入另一相导线.

两相触电的危险性比单相触电要大. 如果发生两相触电，在抢救不及时的情况下，可能会造成触电者死亡.

3）跨步触电

当高压输电线掉落到地面上时，由于电压很高，掉落的电线断头会使得一定范围（半径为 8～10 m）的地面带电，以电线断头处为中心，离电线断头越远，电位越低. 如果此时有人走入这个区域便会造成跨步触电. 而且，步幅越大，造成的危害也就越大.

图 9-6 是跨步触电的实际案例示意图，架空线路的一根高压相线断落在地上.

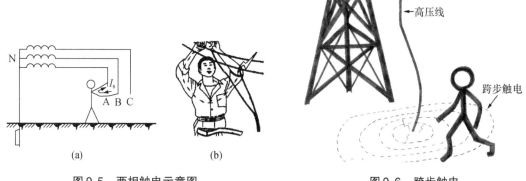

图 9-5　两相触电示意图　　　　　　　图 9-6　跨步触电

当人的身体触及掉落的电流便会从相线的落地点向大地流散，于是地面上以相线落地点为中心，形成了一个特定的带电区域，离电线落地点越远，地面电位也就越低. 人进入带电区域后，当跨步前行时，由于前后两只脚所在地的电位不同，两脚前后间就有了电压，两条腿便形成了电流的通路，这时就有电流通过人体，造成跨步触电.

可以想象，步伐迈得越大，两脚间的电位差就越大，通过人体的电流也就越大，对人的伤害便更严重.

因此，理论上讲，如果感觉自己误入了跨步电压区域，应立即将双脚并拢或采用单腿着地的方式跳离危险区.

 ## 知识链接二　触电紧急处理与急救

触电急救的要点是救护迅速、方法正确. 若发现有人触电时，则首先应让触电者脱离电源，但不能在没有任何防护的情况下直接与触电者接触，这时就需要了解触电急救的具体方法. 下面通过触电者在触电时与触电后的情形来说明一下具体的急救方法.

（一）触电时的紧急处理方法

触电主要发生在有电线、电器、用电设备等场所. 这些触电场所的电压一般为低压或高压，因此，可将触电时的急救方法分为低压触电急救法和高压触电急救法两种.

1）低压触电急救法

通常情况下，低压触电急救法是指触电者的触电电压低于 1 000 V 的急救方法. 这种急救法的具体方法就是让触电者迅速脱离电源，然后再进行救治.

（1）若救护者在开关附近，应立即断开电源开关.

（2）若救护者无法及时关闭电源开关，切忌直接用手去拉触电者. 可使用绝缘斧将电源供电一侧的线路斩断.

（3）若触电者无法脱离电线，应利用绝缘物体使触电者与地面隔离. 例如，用干燥木板塞垫在触电者身体底部，直到身体全部隔离地面，这时救护者就可以将触电者拖离电线，如图 9-7 所示. 在操作时救护者不应与触电者接触，以防连电.

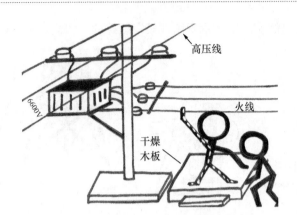

图9-7 用木板垫在触电者的脚下

（4）若电线压在触电者身上，可以利用干燥的木棍、竹竿、塑料制品、橡胶制品等绝缘物挑开触电者身上的电线，如图9-8所示.

注意在急救时，严禁直接使用潮湿物品或者直接拉开触电者，以免救护者触电. 图9-9是低压触电急救的错误操作示意图.

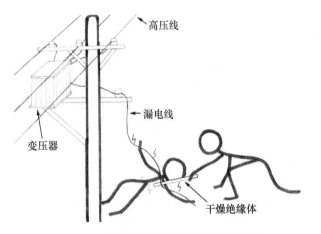

图9-8 用绝缘物挑开触电者身上的电线

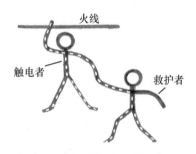

图9-9 低压触电急救的错误操作

2）高压触电急救法

高压触电急救法是指电压达到1 kV以上的高压线路和高压设备的触电事故的急救方法.

当发生高压触电事故时，其急救方法应比低压触电更加谨慎，因为高压已超出安全电压范围很多. 接触高压时一定会发生触电事故，而且在不接触时，靠近高压也会发生触电事故，下面来了解一下高压触电急救的具体方法.

（1）应立即通知有关电力部门断电，在没有断电的情况下，不能接近触电者. 否则，有可能会产生电弧，导致抢救者被烧伤.

（2）在高压的情况下，一般的低压绝缘材料会失去绝缘效果，因此不能用低压绝缘材料去接触带电部分. 此时，需要利用高电压等级的绝缘工具拉开电源，如高压绝缘手套、高压绝缘鞋等.

（3）抛金属线（钢、铁、铜、铝等），先将金属线的一端接地，然后抛出另一端金属线，必须注意抛出的另一端金属线不要碰到触电者或其他人，同时救护者应与断线点保持8～10 m 的距离，以防跨步电压伤人.

抛金属线的具体操作示意图如图9-10 所示.

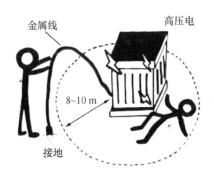

金属线　　　　　高压电

8～10 m

接地

图9-10　抛金属线的具体操作示意图

（二）触电后的救护

当触电者脱离电源后，不要将其随便移动，应将触电者仰卧，并迅速解开触电者的衣服、腰带等保证其正常呼吸，疏散围观者，保证周围空气畅通，同时拨打120 急救电话. 做好以上准备工作后，就可以根据触电者的情况做相应的救护.

1）常用救护法

（1）若触电者神志清醒，但有心慌、恶心、头痛、头昏、出冷汗、四肢发麻、全身无力等症状. 这时候不要移动受害者，应让其仰卧.

（2）当触电者已经失去知觉，但仍有轻微的呼吸及心跳，这时候应把触电者的衣服以及有碍于其呼吸的腰带等物解开，帮助触电者呼吸.

（3）当天气炎热时，应使触电者在阴凉的环境下休息；当天气寒冷时，应帮助触电者保温并等待医生的到来.

2）人工呼吸救护法

通常情况下，当触电者无呼吸，但是仍然有心跳，这时触电者处于"假死"状态，应采用人工呼吸救护法进行救治.

人工呼吸法的具体操作方法如下：

（1）首先使触电者仰卧，头部尽量后仰并迅速解开触电者的衣服、腰带等，使触电者的胸部和腹部能够自由扩张.

（2）尽量将触电者的头部后仰，鼻孔朝天，颈部伸直. 救护者最好用一只手捏紧触电者的鼻孔，使鼻孔紧闭，另一只手掰开触电者的嘴巴. 若触电者牙关紧闭，无法将其张开，则可采取口对鼻吹气的方法.

（3）除去口腔中的黏液、食物、假牙等杂物.

（4）如果触电者的舌头后缩，应把舌头拉出来使其呼吸畅通.

做完前期准备工作后，即可对触电者进行口对口人工呼吸法.

口对口人工呼吸法口诀：

清口捏鼻手抬颌，深吸缓吹口对紧.

张口困难吹鼻孔，5 秒一定坚持做.

3) 胸外心脏按压救护法

胸外心脏按压救护法又称为胸外心脏按压法，它是在触电者心跳微弱，或心跳停止，或脉搏短而不规则的情况下帮助触电者恢复心跳的有效方法.

胸外心脏按压法的具体操作方法如下.

(1) 救护者应将触电者仰卧，并松开衣服和腰带，使触电者头部稍后仰.

(2) 救护者需跪在触电者腰部两侧或跪在触电者一侧.

(3) 将救护者右手掌放在触电者的心脏上方（胸骨处），中指对准其颈部凹陷的下端.

(4) 救护者将左手掌压在右手掌上，用力垂直向下挤压. 向下压时间为 2～3 秒，然后松开，松开时间为 2～3 秒，5 秒左右为一个循环. 重复操作，中间不可间断，直到触电者恢复心跳为止.

在抢救的过程中要不断观察触电者的面部动作，嘴唇稍有开合，眼皮微微活动，喉部有吞咽动作时，说明触电者已有呼吸，便可停止人工呼吸法或胸外心脏按压法；但如果触电者这时仍没有呼吸，则需要同时利用人工呼吸法和胸外心脏按压法进行治疗.

值得注意的是，触电者有时会出现假死迹象，这时要继续救治，直至医生到来，切记不要放弃或中断抢救.

综合技能训练 触电急救模拟

(一) 训练目的

(1) 通过安全用电知识教育，增加安全防范意识，掌握安全用电的方法.
(2) 掌握触电急救的有关知识，学会触电急救的方法和急救要领.

(二) 训练要求

能够正确掌握急救要领，并能按正确的手法和时间要求对"触电者"施救.

(三) 训练设备

(1) 模拟的低压触电现场.
(2) 各种工具（含绝缘工具和非绝缘工具）.
(3) 录像带一盒.
(4) 绝缘垫一张.
(5) 心肺复苏急救模拟人一套.

(四) 训练内容

在实训前教师组织学生观看触电急救知识的教学录像，了解电流对人体的伤害、人体触电的形式及相关因素，学习触电急救的方法（脱离电源、抢救准备与心肺复苏）.

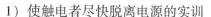

1）使触电者尽快脱离电源的实训

在模拟的触电现场，学生三人一组，让其中一名学生模拟被触电的各种情况，另两名学生用正确的绝缘工具，使用正确的急救方法使"触电者"尽快脱离电源. 并将已脱离电源的"触电者"按急救要求放置在绝缘垫上.

2）心肺复苏急救方法的实训

学生首先在教师的指导下，反复练习胸外心脏按压急救法和口对口呼吸法的动作和节奏.

学生用心肺复苏模拟人进行心肺复苏训练.

步骤如下：

（1）当模拟人嘴摊开，看有无异物阻碍气道，有就用棉棒取出.

（2）人工呼吸. 开放气道、垫以纱布、呼进气体（如果合格，此时模拟人的绿灯会闪；如果开放气道不好，气体将吹进胃里，红灯会闪）.

（3）胸外压. 两乳头引线的中点，深度为4～5 cm，频率为每分钟100 下，与人工呼吸比例为2：30（国际心肺复苏指南规定为2：15，连续4 个回合，这个是最新标准，同样每按一下，如果合格则绿灯会闪）.

（4）"人工呼吸吹2 口气＋按压30 下"为一组，共做完5 组后再判断患者呼吸是否恢复.

（5）效果评估（有效标准）. 能触及颈动脉搏动、收缩压达60 mmHg 以上、散大的瞳孔缩小、唇面甲床紫绀减退、自主呼吸恢复.

（五）任务评价

触电急救训练评分如表9-3 所示.

表9-3　触电急救训练评分标准

项　　目	配　　分	评分标准	扣　　分
脱离电源	10	不能成功脱离扣10 分	
判断昏迷	10	摸、看、感觉，每少一个扣5 分，扣完为止	
畅通气道	10	先看后通，每少一个扣5 分	
人工呼吸	20	红灯闪扣20 分	
胸外压	20	红灯闪扣20 分	
效果评价	30	5 个指标每少一个扣6 分	
规定时间		每超过5 min 扣5 分	
开始时间	结束时间	实际时间	成绩

想一想　练一练

1. 人体触电有几种类型和形式？

2. 低压触电急救如何实施？

3. 做人工呼吸之前须注意哪些事项？

4. 用万用表置于20 MΩ 挡，左、右两手分别用力捏住红、黑表笔，测量自身人体两臂间的电阻，再将两手沾少量水后，重复上述动作.

    5. 师生讨论在实际生活中如何避免触电.

学 生 工 作 页

    9. 1   上网搜索有关安全用电的知识.

    9. 2   阅读安全用电的有关书籍和资料.

    9. 3   简答题：

    （1）人触电就一定会死亡吗？发生触电事故的原因是什么？

    （2）用手分别触摸一节干电池的正负极，为什么没有发生触电事故？

    （3）通过人体的电流大小决定于什么？

    （4）安全电压值是多少？在此情况下绝对安全吗？

    （5）电气设备发生火灾时，可带电灭火的器材是哪些？

    （6）触电紧急救护时，首先应进行什么操作？然后立即进行什么操作？

    （7）影响电流对人体伤害程度的主要因素有哪些？

    （8）搬动风扇、照明灯和移动电焊机等电气设备时，应在什么情况下进行？

    9. 4   上网搜索安全用电知识，并组织一次安全用电知识抢答竞赛.

    9. 5   组织安全用电知识演讲比赛.

    9. 6   编排表演安全用电剧本.

附录　指针式万用表的使用

（一）认识万用表

（1）熟悉万用表转换开关、机械调零旋钮、插孔（红表笔插入"＋"插孔、黑表笔插入"－"插孔，如要测量 2 500 V 的高压，将红表笔插入高压插口即可）等的作用，查看"┌ ┐"，确定是水平放置使用还是"⊥"垂直放置使用.

（2）熟悉刻度盘上每条刻度线与转换开关对应的测量电量.

（3）进行机械调零，旋动万用表面板上的机械调零旋钮，使指针对准刻度盘左端的"0".

（二）用万用表测量物理量

1）测量直流电流

（1）把转换开关拨到直流电流挡，选择合适的量程.

（2）将万用表串联在被测电路中，电流应从红表笔流入、黑表笔流出，不可接反，发现表针反偏，应立即调换红、黑表笔的接入位置.

（3）根据指针稳定时的位置及所选量程正确读数.

电流表指示值的读数方法是：单位刻度的权数乘以刻度数.

在附图 1 中，当转换开关位于"10 mA"挡时，指示值为 $3.5 \times 2 \text{ mA} = 7 \text{ mA}$；当转换开关位于"50 mA"挡时，指示值为 $3.5 \times 10 \text{ mA} = 35 \text{ mA}$；当转换开关位于"250 mA"挡时，指示值为 $3.5 \times 50 \text{ mA} = 175 \text{ mA}$；以此类推.

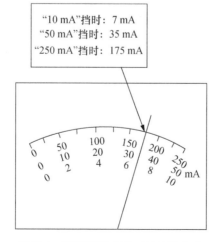

附图1　测量直流电流时的读数方法

2）测量直流电压

（1）把转换开关拨到直流电压挡，并选择合适的量程. 当不知被测电压的数值范围时，可先选用较大的量程，如不合适则逐步减小，最好使表针指在满刻度的 2/3 处附近.

（2）把万用表并联在被测电路中，红表笔接被测电压的正极、黑表笔接被测电压的负极，发现表针反偏，应立即调换红、黑表笔的接入位置.

（3）根据指针稳定时的位置及所选量程正确读数. 电压表指示值的读数同电流表指示值的读数方法.

在附图2中，当转换开关位于"10 V"挡时，指示值为 7 V；当转换开关位于"50 V"挡时，指示值为 35 V；当转换开关位于"250 V"挡时，指示值为 175 V；以此类推.

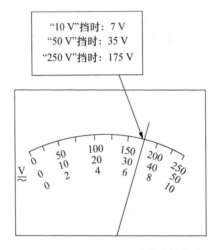

附图2　测量直流电压时的读数方法

3）测量交流电压

（1）把转换开关拨到交流电压挡，选择合适的量程.

（2）将万用表并联在被测电路的两端，不分正负极.

（3）根据指针稳定时的位置及所选量程正确读数，读数方法与测量直流电压时相同，但需注意的是其读数为交流电压的有效值.

4）测量电阻

（1）把转换开关拨到欧姆挡，合理选择量程.

（2）两表笔短接，旋转欧姆调零旋钮，使表针指到电阻刻度右边的"0"处.

（3）将被测电阻与电路断开，用两表笔接触电阻两端，将表头指针显示的读数乘所选量程的倍率数即为所测电阻的阻值. 欧姆刻度线的特点是：最右边为"0"Ω，最左边为"∞"，且为非线性刻度. 测电阻时的读数方法是：表针所指数值乘以量程挡位.

在附图3中，当转换开关位于"R×1"挡时，指示值为 $17.1 \times 1\ \Omega = 17.1\ \Omega$；当转换开关位于"R×10"挡时，指示值为 $17.1 \times 10\ \Omega = 171\ \Omega$；当转换开关位于"R×1 k"挡时，指示值为 $17.1 \times 1\ k\Omega = 17.1\ k\Omega$；以此类推.

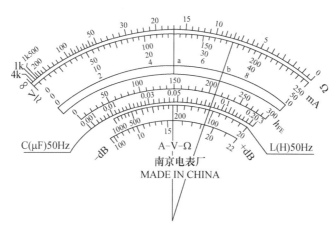

附图3 测量电阻时的读数方法

（三）用万用表测量时的注意事项

1）用万用表测量电压或电流时的注意事项

（1）测量时，不能用手触摸表笔的金属部分，以保证安全和测量的准确性.

（2）测量直流时要注意被测电量的极性，避免表针反打而损坏表头.

（3）测量时，不能带电转动转换开关，避免转换开关的触点产生电弧而损坏.

（4）测量完毕后，将转换开关置于交流电压最高挡或OFF挡.

2）测量电阻时的注意事项

（1）不允许带电测量电阻，否则会烧坏万用表. 如电路中有电源，就将电压源短路，电流源断路.

（2）万用表内干电池的正极与面板上"–"（黑色）插孔相连，干电池的负极与面板上的"＋"（红色）插孔相连. 在测量电解电容和晶体管等器件的电阻时要注意极性.

（3）每换一次倍率挡，要重新进行欧姆调零.

（4）不允许用万用表电阻挡直接测量高灵敏度表头内阻，以免烧坏表头.

（5）不准用两只手捏住表笔的金属部分测电阻，否则会将人体电阻与被测电阻并联而引起测量误差.

（6）测量完毕，将转换开关置于交流电压最高挡或OFF挡.

（四）万用表的维护

（1）测量完毕后，应拔出表笔，并将转换开关置于交流电压最高挡或OFF挡，防止下次开始使用时不慎烧坏万用表.

（2）长时间搁置不用时，应将万用表中的电池取出，以防止电池电解液渗漏而腐蚀万用表内部电路.

（3）平时要保持万用表干燥、清洁，严禁剧烈振动与机械冲击.

参 考 文 献

［1］李传珊. 电工基础 ［M］. 北京：电子工业出版社，2009.

［2］季顺宁. 电工电路测试与设计 ［M］. 北京：机械工业出版社，2008.

［3］李佐平，等. 电路基础 ［M］. 北京：北京师范大学出版社，2007.

［4］葛金印. 电工技术基础 ［M］. 北京：电子工业出版社，2008.

［5］朱永金. 电工技术基础 ［M］. 北京：北京理工大学出版社，2008.

［6］童建华. 电路基础与仿真实验 ［M］. 北京：人民邮电出版社，2008.

［7］曹才开. 电路分析基础 ［M］. 北京：清华大学出版社，2009.

［8］邱关源. 电路 ［M］. 北京：高等教育出版社，1989.

［9］秦曾煌. 电工学 ［M］. 北京：高等教育出版社，1990.